U0158542

现代信息处理技术
在地球物理中的应用

胡祥云　付丽华　郝国成　张恒磊　著

科学出版社

北京

内 容 简 介

本书介绍现代信息处理方法在重力、磁力、电磁、地震等地球物理信号信息提取中的应用，主要包括地球物理资料滤波、位场边界识别、谱矩分析位场几何特征提取、地球天然脉冲电磁场信号特征分析、地球天然脉冲电磁场时频分析、地球物理信号混沌-神经网络预测、低秩逼近地震数据重建，以及深度学习地震数据重建等方法与技术。

本书可供地球物理相关专业的本科高年级学生、研究生阅读，也可供从事地球物理相关研究的人员参考。

图书在版编目（CIP）数据

现代信息处理技术在地球物理中的应用/胡祥云等著. —北京：科学出版社，2022.10
ISBN 978-7-03-071208-0

Ⅰ.① 现… Ⅱ.① 胡… Ⅲ.① 信息处理-应用-地球物理学-研究 Ⅳ.① P3

中国版本图书馆 CIP 数据核字（2021）第 270039 号

责任编辑：杨光华　徐雁秋/责任校对：高　嵘
责任印制：彭　超/封面设计：苏　波

科学出版社 出版
北京东黄城根北街 16 号
邮政编码：100717
http://www.sciencep.com
武汉精一佳印刷有限公司印刷
科学出版社发行　各地新华书店经销
*
开本：787×1092　1/16
2022 年 10 月第 一 版　　印张：15 1/2
2022 年 10 月第一次印刷　字数：364 000
定价：**208.00 元**
（如有印装质量问题，我社负责调换）

陈颙序

　　人类想通过打井来直接观察地球内部，苏联（1970～1994 年）在科拉半岛打了一口超深井（12 262 m），工程技术的难度表明这很可能是目前打井的极限深度，但与地球半径相比，这也是一个微不足道的深度。

　　在间接观察地球内部的需求中，产生了地球物理学这门新学科。利用在地球表面观测到的物理数据推测地球内部介质物理状态的空间变化及物性结构，地球物理问题主要包括资料采集、数据处理和反演解释三个部分。

　　一方面，随着地球物理仪器技术的发展，观测数据量也在急剧增长，传统的处理技术亟需改进。另一方面，庞大的地球物理观测数据为大数据应用提供有力的数据条件。利用大数据方法进行数据处理，有助于突破现有地球物理方法的局限性，推动地球物理核心技术的发展。

　　人工智能是处理大数据的有力技术之一，也是现代信息处理的关键技术。深度学习是人工智能领域新的研究方向，其动机是建立模拟人脑进行分析学习的深度神经网络。深度学习作为一种数据驱动方法，通过海量的数据自动学习样本数据的内在规律和表示层次，已经成功用于图像、视频、自然语言处理等领域。深度学习技术在地球物理领域中的研究如火如荼，是地球物理前沿的热门方向之一。目前在地震初至拾取、断层识别、储层预测等方面的深度学习技术均取得了长足的进展。

　　《现代信息处理技术在地球物理中的应用》一书作者胡祥云等利用混沌-神经网络、卷积神经网络等工具，分别研究了震前地球天然脉冲电磁场强度预测、缺失地震数据的插值重建和地震噪声压制等。从该书的研究结果来看，这些新技术不仅能突破传统方法中模型假设的限制，也能更加高效地实现地球物理数据的处理。此外，多尺度分析、低秩矩阵分解、谱矩等现代信号处理技术的引入，也为地球物理数据的处理带来了新的活力。该书的研究成果不仅为相关领域的研究提供了新的思路，也为现代信息处理技术开辟了新的应用点。

陈颙

中国科学院院士

2022 年 10 月

孙和平序

地球物理勘探能在地质勘查领域发挥重要作用,是快速查明资源能源分布、厘清地球深部构造差异的最主要的方法。随着计算机科学技术的迅猛发展,地球物理数据处理成为备受关注的领域,多尺度分析、低秩矩阵分解、偏微分方程以及深度学习等数字信号处理领域的最新成果快速渗透到地球物理资料处理,大大促进了地球物理资料处理方法的快速发展。

近年来,地球物理仪器与观测装备有了长足的发展,高精度的地球物理观测仪器与高效率的采集方式使得地球物理数据获取更加便捷,与此同时对数据处理与信息挖掘能力等要求快速提升。由胡祥云、付丽华、郝国成和张恒磊等撰写的《现代信息处理技术在地球物理中的应用》一书从勘探地球物理的角度,系统地论述了现代信号处理技术应用于地球物理数据处理的思路,涉及了当前地球物理资料处理的最新研究成果,主要内容包括边缘检测、多尺度分析、数据融合、深度学习、低秩矩阵分解等技术在地球物理资料去噪、边界探测、数据重建等方面的应用。

作为数据海洋中的一份子,地球物理数据量大、数据类型繁杂,且随着勘探程度不断深入,对数据处理的要求不断提升。地球物理数据处理技术是伴随着信息处理技术的发展而发展的,是多学科交叉融合的结果。大数据、人工智能等技术发展迅猛,与地球物理数据处理应用需求的交叉融合必然会产生更深远的思想碰撞,不断促进地球物理数据处理技术的发展。

该书的出版可为高等院校地球物理专业师生和从事地球物理勘探领域研究的专业人员提供参考。

中国科学院院士

2022 年 10 月

前　言

　　我国是全球地震灾害最严重的国家之一，同时面临着严峻的资源和能源紧缺问题。地球物理观测是进行地震监测与防范、深部矿产资源探测的基础和重要手段。近年来，地球物理仪器观测技术取得了重要进展，观测精度越来越高，高精度重力、磁力、电磁、地震等观测方法已经能够捕捉到深部地质体及地震发生时微弱的地球物理信号。然而，仪器观测精度的提高意味着其对地下场源、仪器噪声、环境噪声等外界干扰更加敏感。为了更有效地提取目标异常，避免微弱异常的损失，对地球物理信号处理的要求变得更高。

　　随着信息技术、人工智能及机器学习理论的不断发展，基于现代信息处理技术的地球物理信息提取逐渐成为研究的前沿问题。本书基于作者多年的研究工作成果，系统地介绍现代信息处理技术及其在重力、磁力、电磁、地震等地球物理信息提取中的应用，旨在提升地球物理弱信号信息提取能力，推动现代信息处理技术及人工智能技术在地震监测、油气与矿产资源探测等领域的应用，服务国家自然灾害预警防范与深部资源探测的重大战略需求。

　　本书共9章：第1章介绍地球物理资料滤波方法（小波域滤波、高阶统计量滤波及Curvelet域滤波等）及其在地球物理信息提取中的应用；第2章介绍基于导数换算的重力与磁场的深部场源边界识别与分析；第3章提出基于各向异性标准化方差的重磁源边界识别新方法；第4章介绍以随机过程为理论基础的谱矩分析技术在位场几何特征分析中的应用；第5章介绍震前地球天然脉冲电磁场信号采集与特征分析技术；第6章介绍时频分析在地球天然脉冲电磁场数据信息提取中的应用；第7章介绍混沌-神经网络在地球物理信号强度预测中的应用；第8章介绍低秩逼近在地震数据重建中的应用；第9章介绍深度学习在地震数据重建中的应用。

　　本书相关研究成果是在课题科研团队共同努力下完成的。胡祥云总体设计，第1章由张恒磊撰写，第2章由张恒磊、胡祥云共同撰写，第3章由张恒磊撰写，第5章由郝国成、胡祥云共同撰写，第6、7章由郝国成撰写，第4、8、9章由付丽华撰写，由胡祥云对全书内容进行汇总和整理。本书研究成果得到国家重点研发计划项目"高精度地球物理场观测设备研制"（2018YFC1503700）与国家自然科学基金重点项目"华南地块东部岩石圈属性及其动力学过程研究"（41630317）联合资助。

　　由于作者水平有限，书中不足之处在所难免，恳请广大读者批评指正。

作　者

2022 年 5 月

目　　录

第1章　地球物理资料滤波方法

随着现代仪器技术的不断发展，地球物理仪器观测的精度越来越高，比如高精度重磁测量方法已经能够探测地下规模较小的异常体，诸如小矿体、局部构造等，但是它对地表不均匀性、仪器噪声等外界干扰也表现得更加敏感。为了有效地提取目标异常，避免微弱异常的损失，人们已不再满足于传统的资料处理和解释方法，而是期望通过研究新的技术方法对地球物理资料进行精细处理、解释，以获取更丰富的地质信息。本章将在分析传统滤波方法的基础上，讨论小波域滤波方法、基于高阶统计量的滤波方法、Curvelet 域滤波方法及基于 L2 范数的滤波（空间域）方法，力争避免或减弱传统滤波方法造成的"过圆滑"，实现数据的高保真处理。

1.1　小波变换与小波域滤波

小波分析方法是 20 世纪 80 年代以来发展起来的多尺度分析方法，"小波"的概念最早是由法国地球物理学家 Morlet 和 Grossmann 在 70 年代分析地震资料时提出的，其后经过 Meyer、Mallat 及 Daubechies 等多位数学家的大量工作，小波变换才有了系统的理论与计算方法，被广泛地研究并应用于图像与信号、地球物理、医学技术、航空航天技术、通信、计算机技术、故障监控等众多学科和相关领域，受到科研工作者的广泛关注。

1.1.1　小波变换原理

以时间 t 为变量的信号 f 的连续小波变换（continuous wavelet transform，CWT）定义为

$$(\mathrm{CWT}_\psi f)(a,b) = |a|^{-1/2} \int_{-\infty}^{+\infty} f(t) \overline{\psi\left(\frac{t-b}{a}\right)} \mathrm{d}t \tag{1.1.1}$$

设定

$$\psi_{a,b}(t) = |a|^{-1/2}\, \psi\left(\frac{t-b}{a}\right), \qquad a \in \mathbf{R}, a \neq 0; b \in \mathbf{R} \tag{1.1.2}$$

式（1.1.2）中：函数 $\psi_{a,b}(t)$ 为小波函数（wavelet function），简称为小波（wavelet），它是由函数 $\psi(t)$ 经过不同的时间尺度（t）伸缩和平移得到的；$\mathbf{R}$ 表示实数域；$\psi(t)$ 是小波原型，称为母小波（mother wavelet）或基本小波（basic wavelet）；参数 b 表示时间平移，不同 b 值的小波沿时间轴移动到不同的位置；参数 a 表示时间轴的尺度伸缩，大的 a 值对应于小的尺度，相应的小波 $\psi_{a,b}(t)$ 伸展较宽，小的 a 值对应的小波在时间轴上受到压缩；系数 $|a|^{-1/2}$ 表示归一化因子，它的引入是为了使不同尺度的小波保持相等的能量。

综合式（1.1.1）和式（1.1.2），得到连续小波变换的简化定义式：

$$(CWT_\psi f)(a,b) = \int_{-\infty}^{+\infty} f(t)\overline{\psi_{a,b}(t)}\,\mathrm{d}t = \langle f, \psi_{a,b} \rangle \tag{1.1.3}$$

即信号 $f(t)$ 关于 $\psi(t)$ 的连续小波变换可以表达为 $f(t)$ 与小波 $\psi_{a,b}(t)$ 的内积，连续小波变换定量地表示了信号与小波函数系中每个小波的相关或接近程度。为方便表示，将 $(CWT_\psi f)(a,b)$ 简记为 $W_f(a,b)$。

构造的母小波函数 $\psi(t) \in L^2(\mathbf{R})$ 必须满足允许条件：

$$C_\psi = \int_{-\infty}^{+\infty} \frac{|\hat{\psi}(\omega)|^2}{|\omega|}\,\mathrm{d}\omega < \infty \tag{1.1.4}$$

式中：$\hat{\psi}(\omega)$ 为 $\psi(t)$ 的傅里叶变换，如果 $\psi(t)$ 是一个合格的窗函数，则 $\hat{\psi}(\omega)$ 是连续函数。

因此，允许条件意味着

$$\hat{\psi}(0) = \int_{-\infty}^{+\infty} \psi(t)\,\mathrm{d}t = 0 \tag{1.1.5}$$

其物理意义是 $\psi(t)$ 为一个振幅衰减很快的"波"，"小波"的概念即因此而来。

令母小波 $\psi(t)$ 是中心为 t_0、有效宽度为 D_t 的偶对称函数，经过伸缩平移后的小波 $\psi_{a,b}(t)$ 的中心为 at_0+b，宽度为 aD_t，如图 1.1.1（a）所示。如果把小波 $\psi_{a,b}(t)$ 看成宽度随 a、位置随 b 变动的时域窗，那么连续小波变换可被看作连续变化的一组短时傅里叶变换的集合，这些短时傅里叶变换对不同的信号频率使用了不同宽度的窗函数。具体来说，高频使用窄时域窗，低频使用宽时域窗。这被称为小波变换的"变焦距"性质，即多尺度多分辨时频局部化特性。

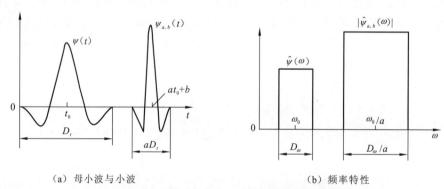

（a）母小波与小波   （b）频率特性

图 1.1.1　母小波与小波及其频率特性

另外，在频域中可以观察小波变换的性质，$\psi_{a,b}(t)$ 的傅里叶变换为

$$\hat{\psi}_{a,b}(\omega) = \int_{-\infty}^{+\infty} \psi_{a,b}(t)\mathrm{e}^{-\mathrm{i}\omega t}\,\mathrm{d}t = |a|^{1/2}\,\mathrm{e}^{-\mathrm{i}\omega b}\hat{\psi}(a\omega) \tag{1.1.6}$$

若母小波的傅里叶变换是中心频率为 ω_0、宽度为 D_ω 的带通函数，那么其傅里叶变换 $\hat{\psi}_{a,b}(\omega)$ 是中心为 ω_0/a、宽度为 D_ω/a 的带通函数，如图 1.1.1（b）所示。根据帕塞瓦尔恒等式，由式（1.1.3）可以得到

$$(CWT_\psi f)(a,b) = \frac{1}{2\pi}\langle \hat{f}, \hat{\psi}_{a,b} \rangle \tag{1.1.7}$$

因此，连续小波变换给出了信号频谱在频域窗 $\hat{\psi}_{a,b}(\omega)$ 或 $\hat{\psi}(a\omega)$ 内的局部信息。

设 $\omega_0 > 0$，a 为正实变量，可以把 ω_0/a 看作频率变量。$\hat{\psi}_{a,b}(\omega)$ 的带宽与中心频率之比，即相对带宽 D_ω/ω_0，与尺度参数 a 或中心频率的位置无关，这就是"恒 Q 性质"。把 ω_0/a 看作频率变量后，"时间-尺度"平面等效于"时间-频率"平面。因此，连续小波变换的"时间-频率"定位能力和分辨率也能够用"时间-尺度"平面上的矩形窗口来描述，该窗口的范围是

$$\left[b + at_0 - \frac{1}{2}aD_t, b + at_0 + \frac{1}{2}aD_t \right] \times \left[\frac{\omega_0}{a} - \frac{D_\omega}{2a}, \frac{\omega_0}{a} + \frac{D_\omega}{2a} \right]$$

矩形窗口长为 aD_t［即 $\psi_{a,b}(t)$ 的有效宽度］，宽为 D_ω/a［即 $\hat{\psi}_{a,b}(\omega)$ 的有效宽度］，面积为 D_tD_ω。面积大小与 a 无关，仅取决于 $\psi(t)$ 的选择，因此，一旦母小波确定，窗口的面积也就随之确定。分析的矩形窗口宽度 aD_t 决定时间分辨率和时间定位能力。a 越小（对应越高的频率），时间分辨率越高。因此，高频分析应采用窄的窗口。由于分析的矩形窗口面积恒定，当矩形窗口变窄时，其高度不可避免地增加，会降低频域分辨率和频率定位能力。图 1.1.2 就是从另一角度观察到的连续小波变换的变焦距性质，它与图 1.1.1 形成鲜明对照。

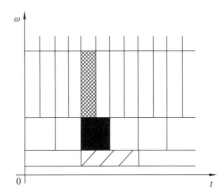

图 1.1.2　小波变换的频域性质
分析的矩形窗口宽度随频率升高（尺度减小）而变窄

由连续小波变换重建原信号，其逆变换公式为

$$f(t) = C_\psi^{-1} \int_{-\infty}^{+\infty} \int_{-\infty}^{+\infty} (\mathrm{CWT}_\psi f)(a,b)\psi_{a,b}(t)\frac{\mathrm{d}a}{a^2}\mathrm{d}b \qquad (1.1.8)$$

1.1.2　小波域滤波实现

实际采集的重磁异常中常含有较高频率的白噪声干扰，只有通过滤波处理，压制噪声干扰，才能有效地突出原信号中的地质信息。下面先介绍白噪声的几个特点。

（1）白噪声可以看作平稳的随机信号，记为 $\sigma(t)$，它在各测点处的 $\sigma(t_n)$ 值是一个随机量，$\sigma(t_n)$ 取值大小与其他测点处的随机取值无关。因此，白噪声的随机性表明，不同的白噪声 $\sigma_1(t)$ 和 $\sigma_2(t)$ 之间是不相关的。

（2）白噪声可以看作能量无限且零均值的。白噪声在时间域中没有衰减性，因此它具有能量无限性。白噪声是随机变化的，因此有

$$\frac{\sum_n \sigma(t_n)}{\sum_n \sigma^2(t_n)} = 0 \tag{1.1.9}$$

（3）对于确定信号，白噪声的时间域特征是均匀密集的。

（4）对于有用信号，随机干扰具备较高的频率。

重磁勘探中的异常通常表现为中低频信号特征或一些比较平稳的信号，而噪声则表现为高频信号特征。对含有噪声的位场数据做小波分解后，噪声能量主要出现在小波分析的小尺度上，且主要集中于各个尺度分量的高频部分。在高频系数方面，随着尺度变大和分解层次增多，其幅值大约按 $2^{-1/2}$ 倍快速衰减。另外，噪声在不同尺度上的特征也是不相关的。

根据上面的分析，传统基于小波分析的滤波方法大致可以归结为两类。第一类是强制的切除法滤波，即把小波分解各尺度分量或某几个尺度的高频系数全部赋值为零，然后进行小波反变换至空间域。这类方法比较简单，重构后的信号也较平滑，但是这种"一刀切"的生硬处理方式，容易丢失原信号中的有用信息。第二类是通过阈值衰减方法压制噪声。这类方法是根据经验或某种法则设定阈值，对小波分解的系数进行阈值收缩，这符合噪声在高频部分均匀密集的特点。

在实际处理应用中，阈值方法是使用最为广泛的小波域滤波算法。常见的几种阈值计算方法如下。

（1）统一阈值法。对小波分解的各层采用单一的阈值：

$$\lambda = \sigma\sqrt{2\ln N} \tag{1.1.10}$$

式中：λ 为阈值；σ 为噪声强度；N 为样点数。

（2）定义小波阈值为

$$\lambda_i = \frac{\sigma\sqrt{2\ln N}}{\ln(i+1)}, \qquad 1 \leqslant i \leqslant M \tag{1.1.11}$$

式中：M 为分解的层次；λ_i 为各层所取的阈值；σ 为噪声强度。

（3）定义小波阈值为

$$\lambda_j = \gamma(j)\sigma\sqrt{2\ln N} \tag{1.1.12}$$

式中：$\gamma(j)$ 为反映噪声的小波变换模在不同尺度 j 上的传播因子。

（4）将小波分解第一层的小波系数全部置为零，相当于将阈值 t 设为第一层小波系数模的最大值。

（5）非线性阈值法。硬阈值方法与软阈值方法是两种传统的阈值处理方法。硬阈值方法准则是保留大于阈值的系数，而将小于阈值的系数都赋值为零，具体表达式为

$$\hat{W}_f(a,b) = \begin{cases} W_f(a,b), & |W_f(a,b)| \geqslant t \\ 0, & |W_f(a,b)| < t \end{cases} \tag{1.1.13}$$

式中：$W_f(a,b)$ 为原小波系数；$\hat{W}_f(a,b)$ 为阈值处理后的小波系数。

软阈值方法准则是将小于阈值的系数都赋值为零，而将大于阈值的系数减去一个阈值大小的量，具体表达式为

$$\hat{W}_f(a,b) = \begin{cases} W_f(a,b) - t, & |W_f(a,b)| \geqslant t \\ 0, & |W_f(a,b)| < t \end{cases} \tag{1.1.14}$$

由图 1.1.3（a）、（b）可以看出：硬阈值方法是使大于阈值的系数不变，而小于阈值的系数取值为零，此方法存在间断点，会造成重构失真，滤波不彻底；软阈值方法虽然没有间断点，但是原系数减去了一个阈值大小的量，也会使重构失真。

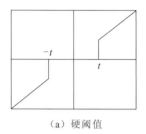
（a）硬阈值

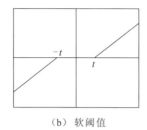
（b）软阈值

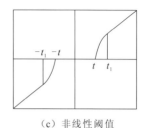
（c）非线性阈值

图 1.1.3　不同阈值处理前后的系数
横坐标为处理前的系数，纵坐标为处理后的系数

为了克服硬阈值方法和软阈值方法的不足，使信号变化尽可能平缓，可采用非线性阈值，如图 1.1.3（c）所示。非线性阈值函数表达式为

$$\hat{W}_f(a,b) = \begin{cases} W_f(a,b), & |W_f(a,b)| \geqslant t_1 \\ W_f(a,b) \cdot \varphi(t,t_1), & t \leqslant |W_f(a,b)| < t_1 \\ 0, & |W_f(a,b)| < t \end{cases} \tag{1.1.15}$$

式中：$\varphi(t,t_1)$ 为在 $[|t|,|t_1|]$ 由 1 衰减到 0 的光滑的权函数。

1.2　高阶统计量滤波

早在 20 世纪 50 年代，一些学者就开始了高阶矩的研究。Rosenblatt 等（1965）发表了关于双谱估计的文章，同年，Brillinger（1965）全面介绍了多谱理论。但是，直到 80 年代后期，这方面的研究才正得到迅速发展与应用，迎来了高阶谱理论和应用研究的高潮。目前，其应用范围已涉及通信、生物医学、故障诊断、声呐等多个领域，近年来也已经逐步渗透到地球物理勘探领域。

所谓高阶统计量，通常是指高阶矩、高阶累积量及它们的谱——高阶矩谱和高阶累积量谱 4 种形式的统计量，此外，还有倒高阶累积量谱等。通过特征函数可以引出高阶统计量的定义，并推导它们的性质。本节主要讨论高阶累积量及高阶累积量谱（简称高阶谱），其他相关理论可参考 Arivazhagan 等（2006）和张贤达（1996，1995），此处不做详述。

1.2.1　高阶累积量及高阶累积量谱的概念

常见的 k 阶累积量，用 $c_k = c_{1,\cdots,k} = \mathrm{cum}(X_1, \cdots, X_k)$ 来表示高阶累积量。

设 $\{x(n)\}$ 为零均值的 k 阶平稳随机过程，其 k 阶累积量定义为

$$c_{kx}(\tau_1,\cdots,\tau_k) = \mathrm{cum}\{x(n), x(n+\tau_1),\cdots, x(n+\tau_k)\} \tag{1.2.1}$$

设 $\{x(n)\}$ 为零均值的 k 阶平稳随机过程，且序列的 k 阶累积量是绝对可和的，即

$$\sum_{\tau_1=-\infty}^{\infty}\cdots\sum_{\tau_{k-1}=-\infty}^{\infty}\left|c_{kx}(\tau_1,\cdots,\tau_{k-1})\right|<\infty \tag{1.2.2}$$

则 k 阶累积量谱定义为 k 阶累积量的 k-1 维傅里叶变换，即

$$C_{kx}(\omega_1,\cdots,\omega_{k-1}) = \sum_{\tau_1=-\infty}^{\infty}\cdots\sum_{\tau_{k-1}=-\infty}^{\infty} c_{kx}(\tau_1,\cdots,\tau_{k-1})\mathrm{e}^{-\mathrm{j}\sum_{i=1}^{k-1}\omega_i\tau_i} \tag{1.2.3}$$

最常用的高阶累积量谱是三阶累积量谱（简称三阶谱）和四阶累积量谱（简称四阶谱），定义形式如下。

三阶累积量谱：

$$B_x(\omega_1,\omega_2) = \sum_{\tau_1=-\infty}^{\infty}\sum_{\tau_2=-\infty}^{\infty} c_{3x}(\tau_1,\tau_2)\mathrm{e}^{-\mathrm{j}(\omega_1\tau_1+\omega_2\tau_2)} \tag{1.2.4}$$

四阶累积量谱：

$$T_x(\omega_1,\omega_2,\omega_3) = \sum_{\tau_1=-\infty}^{\infty}\sum_{\tau_2=-\infty}^{\infty}\sum_{\tau_3=-\infty}^{\infty} c_{4x}(\tau_1,\tau_2,\tau_3)\mathrm{e}^{-\mathrm{j}(\omega_1\tau_1+\omega_2\tau_2+\omega_3\tau_3)} \tag{1.2.5}$$

由于三阶累积量谱只有两个变量，四阶累积量谱只有三个变量，为了方便，特别称它们为双谱和三谱。

式（1.2.3）中的 $k=2$ 时，就是常见的功率谱：

$$P_x(\omega) = \sum_{\tau=-\infty}^{\infty} c_{2x}(\tau)\mathrm{e}^{-\mathrm{j}\omega\tau} \tag{1.2.6}$$

高阶累积量具有如下几种性质。

性质 1：相互独立的两随机序列的组合序列的累积量等于零。

设随机序列 $(x_1,x_2,\cdots,x_i,x_{i+1},\cdots,x_k)$ 由相互独立的两随机序列 $(x_1,x_2,\cdots,x_i)$ 与 $(x_{i+1},\cdots,x_k)$ 组成，则有

$$C(x_1,x_2,\cdots,x_i,x_{i+1},\cdots,x_k)=0 \tag{1.2.7}$$

因此，对于一个由具有相同分布的相互独立的随机变量构成的随机序列 $\{u(n), u(n+\tau_1),u(n+\tau_2),\cdots,u(n+\tau_{k+1})\}$，它的累积量为 δ 函数。

性质 2：任何高斯过程的高阶累积量均等于零。

随机向量 $\boldsymbol{X}=[X_1,\cdots,X_n]$ 是高斯或正态分布的，其特征函数具有如下形式：

$$\varPhi(\omega) = \mathrm{e}^{\mathrm{j}\boldsymbol{a}^{\mathrm{T}}\boldsymbol{\omega}-(1/2)\boldsymbol{\omega}^{\mathrm{T}}R\boldsymbol{\omega}}, \quad \boldsymbol{\omega}=[\omega_1,\cdots,\omega_n]^{\mathrm{T}} \tag{1.2.8}$$

因此，高斯随机向量 $\boldsymbol{X}$ 的累积量生成函数为

$$\varPsi(\omega) = \ln\varPhi(\omega) = \mathrm{j}\boldsymbol{a}^{\mathrm{T}}\boldsymbol{\omega}-\frac{1}{2}\boldsymbol{\omega}^{\mathrm{T}}R\boldsymbol{\omega} = \mathrm{j}\sum_{i=1}^{n}a_i\omega_i-\frac{1}{2}\sum_{i=1}^{n}\sum_{j=1}^{n}r_{ij}\omega_i\omega_j \tag{1.2.9}$$

式中：r_{ij} 为 $\boldsymbol{X}$ 的协方差矩阵 $\boldsymbol{R}$ 中的元素；$\boldsymbol{a}=[a_1,\cdots,a_n]^{\mathrm{T}}$ 为 $\boldsymbol{X}$ 的均值向量。注意累积量生成函数是二次多项式，因此关于自变量的三阶及更高阶的偏导数等于零，从而有

$$c_k \equiv 0, \quad k \geqslant 3 \tag{1.2.10}$$

由随机过程的高阶累积量定义可知，零均值的高斯随机过程的各阶累积量为

$$c_{1x} = E\{x(n)\} = 0 \tag{1.2.11}$$

$$c_{2x}(\tau) = E\{x(n)x(n+\tau)\} = r(\tau) \tag{1.2.12}$$

$$c_{kx}(\tau_1, \cdots, \tau_{k-1}) = 0, \quad k \geqslant 3 \tag{1.2.13}$$

由式（1.2.12）和式（1.2.13）可知，只有奇数阶的高阶矩才等于零，而偶数阶的高阶矩不等于零。

性质 3：如果随机变量 $\{x_i\}$ 和随机变量 $\{y_i\}$，$i=1,2,\cdots,k$ 独立，则

$$\text{cum}(x_1 + y_1, \cdots, x_k + y_k) = \text{cum}(x_1, \cdots, x_k) + \text{cum}(y_1, \cdots, y_k) \tag{1.2.14}$$

于是，如果一个非高斯信号是在与之独立的加性高斯有色噪声中被观测的话，由式（1.2.13）和式（1.2.14）可知，观测过程的高阶累积量与非高斯信号过程的高阶累积量恒等。因而，当使用高阶累积量作为分析工具时，理论上可以完全抑制高斯有色噪声的影响。

根据以上所述，由于加性高斯噪声的三阶谱等于零，序列的三阶谱已压制了高斯有色噪声的影响，利用序列的三阶谱估计有用信号的傅里叶序列或功率谱，再对重构的傅里叶变换序列进行反变换至空间域即可以实现资料的滤波处理。

1.2.2 高阶累积量及高阶累积量谱的估计

随机变量的统计计算需要大量的样本，才能得到稳定可靠的统计特征。然而在许多实际应用中，信号的统计特征只能由一次观测得到的有限长数据序列 $\{x_1, x_2, \cdots, x_N\}$ 来估算，因此，通常用时间平均代替统计平均。

在实际的计算中，如果零均值的随机过程 $\{x(n)\}$ 是 ∞ 阶绝对可和的，即

$$\sum_{\tau_1=-\infty}^{\infty} \cdots \sum_{\tau_{m-1}=-\infty}^{\infty} \left| c_{mx}(\tau_1, \cdots, \tau_{m-1}) \right| < \infty, \quad m = 1, \cdots, 8 \tag{1.2.15}$$

则 $\{x(n)\}$ 的三阶累积量和四阶累积量可通过以下两式估计：

$$\hat{c}_{3x}(\tau_1, \tau_2) = \frac{1}{N} \sum_{n=1}^{N} x(n)x(n+\tau_1)x(n+\tau_2) \tag{1.2.16}$$

$$\hat{c}_{4x}(\tau_1, \tau_2, \tau_3) = \frac{1}{N} \sum_{n=1}^{N} x(n)x(n+\tau_1)x(n+\tau_2)x(n+\tau_3) - \hat{c}_{2x}(\tau_1)\hat{c}_{2x}(\tau_2 - \tau_3)$$
$$- \hat{c}_{2x}(\tau_2)\hat{c}_{2x}(\tau_3 - \tau_1) - \hat{c}_{2x}(\tau_3)\hat{c}_{2x}(\tau_1 - \tau_2) \tag{1.2.17}$$

式（1.2.17）中

$$\hat{c}_{2x}(\tau) = \frac{1}{N} \sum_{n=1}^{N} x(n)x(n+\tau), \quad \hat{c}_{2x}(-\tau) = \hat{c}_{2x}(\tau), \quad \tau = 0,1,2,\cdots \tag{1.2.18}$$

在式（1.2.16）～式（1.2.18）中，对 $n \leqslant 0$ 或 $n > N$ 均取 $x(n) = 0$ 进行运算。

同功率谱的估计相似，为了得到更好的高阶谱估计值，采用 $k-1$ 维合适的窗函数是必要的。对三阶谱的估计采用二维窗函数 $w(m,n)$，该函数必须满足以下 4 个约束条件（Sundaramoorthy et al.，1990）。

（1）$w(m,n) = w(n,m) = w(-m,n-m) = w(m-n,-n)$。

（2）若 (m,n) 位于累积量估计值的支撑区以外，则 $w(m,n) = 0$。

（3）在原点等于 1，即 $w(0,0)=1$（归一化条件）。

（4）二维傅里叶变换非负，即 $W(\omega_1,\omega_2)\geqslant 0,\forall(\omega_1,\omega_2)$。

值得指出的是，满足上述约束条件的二维窗函数 $w(m,n)$ 可以利用一维滞后窗函数 $d(m)$ 来构造，构造方法如下：

$$w(m,n)=d(m)d(n)d(n-m) \qquad (1.2.19)$$

其中，一维滞后窗函数 $d(m)$ 应满足下列条件：

$$d(m)=d(-m) \qquad (1.2.20)$$
$$d(m)=0,\quad m>L \qquad (1.2.21)$$
$$d(0)=1 \qquad (1.2.22)$$

$d(m)$ 的傅里叶变换非负，即

$$D(\omega)\geqslant 0,\quad \forall\omega \qquad (1.2.23)$$

满足上述条件的一维滞后窗函数很多，以下是常用的三种。

（1）最优窗函数：

$$d_{\mathrm{o}}(m)=\begin{cases}\dfrac{1}{\pi}\left|\sin\dfrac{\pi m}{L}\right|+\left(1-\dfrac{|m|}{L}\right)\cos\dfrac{\pi m}{L},& |m|\leqslant L\\ 0,& |m|>L\end{cases} \qquad (1.2.24)$$

（2）Hamming 窗函数：

$$d_{\mathrm{h}}(m)=\begin{cases}0.54+0.46\left(\dfrac{\pi|m|}{L}\right),& |m|\leqslant L\\ 0,& |m|>L\end{cases} \qquad (1.2.25)$$

（3）Parzen 窗函数：

$$d_{\mathrm{p}}(m)=\begin{cases}1-6\left(\dfrac{|m|}{L}\right)^2+6\left(\dfrac{|m|}{L}\right)^3,& |m|\leqslant\dfrac{L}{2}\\ 2\left(1-\dfrac{|m|}{L}\right)^3,& \dfrac{L}{2}<|m|\leqslant L\\ 0,& |m|>L\end{cases} \qquad (1.2.26)$$

三阶谱的估算有直接法和间接法两种。直接法是先估计信号 $\{x(n)\}$ 的傅里叶序列，然后对该傅里叶序列作三重相关运算，得到信号 $\{x(n)\}$ 的三阶谱估计，这种方法假设 $\{x(n)\}$ 是一个周期性的确定信号。间接法是先估算信号的三阶累积量，再取累积量序列的二维傅里叶变换得到三阶谱。下面是这两种方法的具体算法。

（1）直接法。

步骤 1：将所给的数据 $\{x(1),\cdots,x(N)\}$ 分成 K 段，每段 M 个观测样本，即 $N=KM$，并对每段数据减去该段的样本均值。若有必要，每段数据补零以适应快速傅里叶变换（fast Fourier transform，FFT）的长度 M 的要求。

步骤 2：计算每段的离散傅里叶变换（discrete Fourier transform，DFT）系数：

$$\begin{cases} Y^{(i)}(\lambda) = \dfrac{1}{M} \sum_{n=0}^{M-1} x^{(i)}(n) \exp\left(\dfrac{-\mathrm{j}2\pi n\lambda}{N}\right) \\ \lambda = 0,1,\cdots,\dfrac{M}{2}; \quad i=1,2,\cdots,K \end{cases} \tag{1.2.27}$$

式中：$\{x^{(i)}(n), n=0,1,\cdots,M-1\}$ 为第 i 段的数据。

步骤 3：计算 DFT 系数的三重相关：

$$\hat{b}_i(\lambda_1,\lambda_2) = \dfrac{1}{\Delta_0^2} \sum_{k_1=-L_1}^{L_1} \sum_{k_2=-L_1}^{L_1} Y^{(i)}(\lambda_1+k_1) Y^{(i)}(\lambda_2+k_2) Y^{(i)}(-\lambda_1-\lambda_2-k_1-k_2) \tag{1.2.28a}$$

式中：$i=1,2,\cdots,K$；$0 \leqslant \lambda_2 \leqslant \lambda_1$，$\lambda_1 + \lambda_2 \leqslant f_s/2$；$f_s$ 为采样频率；$\Delta_0 = f_s/N_0$，为频率样本间所要求的间隔；N_0 和 L_1 应选择满足 $M=(2L_1+1)N_0$ 的值。

步骤 4：数据的三阶谱估计值为 K 段三阶谱估计的平均，即

$$\hat{B}(\omega_1,\omega_2) = \dfrac{1}{K} \sum_{i=1}^{K} \hat{b}_i(\omega_1,\omega_2) \tag{1.2.28b}$$

式中：$\omega_1 = \left(\dfrac{2\pi f_1}{N_0}\right)\lambda_1$，$\omega_2 = \left(\dfrac{2\pi f_2}{N_0}\right)\lambda_2$。

（2）间接法。

步骤 1：将所给的数据 $\{x(1),\cdots,x(N)\}$ 分成 K 段，每段 M 个观测样本，并对每段数据减去该段的样本均值。

步骤 2：估计每段的三阶累积量：

$$c^{(i)}(l,k) = \dfrac{1}{M} \sum_{t=M_1}^{M_2} x^{(i)}(t) x^{(i)}(t+l) x^{(i)}(t+k), \quad i=1,\cdots,k \tag{1.2.29}$$

式中：$\{x^{(i)}(t)\}$ 为第 i 段的数据；$M_1 = \max(0,-l,-k)$；$M_2 = \min(M-1,M-1-l,M-1-k)$。

步骤 3：取所有段的三阶累积量的平均作为整个观测数据的三阶累积量估计：

$$\hat{c}(l,k) = \dfrac{1}{K} \sum_{i=1}^{K} c^{(i)}(l,k) \tag{1.2.30}$$

步骤 4：计算三阶累积量的傅里叶变换，产生三阶谱估计：

$$\hat{B}(\omega_1,\omega_2) = \sum_{l=-L}^{L} \sum_{k=-L}^{L} \hat{c}(l,k) w(l,k) \exp\{-\mathrm{j}(\omega_1 l + \omega_2 k)\} \tag{1.2.31}$$

式中：$L < M-1$；$w(l,k)$ 是二维窗函数。

值得注意的是，如果在计算过程中利用三阶累积量和三阶谱的对称性，那么整个过程中计算量可以大大减少。

无论是直接法还是间接法，都是高方差的。要得到平滑的三阶谱估计有两种办法：一是增加观测数据的长度；二是增加分段的数目。实际上，观测数据的长度是有限的，因此，通常采用使相邻的两段部分重叠的方法来增加分段的个数，且保持每段有尽可能多的样本。

1.2.3 基于三阶谱的傅里叶振幅与相位重构

利用高阶统计量可以有效压制随机噪声，在高阶谱中，三阶谱有相对少的计算量，

已成为最常用的高阶统计量方法。一方面，可以利用随机噪声的三阶谱为零来进行滤波；另一方面，如能够通过三阶谱重构傅里叶振幅与相位信息，这对含噪数据的滤波也有深刻的意义。Bartelt 等（1984）和 Sundaramoorthy 等（1990）提出了幅值重构算法；Brillinger（1977）、Lii 等（1982）、Matsuoka 等（1984）提出了著名的 Brillinger-Matsuoka-Ulrych 递推算法（简称 BMU 算法）、Lii-Rosenblatt 递推算法（简称 LR 算法）和 Matsuoka-Ulrych 最小二乘算法（简称 MU 算法）。

1. 三阶谱相位重构

对于一个实的确定性离散时间信号 $x(n)$，其三阶谱定义为

$$B'_x(\omega_1, \omega_2) = X(\omega_1)X(\omega_2)X(\omega_1 + \omega_2) \tag{1.2.32}$$

式中：$X(\omega)$ 为 $x(n)$ 的傅里叶变换序列。令 $\varphi(\omega) = \arg X(\omega)$，即为 $X(\omega)$ 的相位。于是有

$$|B_x(\omega_1, \omega_2)| = |X(\omega_1)||X(\omega_2)||X(\omega_1 + \omega_2)| \tag{1.2.33}$$

$$\Psi_x(\omega_1, \omega_2) = \varphi(\omega_1) + \varphi(\omega_2) - \varphi(\omega_1 + \omega_2) \tag{1.2.34}$$

式中：$\Psi_x(\omega_1, \omega_2)$ 即为三阶谱相位。

相位重构的关键就是根据已估计出的 $\Psi_x(\omega_1, \omega_2)$ 确定 $\varphi_x(\omega)$。下面是几种相位重构的算法。

1）BMU 算法

在区域 $\omega_1 + \omega_2 = \omega (0 \leqslant \omega_1 \leqslant \omega, 0 \leqslant \omega_2 \leqslant \omega)$ 内对式（1.2.34）求和，则有

$$\sum_\omega \psi(\omega_1, \omega_2) = \sum_\omega [\varphi(\omega_1) + \varphi(\omega_2) - \varphi(\omega_1 + \omega_2)] \tag{1.2.35}$$

进一步地，在 $\omega_1 = [0, \omega]$ 内求和，并令 $\omega_2 = \omega - \omega_1$，可得

$$\sum_{\omega_1=0}^{\omega} \psi(\omega_1, \omega - \omega_1) = \sum_{\omega_1=0}^{\omega} [\varphi(\omega_1) + \varphi(\omega - \omega_1) - \varphi(\omega)] \tag{1.2.36}$$

为方便计，令 $\Delta\omega = 1$，$\omega_1 = i$ 和 $\omega = n$，则

$$\sum_{i=0}^{n} \psi(i, n-i) = 2\sum_{i=0}^{n-1} \varphi(i) - (n-1)\varphi(n) \tag{1.2.37}$$

将式（1.2.37）变成递推形式，得

$$\varphi(n) = \frac{1}{n-1}\left[2\sum_{i=0}^{n-1} \varphi(i) - S(n)\right], \quad n = 2,3,\cdots,N \tag{1.2.38}$$

式中：$S(n) = \sum_{i=0}^{n} \psi(i, n-i)$，$n = N$ 对应 $\omega = \pi$。这一递推公式的初始值为 $\varphi(0) = 0$ 和

$$\varphi(1) = \sum_{n=2}^{N} \frac{S(n) - S(n-1)}{n(n-1)} + \frac{\varphi(N)}{N} \tag{1.2.39}$$

2）LR 算法

在式（1.2.34）中，令 $\omega_1 = \omega$ 和 $\omega_2 = \Delta\omega$，并取极限，则有

$$
\begin{aligned}
\lim_{\Delta\omega \to 0} \frac{\psi(\omega, \Delta\omega)}{\Delta\omega} &= \lim_{\Delta\omega \to 0} \frac{\varphi(\omega) + \varphi(\Delta\omega) - \varphi(\omega + \Delta\omega)}{\Delta\omega} \\
&= \lim_{\Delta\omega \to 0} \frac{-[\varphi(\omega + \Delta\omega) - \varphi(\omega)]}{\Delta\omega} + \lim_{\Delta\omega \to 0} \frac{\varphi(\Delta\omega) - \varphi(0)}{\Delta\omega} \\
&= -\varphi'(\omega) + \varphi'(0)
\end{aligned} \tag{1.2.40}
$$

又由于 $\varphi(\omega) = \int_0^\omega \varphi'(\lambda)\mathrm{d}\lambda$，由式（1.2.40）得

$$\varphi(\omega) = \int_0^\omega [\varphi'(\lambda) - \varphi'(0)]\mathrm{d}\lambda + c\omega \qquad (1.2.41)$$

由式（1.2.40）和式（1.2.41）可得

$$\varphi(\omega) = -\int_0^\omega \lim_{\Delta\omega\to 0} \frac{\psi(\lambda, \Delta\omega)}{\Delta\omega}\mathrm{d}\lambda + c\omega \qquad (1.2.42)$$

假定 $\varphi(\pi) = k\pi$，并将 $\omega = \pi$ 代入式（1.2.42）中，则有

$$c = \frac{1}{\pi}\left[\varphi(\pi) + \int_0^\pi \lim_{\Delta\omega\to 0} \frac{\psi(\lambda, \Delta\omega)}{\Delta\omega}\mathrm{d}\lambda\right] \qquad (1.2.43)$$

令 $\Delta\omega = 1$，将式（1.2.42）和式（1.2.43）变为离散形式，有

$$\varphi(n) = -\sum_{i=0}^{n-1} \psi(i,1) + cn\pi/N, \quad n = 1, 2, \cdots, N \qquad (1.2.44)$$

$$c = \frac{1}{\pi}\left[\varphi(N) + \sum_{i=0}^{N-1} \psi(i,1)\right] \qquad (1.2.45)$$

式中：$\varphi(N) = 0$ 或 $k\pi$。

另外，式（1.2.34）可写为

$$\psi(i,1) = \varphi(i) + \varphi(1) - \varphi(i+1) \qquad (1.2.46)$$

将式（1.2.46）代入式（1.2.44）中，得

$$\varphi(n) = -\sum_{i=0}^{n-1} \psi(i,1) + \varphi(0) + n\varphi(1) \qquad (1.2.47)$$

于是，可取初始值 $\varphi(0) = 0$，而另外一个初始值 $\varphi(1)$ 则可在式（1.2.47）中利用 $\varphi(N) = 0$ 或 $k\pi$ 求得。

图 1.2.1 所示为相位计算时 BMU 算法和 LR 算法所用三阶谱值的范围。

3）MU 算法

上述两种相位重构算法都是递推方法。递推方法的优点是计算简单，但是在递推过程中存在误差的传递。下面介绍的 MU 算法是一种最小二乘方法。

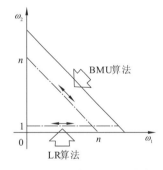

图 1.2.1　相位计算时 BMU 算法和 LR 算法所用三阶谱值的范围

令式（1.2.34）中的 $\omega_1 = i$、$\omega_2 = j$，利用三阶谱区域的对称条件，可以写出

$$\psi(i,j) = \varphi(i) + \varphi(j) - \varphi(i+j), \quad i = 1, \cdots, \frac{N}{2}; j = i, \cdots, N-i \qquad (1.2.48)$$

式（1.2.48）可以写作下列矩阵形式：

$$\tilde{\boldsymbol{A}}\tilde{\boldsymbol{\Phi}} = \boldsymbol{\Psi}$$

式中：$\tilde{\boldsymbol{\Phi}} = [\varphi(1), \varphi(2), \cdots, \varphi(N)]^{\mathrm{T}}$；$\boldsymbol{\Psi} = [\psi(1,1), \psi(1,2), \cdots, \psi(2,2), \psi(2,3), \cdots, \psi(N/2, N/2)]^{\mathrm{T}}$；$\tilde{\boldsymbol{A}}$ 为稀疏系数矩阵

$$\tilde{A} = \begin{bmatrix} 2 & -1 & 0 & 0 & 0 & \cdots & 0 \\ 1 & 1 & -1 & 0 & 0 & \cdots & 0 \\ 1 & 0 & 1 & -1 & 0 & \cdots & 0 \\ \vdots & \vdots & \vdots & \vdots & \vdots & & \vdots \\ 1 & 0 & 0 & 0 & 0 & \cdots & -1 \\ 0 & 2 & 0 & -1 & 0 & \cdots & 0 \\ \vdots & \vdots & \vdots & \vdots & \vdots & 0 & -1 \end{bmatrix}$$

由于矩阵 $\tilde{A}$ 的秩为 $N-1$，可消去矩阵 $\tilde{A}$ 中与已知量 $\varphi(N)$ 相对应的最后一列，得到新的矩阵 A。这就形成了一组新的方程：

$$A\boldsymbol{\Phi} = \boldsymbol{\Psi} \tag{1.2.49}$$

式中：$\boldsymbol{\Phi} = [\varphi(1), \varphi(2), \cdots, \varphi(N-1)]^{\mathrm{T}}$。当 N 为偶数时，矩阵 A 的维数为 $(N/2)^2 \times (N-1)$；当 N 为奇数时，矩阵 A 的维数为 $\dfrac{(N-1)(N+1)}{4} \times (N-1)$。

未知相位向量 $\boldsymbol{\Phi}$ 可以利用最小二乘解求出：

$$\hat{\boldsymbol{\Phi}} = (A^{\mathrm{T}}A)A^{\mathrm{T}}\boldsymbol{\Psi} \tag{1.2.50}$$

与 BMU 算法和 LR 算法不同，MU 算法使用了三角区 $\omega_2 \geqslant 0$，$\omega_1 \geqslant \omega_2$，$\omega_1 + \omega_2 \leqslant \pi$ 内的三阶谱值（图 1.2.1）。

2. 三阶谱幅值重构

分别令

$$\tilde{X}(k) = \ln(|X(k)|), \qquad \tilde{B}(k,l) = \ln(|B(k,l)|) \tag{1.2.51}$$

由式（1.2.33），得

$$\tilde{B}(k,l) = \tilde{X}(k) + \tilde{X}(l) + \tilde{X}(k+l) \tag{1.2.52}$$

式中：$k = 1, 2, \cdots, N/4$；$l = k, k+1, \cdots, N/2 - k$。于是式（1.2.52）可写成矩阵形式：

$$\tilde{\boldsymbol{b}} = A\tilde{\boldsymbol{x}} \tag{1.2.53}$$

式中：$\tilde{\boldsymbol{b}}$ 为 $(N^2/16) \times 1$ 向量；$\tilde{\boldsymbol{x}}$ 为 $(N/2) \times 1$ 向量；A 为 $(N^2/16) \times (N/2)$ 矩阵，并且

$$\tilde{\boldsymbol{b}} = \left[\tilde{B}(1,1), \tilde{B}(1,2), \cdots, \tilde{B}\left(1, \frac{N}{2}-1\right), \tilde{B}(2,2), \cdots, \tilde{B}\left(\frac{N}{4}, \frac{N}{4}\right) \right]^{\mathrm{T}} \tag{1.2.54}$$

$$\tilde{\boldsymbol{x}} = \left[\tilde{X}(1), \tilde{X}(2), \cdots, \tilde{X}\left(\frac{N}{2}\right) \right]^{\mathrm{T}} \tag{1.2.55}$$

$$A = \begin{bmatrix} 2 & 1 & 0 & 0 & 0 & \cdots & 0 \\ 1 & 1 & 1 & 0 & 0 & \cdots & 0 \\ 1 & 0 & 1 & 1 & 0 & \cdots & 0 \\ \vdots & \vdots & \vdots & \vdots & \vdots & & \vdots \\ 1 & 0 & 0 & 0 & 0 & \cdots & 1 \\ 0 & 2 & 0 & 1 & 0 & \cdots & 0 \\ \vdots & \vdots & \vdots & \vdots & \vdots & 0 & 1 \end{bmatrix}$$

因此，式（1.2.51）中待求参数 $\tilde{X}(k)$ 是唯一确定的：

$$\tilde{\boldsymbol{x}} = (A^{\mathrm{T}}A)^{-1} A^{\mathrm{T}}\tilde{\boldsymbol{b}} \tag{1.2.56}$$

最后，$|X(k)|$ 可由 $\tilde{X}(k)$ 利用如下两式求出：

$$|X(k)|=\exp[\tilde{X}(k)], \quad k=1,2,\cdots,\frac{N}{2} \tag{1.2.57}$$

$$|X(k)|=|X(N-k)|, \quad k=N/2+1,\cdots,N-1 \tag{1.2.58}$$

$|X(0)|$ 可通过计算每次实现的样本均值，然后对所有实现样本均值再求平均得到。

1.2.4　基于三阶谱的位场滤波算法

设 $x(t)$ 为零均值的位场数据，$r(t)$ 表示其中的有效信息，$n(t)$ 为随机噪声，即

$$x(t)=r(t)+n(t) \tag{1.2.59}$$

它的三阶累积量函数为 $C_f(t_1,t_2)$，有

$$C_f(t_1,t_2)=\int_{-\infty}^{\infty}x(t)x(t+t_1)x(t+t_2)\mathrm{d}t \tag{1.2.60}$$

$C_f(t_1,t_2)$ 的二维傅里叶变换即为三阶谱：

$$\begin{aligned}B_f(f_1,f_2)&=\int_{-\infty}^{\infty}\int_{-\infty}^{\infty}C_f(t_1,t_2)\exp\left[-\mathrm{j}2\pi(f_1t_1+f_2t_2)\right]\mathrm{d}t_1\mathrm{d}t_2\\&=X(f_1)X(f_2)X^*(f_1+f_2)\end{aligned} \tag{1.2.61}$$

式中：$X(f)$ 为 $x(t)$ 的傅里叶变换，可表示为

$$X(f)=A(f)\exp(\mathrm{j}\phi) \tag{1.2.62}$$

式中：$A(f)$ 为 $X(f)$ 的幅值。

由此可知，$C_f=C_r+C_n$，$B_f=B_r+B_n$，根据高阶统计量性质，随机噪声三阶累积量 $C_n=0$，其三阶谱值也为零，即 $B_n=0$，这表明随机噪声 $n(x)$ 对三阶谱 B_f 的贡献为零，即 $C_f=C_r$。因此，通过三阶谱重构傅里叶变换的振幅与相位，再反变换至空间域，即可以实现随机噪声的压制。

1.3　Curvelet 域滤波

1.3.1　Curvelet 变换原理

在二维空间情况下，设空间域变量为 x，频率域变量为 w，频率域的极坐标为 r 和 θ。假设 $\varphi_j(x)$ 为 Curvelet 母函数，则 j 尺度下的各 Curvelet 都可以由 $\varphi_j(x)$ 经过旋转平移得到。取角度剖分量 A，定义旋转角度为

$$\theta_{j,m}=\frac{2\pi}{A\cdot 2^{-\lfloor j/2\rfloor}}\cdot m, \quad m=1,2,\cdots,A\cdot 2^{\lfloor j/2\rfloor}, \quad 0<\theta_{j,m}\leqslant 2\pi \tag{1.3.1}$$

式中：$\lfloor j/2\rfloor$ 为对 $j/2$ 向下取整。

平移参数 $k=(k_1,k_2)\in \mathbf{Z}^2$，则尺度为 j、方向为 $\theta_{j,m}$、位置 $x_k^{j,m}=R_{\theta_{j,m}}^{-1}(k_1\cdot 2^{-j},k_2\cdot 2^{-j/2})$ 处的 Curvelet 为

$$\varphi_{j,m,k}(x)=\varphi_j[R_{\theta_{j,m}}(x-x_k^{j,m})] \tag{1.3.2}$$

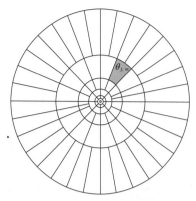

图 1.3.1 Curvelet 频率域数字化块

阴影部分为 j 尺度 m 方向的 Curvelet

式中：$R_\theta = \begin{pmatrix} \cos\theta & \sin\theta \\ -\sin\theta & \cos\theta \end{pmatrix}$ 为 θ 弧度的旋转。

在构造 Curvelet 的过程中，每个尺度下的角度分量由尺度因子和角度剖分量共同决定，突出了 Curvelet 的多方向特征。图 1.3.1 是角度剖分量 A 取 8 时的 Curvelet 频率域数字化块，由式（1.3.1）和图 1.3.1 可以看出，Curvelet 的方向分量随着分解尺度的增大而增大，这种性质表示它能够有效地描述二维图像中的方向细节。

图 1.3.2 是选取的若干个典型方向的 Curvelet 在空间域的示意图，由于篇幅关系，其他方向的 Curvelet 没有给出，这些不同方向的 Curvelet 可以很好地描述对应方向的信号特征，且分解尺度越大，方向分辨能力越强。

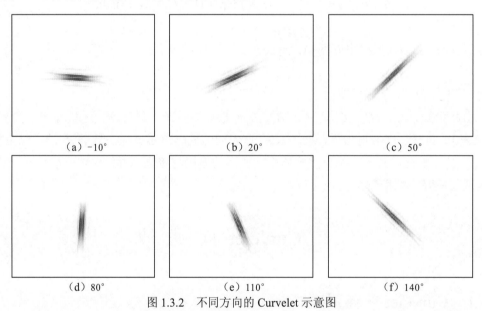

（a）−10° （b）20° （c）50°
（d）80° （e）110° （f）140°

图 1.3.2 不同方向的 Curvelet 示意图

对于 $f(x) \in L^2(R^2)$，其 Curvelet 变换可表示成与 Curvelet 函数 $\varphi_{j,m,k}(x)$ 的内积，详细部分请参阅 Candès 等（2005）：

$$C(j,m,k) = \langle f, \varphi_{j,m,k} \rangle = \int_{R^2} f(x)\overline{\varphi_{j,m,k}(x)}\,\mathrm{d}x \tag{1.3.3}$$

通过上述分析，给定一个 Curvelet，经过伸缩、平移和旋转可以生成 $L^2(R^2)$（平方可积函数空间）的紧标架，这意味着它具有重构公式：

$$f(x) = \sum_{(j,m,k) \in M} \langle f(x), \varphi_{j,m,k} \rangle \varphi_{j,m,k} \tag{1.3.4}$$

式中：$\varphi_{j,m,k}$ 为由指标（j,m,k）确定的 Curvelet 族；M 为指标集。

Curvelet 变换是小波变换的二维各向异性扩展，它与小波变换相似，同样可以伸缩平移，由于 Curvelet 是在二维情况下分解的，其平移由 2 个参数决定。此外，Curvelet 变换和小波变换的主要不同在于 Curvelet 变换具有旋转性，可以对信号在多方向上进行有效分析。

1.3.2 基于高阶统计量的 Curvelet 域滤波

Curvelet 变换在地震资料波场分离中有较好的应用效果（张恒磊 等，2010a），与传统的小波方法类似，其滤波策略都是基于变换域识别信号与噪声，利用一定的衰减算法（阈值收缩等）进一步分离处理。1.1 节已经详细介绍了小波滤波的方法及实现步骤。本小节在研究传统方法的基础上，论述 Curvelet 域相关和阈值衰减的联合滤波方法。

高阶统计量是近几年来发展起来的一种新的现代信号分析理论。因为零均值的高斯白噪声的高阶累计量为零，所以在一定情况下高阶统计量能够彻底消除噪声。高阶相关函数可以较好地抑制噪声，突出有效信息的相关性。为了增强信号，本小节在处理中采用归一化的相关函数突出其对信号相关性的敏感程度。在高阶统计量中，目前应用最为广泛的是三阶相关函数，三阶相关函数不仅能够有效去除噪声，而且相对于三阶以上的高阶相关函数，其计算量更少。对于函数 $f(k)$，其三阶相关函数表达式为

$$f_3(\tau_1, \tau_2) = \sum_{k=0}^{N-1} f(k) \cdot f(\tau_1 + k) \cdot f(\tau_2 + k) \tag{1.3.5}$$

式中：$f_3(\tau_1, \tau_2)$ 为 τ_1, τ_2 的对称函数。

将零时移的三阶相关函数定义为三重相关系数，其表达式可写为

$$f_3(0,0) = \sum_{k=0}^{N-1} f^3(k) \tag{1.3.6}$$

因此，可以通过信号的三次方求和来计算三重相关系数。

考虑地质因素的复杂性，地质构造走向未必垂直测线走向，在实际勘探中得到的重磁异常往往具有很多不同方向的异常特征。常规的计算不能在测线上反映与异常位置相对应的 Curvelet 系数的位置，因此本小节在 Curvelet 域结合方位扫描进行相关计算（张恒磊 等，2010b）。根据 Curvelet 变换，对于方位角为 $\theta_{j,m}$ 的分量，采用如下方法进行计算。

将异常 j 尺度的第 l 条和第 $l+1$ 条测线，方向为 $\theta_{j,m}$（$m = 1, 2 \cdots$）的归一化高阶相关系数记为 $\rho_{l,l+1}^j(n, \theta_{j,m})$，则有

$$\rho_{l,l+1}^j(n, \theta_{j,m}) = \frac{\sum\limits_{i=-T_j/2}^{T_j/2} C_l^j(n+i) C_{l+1}^j(n+i+\theta_{j,m}) C_l^j(n+i)}{\sqrt{\sum\limits_{i=-T_j/2}^{T_j/2} C_l^j(n+i)^2 \sum\limits_{i=-T_j/2}^{T_j/2} C_{l+1}^j(n+i+\theta_{j,m})^2 \sum\limits_{i=-T_j/2}^{T_j/2} C_l^j(n+i)^2}} \tag{1.3.7}$$

式中：$\theta_{j,m}$ 为扫描方位角；T_j 为时窗宽度；$n = 1, 2, \cdots, N$。

相关系数 $\rho_{l,l+1}^j(n, \theta_{j,m})$ 和 $\rho_{l,l-1}^j(n, \theta_{j,m})$ 直接反映的是第 l 条测线与相邻测线 Curvelet

系数的相似程度。取这些相关系数中的最大值作为第 l 条测线的最终相关系数，即

$$\rho_l^j(n) = \max[\rho_{l,l+1}^j(n,\theta_1), \rho_{l,l+1}^j(n,\theta_2), \cdots, \rho_{l,l+1}^j(n,\theta_{A\cdot 2^{\lfloor j/2 \rfloor}}),$$
$$\rho_{l,l-1}^j(n,\theta_1), \rho_{l,l-1}^j(n,\theta_2), \cdots, \rho_{l,l-1}^j(n,\theta_{A\cdot 2^{\lfloor j/2 \rfloor}})] \tag{1.3.8}$$

利用式（1.3.8）对第 l 条测线加权以压制随机噪声，得到处理后的系数 $Y_l^j(n)$，即

$$Y_l^j(n) = \rho_l^j(n) C_l^j(n) \tag{1.3.9}$$

式（1.3.9）即为 Curvelet 域和空间域方位扫描高阶相关计算的结果。

根据式（1.3.7），实际计算的随机噪声相关值并不完全为零，经过式（1.3.9）处理后会残留一部分随机噪声，但随机噪声得到很大的压制，信噪比（signal-to-noise ratio，SNR）大大提高，为采用阈值收缩算法提供了前提条件。

令 $Y^{j,l}$ 为经过相关加强后的 j 尺度 l 方向的系数，设 t 为阈值，设计非线性阈值收缩函数为

$$\hat{Y}^{j,l} = \begin{cases} Y^{j,l}, & |Y^{j,l}| \geqslant t \\ Y^{j,l} \cdot \sin\left(\dfrac{\pi(|Y^{j,l}| - 0.8t)}{0.4t}\right), & 0.8t \leqslant |Y^{j,l}| < t \\ 0, & |Y^{j,l}| < 0.8t \end{cases} \tag{1.3.10}$$

可以看出，非线性阈值函数克服了传统硬阈值方法存在间断点的问题，同时也避免了软阈值方法减去一个阈值大小的量引起的重构失真问题（张恒磊 等，2008）。

通过分析，基于高阶统计量的 Curvelet 域滤波计算流程（图 1.3.3）如下。

（1）根据地质构造复杂程度，选取合适的方向参数对位场数据作 Curvelet 分解，一般方向分量能够反映地质构造走向的变化即可。

（2）计算各尺度方向的分量的方向分辨率，按照式（1.3.7）作方位扫描相关计算。

（3）计算每条测线的最终相关系数，并利用式（1.3.9）对相应测线加权，压制随机噪声。

（4）利用非线性阈值函数衰减剩余噪声能量，得到联合滤波后的结果。

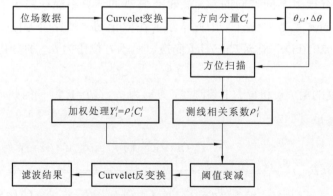

图 1.3.3　基于高阶统计量的 Curvelet 域滤波计算流程

1.4 基于 L2 范数的滤波方法

1.4.1 原理及数学形式

对于大小为 $M \times N$ 的位场数据 $f(i,j)$（i 为测点，$1 \leqslant i \leqslant M$；$j$ 为测线，$1 \leqslant j \leqslant N$），有如下的噪声模式：

$$f(i,j) = f^0(i,j) + \text{nos}(i,j) \qquad (1.4.1)$$

式中：f^0 为不含噪声的理想位场异常；nos 为高频噪声干扰。

对于其中一个测点 $p_0(i_0, j_0)$，传统滑动窗口平均方法滤波函数（取方形窗口）如下：

$$\tilde{f}(i_0, j_0) = \sum_{(i,j) \in L_{p_0}} \frac{f(i,j)}{(2L+1)^2} \qquad (1.4.2)$$

式中：L_{p_0} 表示以当前采样点 p_0 为中心、以 L 为半径的搜索区域。

在地震资料滤波中，利用不同地震道间的相关系数作为加权系数（张恒磊 等，2010b），如下：

$$\tilde{f}(i_0, j_0) = f(i_0, j_0) \max_{j \in [(j_0 - L, j_0),(j_0, j_0 + L)]} \omega_j(i_0, j_0) \qquad (1.4.3)$$

式中：ω_j 为 j_0 道与 j 道的相关系数，在应用时需结合方向扫描来实现。

由此可见，传统滤波方法是基于等权重加权的，通过一定大小的窗口内场值的平均值作为该窗口中心点的估计值，具有计算形式直观简洁的优点。但是因为采用等权重加权，当前计算点的值容易受到邻域内其他高值点或低值点的影响，导致估计值畸变。如图 1.4.1 所示，对于当前计算点 p_0，式（1.4.2）是对 p_0 点附近的所有点计算平均值，由此不难理解，计算结果会受到旁侧点的影响。

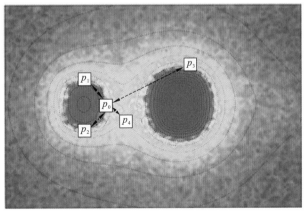

图 1.4.1 方法原理示意图

图中等值线为理论布格重力异常，背景为受噪声干扰的异常

如果能采用灵活的计算方法，对参与加权的点进行某种自适应的加权系数分配，那么将获得更好的滤波效果。对于当前计算点 p_0，其 4 个邻点分别为 p_1、p_2、p_3 及 p_4 点。

显然，p_1 点和 p_2 点在计算 p_0 点的加权时应该贡献较大的权值。另外，与 p_4 点相比，虽然 p_3 点更远离 p_0 点，但是其贡献的权值要比 p_4 点大。

考虑随机噪声标准差为 σ 的位场资料，存在如下关系：

$$E\left\|f_N(i,j) - f_N(i_0,j_0)\right\|_2^2 = \left\|f_N^0(i,j) - f_N^0(i_0,j_0)\right\|_2^2 + 2\sigma^2 \tag{1.4.4}$$

式中：$f_N(i,j)$、$f_N^0(i,j)$ 分别为含噪声数据、原始数据的以 (i,j) 为中心、N 为半径的窗口内的采样点集合；$\|\ \|_2^2$ 为 L2 范数，表示两窗口之间的欧氏距离，也可称为欧氏范数。

式（1.4.4）表明利用 L2 范数可以有效估计被噪声干扰的位场信息，因此在综合分析传统方法的基础上，基于 L2 范数的叠加策略如下。对当前采样点 p_0，取半径为 N 的窗口，在半径为 L 的区域内，逐点计算 N_{p_0} 与 N_{p_1}，N_{p_2}，$\cdots$，$N_{p_{i*j}}$（N_{p_0} 指以 p_0 为中心、N 为半径的滑动窗口，其他同理）间的欧氏距离，并计算欧氏距离的高斯函数作为加权系数，表达式为

$$\tilde{f}(i_0,j_0) = \sum_{(i,j)\in L_{p_0}} \omega_{p_0}(i,j)f(i,j) \tag{1.4.5}$$

式中：$\omega_{p_0}(i,j)$ 为相关叠加的加权系数，该系数依赖于采样点 (i,j) 与 (i_0,j_0) 的相关性。

利用窗口间的欧氏距离可以估计出原始信号的相关性，据此可以计算得出 p_1 点、p_2 点的权值较大，p_3 点的权值次之，而 p_4 点则对叠加几乎无贡献。可设定法则：当两个采样点的欧氏距离大于一定值时，其权值应接近于零，反之则权值较大。为了满足这种欧氏距离与权系数的分布关系，利用欧氏距离的高斯函数来表示式（1.4.5）中的 $\omega_{p_0}(i,j)$。设半宽度为 N 的滑动窗口，加权系数 $\omega_{p_0}(i,j)$ 按下式计算：

$$\omega_{p_0}(i,j) = \frac{\exp\left(-\left\|f_N(i,j) - f_N(i_0,j_0)\right\|_2^2 / h^2\right)}{\omega_{p_0}^0} \tag{1.4.6a}$$

式（1.4.6a）称为欧氏距离-高斯函数，系数 ω_{p_0} 主要分布在一定的欧氏距离范围内。式中分母部分为归一化因子，按下式计算：

$$\omega_{p_0}^0 = \sum_{(i,j)\in L_{p_0}} \exp\left(\frac{-\left\|f_N(i,j) - f_N(i_0,j_0)\right\|_2^2}{h^2}\right) \tag{1.4.6b}$$

式中的加权系数为 0～1，满足 $\sum_{(i,j)\in L_{p_0}} \omega_{p_0}(i,j) = 1$。

在式（1.4.6 a）中，当窗口滑动至 $i=i_0$、$j=j_0$ 时，两个窗口间的欧氏距离无限小，对应的加权系数相对较大，这导致重要的相邻参与计算点的权重小，降低了邻域点的叠加效率。为了避免当前采样点对权值分布的影响，采用如下方法计算当前采样点的权重：

$$d_{p_0}[p_0(i_0,j_0)] = \min_{p\in N_{p_0},p\neq p_0} d_{p_0}[p(i,j)] \tag{1.4.7}$$

$$\omega_{p_0}[p_0(i_0,j_0)] = \frac{\exp(-d_{p_0} / h^2)}{\omega_{p_0}^0} \tag{1.4.8}$$

对比式（1.4.3）和式（1.4.5）可以发现，二者具有相似的算法基础，但是区别在于：张恒磊等（2010a）提出的高阶相关方法仅利用了两道数据之间的相关性来识别有效信息，并通过较大的加权系数增强有效信号；而式（1.4.5）则是在计算点的四周进行搜索，并

通过相似性进行自适应加权。

1.4.2　参数选择与方法的物理意义

虽然高斯函数在数据滤波处理中得到广泛的研究，但实现过程涉及滤波参数（即高斯函数标准差）的选择问题；这在以往文献中鲜有讨论，大多是采用人工调节的方式反复尝试，直至获得满意的结果。本小节采用回归分析得到最佳滤波参数与噪声标准差的关系，具体步骤如下。

（1）对理论合成的数据加入不同标准差的随机噪声（结合实际数据噪声情况，并考虑实验计算量，实验中选择 $\sigma = 0.1, 0.2, \cdots, 1.0$）。

（2）选择不同的滤波参数 h，分别对步骤（1）得到的数据进行滤波处理。

（3）利用信噪比衡量处理效果的优劣，对步骤（2）得到的结果分别计算信噪比，寻找出最优结果对应的滤波参数。

（4）对步骤（3）得到的最优滤波参数进行回归分析，确定经验公式。

通过大量数值实验，图1.4.2（a）所示（为了合理表示出不同标准差数据的信噪比曲线，图中纵坐标采用对数形式）为不同噪声标准差 σ 在不同的滤波参数 h 时的去噪结果，据此可得到图1.4.2（b）所示的最优滤波参数与噪声标准差的关系。最优滤波参数与噪声标准差 σ 存在近似线性的关系，根据最小二乘拟合（本书利用MATLAB自带的回归分析函数）得到如下经验公式：

$$h = 0.181\,7\sigma^3 - 0.293\,9\sigma^2 + 0.438\,5\sigma - 0.014\,3\sigma^{0.5} + 0.062\,8 \tag{1.4.9}$$

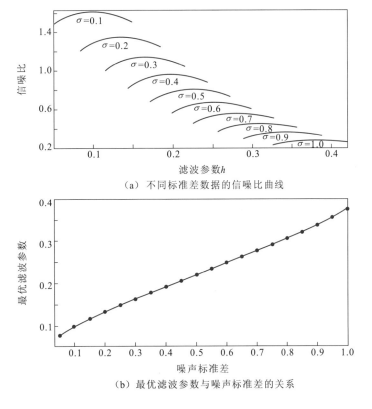

（a）不同标准差数据的信噪比曲线

（b）最优滤波参数与噪声标准差的关系

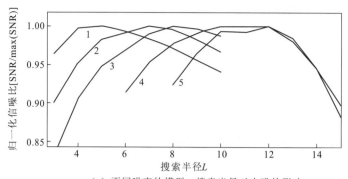

（c）不同噪声的模型、搜索半径对去噪的影响

1. σ=0.1，SNR=2.26，N=5；2. σ=0.2，SNR=0.55，N=6；3. σ=0.3，SNR=0.25，N=7；
4. σ=0.4，SNR=0.14，N=8；5. σ=0.5，SNR=0.09，N=9

图 1.4.2　最佳滤波参数和噪声标准差的关系

由此可以看出，对任意待处理的地震数据，可根据其 σ 值计算相应的最优滤波参数，在一定程度上避免人工选择参数的盲目性。

另外，在计算欧氏距离-高斯函数的系数时，可根据数据特征灵活选择搜索半径 L 及窗口半宽度 N。图 1.4.2（c）所示为针对不同噪声标准差的模型数据，在对应的窗口参数下，取不同的搜索半径得到的结果。由此可知，随着噪声标准差增大，其对应的最佳参数 L、N 也增大。值得注意的是，图 1.4.2（c）中曲线 5 对应的数据信噪比低于 0.1，如此低信噪比的数据在实际中是鲜见的，因此此处未考虑更大的 σ 情况。进一步，可以得到窗口半宽度 N 与噪声标准差 σ 及搜索半径 L 与窗口半宽度 N 满足如下线性关系（N、L 向前取整）：

$$\begin{cases} N=10\sigma+4 \\ L=1.9N-5.1 \end{cases} \tag{1.4.10}$$

地质结构的变化相对测线较为平缓，由其产生的异常在测线与测线之间具有高相关性，而随机噪声理论上是不具相关性的，因此，可以利用一定大小窗口之间的欧氏距离来衡量这种相关性。在图 1.4.1 中，若当前采样点 p_0(82,50)幅值为 0.121 8，其邻点 p_1(90,42)、p_2(72,42)、p_3(96,79)、p_4(79,56)对应的幅值分别为 0.130 7、0.126 9、0.124 5、0.102 6，则计算得到的欧氏距离分别为 $d(p_0, p_1)$ = 0.098 6、$d(p_0, p_2)$ = 0.157 6、$d(p_0, p_3)$ = 0.177 3、$d(p_0, p_4)$ = 0.566 5。根据式（1.4.6）和式（1.4.8）计算加权系数分别为：$\omega_{p_0}(p_1)$ = 0.730 5、$\omega_{p_0}(p_2)$ = 0.167 3、$\omega_{p_0}(p_3)$ = 0.102 1、$\omega_{p_0}(p_4)$ = 0.000 0。据此可以看出，受噪声干扰的影响，采样点 p_1、p_2、p_3 和 p_4 幅值差异并不显著；但通过计算邻域相似性，采样点 p_4 的加权因子几乎衰减到零。结合图 1.4.1，通过与采样点 p_1、p_2，甚至 p_3 点的叠加来压制采样点 p_0 的噪声，排除其受采样点 p_4 的影响。

1.5　模型数值实验

应用模型数值实验对 L2 范数滤波和 Curvelet 滤波方法进行验证，并在此基础上进行算法稳定性分析。首先设计一个组合模型，4 个形体均为向下无限延伸，磁化倾角 I

取 90°，模型参数见表 1.5.1。正演得到的磁异常（ΔT）如图 1.5.1 所示。

表 1.5.1 正演模型参数

地质体编号	角点坐标(x, y)	上顶埋深/km	磁化强度/(A/m)
A	(35.6,7.8)；(40.5,7.8)；(40.5,12.5)；(35.6,12.5)	1.0	0.25
B	(7.4,13.5)；(15.1,15.3)；(18,23.6)；(7.4,23.6)	2.5	0.1
C	(19.4,31.6)；(31.4,43.4)；(25.9,45.7)；(9.9,36.7)	3.0	0.2
D	(0,3.9)；(17.3,7.4)；(30.9,27.4)；(50,33.9) (50,36.3)；(29,29.4)；(15.8,9.7)；(0,6.4)	2.0	0.4

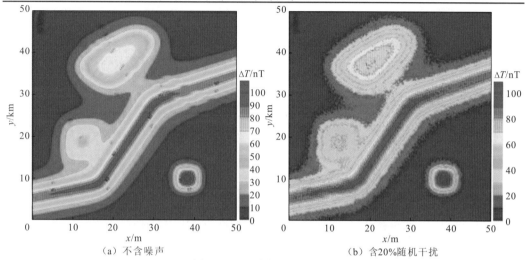

（a）不含噪声　　　　　　　　　　（b）含20%随机干扰

图 1.5.1 正演得到的磁异常

针对图 1.5.1 含噪声磁异常数据，采用传统的滑动平均滤波和中值滤波进行对比处理，结果如图 1.5.2～图 1.5.5 所示。从计算结果来看，4 种方法都可以有效滤除高频噪声干扰，区别在于：传统的滑动平均滤波和中值滤波方法会将有用信息当作噪声去除，如图 1.5.2（b）和图 1.5.3（b）所示；而 L2 范数滤波、Curvelet 滤波没有去除有效信息的痕迹，如图 1.5.4（b）和图 1.5.5（b）所示。综合分析可知，L2 范数滤波和 Curvelet 滤波的结果更接近真实值，对异常的形态、幅值等特征的保持效果优于传统的滤波方法。

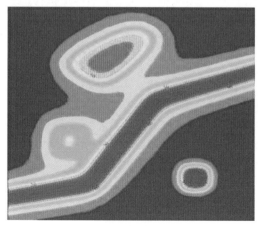

（a）滑动平均滤波　　　　　　　　　（b）滤除的高频噪声

图 1.5.2 9×9 窗口的滑动平均滤波结果与滤除的高频噪声

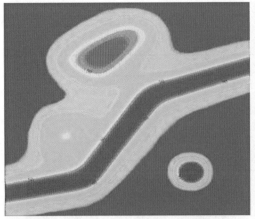

（a）中值滤波　　　　　　　　　　　　　（b）滤除的高频噪声

图 1.5.3　13×13 窗口的中值滤波结果与滤除的高频噪声

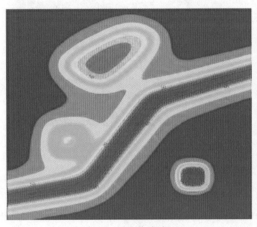

（a）L2范数滤波　　　　　　　　　　　　（b）滤除的高频噪声

图 1.5.4　L2 范数滤波结果与滤除的高频噪声

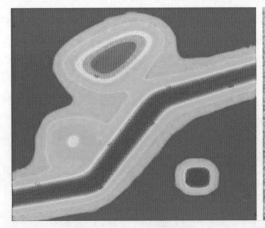

（a）Curvelet滤波　　　　　　　　　　　（b）滤除的高频噪声

图 1.5.5　Curvelet 滤波结果与滤除的高频噪声

采用均方根误差来描述滤波效果的优劣，均方根误差的计算式为

$$\varepsilon = \pm \sqrt{\frac{\sum_{i=1}^{n} \delta_i^2}{2n}} = \pm \sqrt{\frac{\sum_{i=1}^{n} (B_{i1} - B_{i2})^2}{2n}} \qquad (1.5.1)$$

式中：δ_i 为第 i 点的原始异常与处理异常之差；n 为总计算点数；$i=1,2,\cdots,n$；B_{i1}, B_{i2} 为第 i 个测点上不同数据的异常值。

从图 1.5.4 和图 1.5.5 中可以看出，L2 范数滤波和 Curvelet 滤波后的等值线与理论值几乎重合，在滤除的高频噪声信息中没有发现诸如图 1.5.2（b）、图 1.5.3（b）中有效异常损失的情况，即避免了传统滤波方法造成的"过圆滑"现象。结合表 1.5.2 误差分析可以看出，传统滑动平均滤波等方法得到的滤波结果的均方根误差较真实值偏小，表明有部分有效信号的能量被去除，而 L2 范数滤波和 Curvelet 滤波得到的均方根误差更加接近真实值，同时去除的噪声均方根误差也与实际噪声能量相当，这表明 L2 范数滤波和 Curvelet 滤波方法具有较好的信号保真特点。

表 1.5.2　不同方法处理效果比较

项目	原始信号	含噪信号	窗口滑动平均滤波	中值滤波	L2范数滤波	Curvelet滤波
有效信号均方根误差/nT	23.75	23.79	23.50	23.41	23.73	23.75
噪声均方根误差/nT	—	1.472	1.54	1.60	1.44	1.41
是否有异常丢失（"过圆滑"情况）	—	—	是	是	否	否

在重磁勘探中，由于大多数情况下获取的资料都具有相当的信噪比，位场滤波的研究相对较少，大多采用传统的圆滑、窗口平均等方法。但是在一些复杂异常区，如需要分析深部弱异常，在高频滤波处理时要特别注意不能因为"过圆滑"滤除有效信息。另外，在一些高通滤波性质的算法中，往往需要在计算前对数据做圆滑滤波。利用传统滤波方法在一定程度上可以消除随机噪声，但稍有不慎，很容易"过圆滑"。其中，滤波尺寸能决定圆滑的程度，滤波尺寸较小则会导致滤波不彻底。

图 1.5.6 是合成的地震剖面（SNR= 0.2），处理的目的是压制随机干扰，突出有效信号，并通过单道波形对比、去噪结果的信噪及均方根误差分析去噪效果。

采用二维中值滤波方法、频率-波数滤波（简称 f-k 滤波）方法及小波阈值去噪方法进行对比分析。图 1.5.7（a）是采用二维中值滤波方法，选取 9×9 的滤波窗口经过反复实验得到的噪声压制结果。可以看出，随机噪声得到一定程度的压制的同时，一部分有效信息也被去除。若选取更小的窗口，则可以减少有效信息的损失，但噪声得不到彻底的压制。频率-波数滤波方法是对干扰所在的频率波数域进行切除，可以达到既去噪

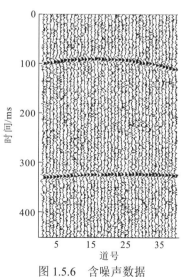

图 1.5.6　含噪声数据

又尽可能地保护有效波的目的[图 1.5.7（b）]。但是 f-k 滤波方法的不足之处在于切除区域不确定：切除区过大，容易造成有效信息损失；切除区过小，则不可避免地使噪声压制不彻底。图 1.5.7（c）为利用 MATLAB wavelet toolbox 分解到二阶，并结合软阈值方法处理的去噪结果，小波阈值去噪可以较好地实现随机噪声压制，但是不足之处是角度分辨率低，在低信噪比条件下，常规的阈值收缩也会引起有效信息的丢失。

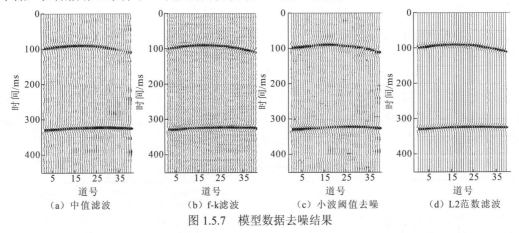

（a）中值滤波　　　　　（b）f-k滤波　　　　　（c）小波阈值去噪　　　　　（d）L2范数滤波

图 1.5.7　模型数据去噪结果

　　图 1.5.7（d）所示为 L2 范数滤波的去噪结果：其中 $\sigma = 0.35$，滤波参数为 $N=8$、$L=11$，可以看出噪声得到比较好的压制，同相轴信息清晰，从去除的噪声剖面[图 1.5.8（d）]上没有发现有效波被去除的痕迹，表明该方法的信号保真度好。另外通过单道比较结果（图 1.5.9）也可以看出该方法能够在保持有效信息的前提下，压制随机干扰。

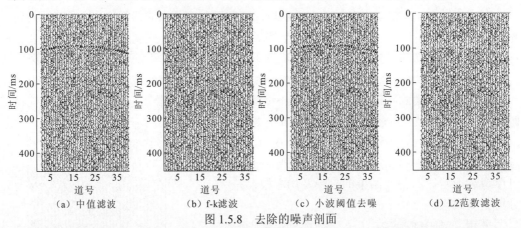

（a）中值滤波　　　　　（b）f-k滤波　　　　　（c）小波阈值去噪　　　　　（d）L2范数滤波

图 1.5.8　去除的噪声剖面

　　为了说明不同的窗口参数对处理结果的影响，实验还给出了（$N=6$，$L=7$）、（$N=7$，$L=9$）、（$N=8$，$L=11$）（$N=9$，$L=12$）、（$N=10$，$L=14$）及（$N=11$，$L=16$）时的结果，考虑篇幅，此处只列出对应的 35 道的波形[图 1.5.9（d）～（i）]，并从信噪比和均方根误差的角度分析处理效果，如表 1.5.3 所示。可以看出：利用 L2 范数滤波得到的处理结果相对中值滤波方法的均方根误差更小，剖面信噪比明显提高；另外，不同的滤波窗口对结果会有影响（小窗口使去噪不彻底，大窗口则会丢失有效信号），但从实验结果来看，不同的窗口参数对 L2 范数滤波方法的影响并非很大，计算的窗口参数可以获得最优的处理效果，并且可靠性较好（较大的 σ 估计误差不会导致很大的窗口差异），避免方法应用时的盲目性。

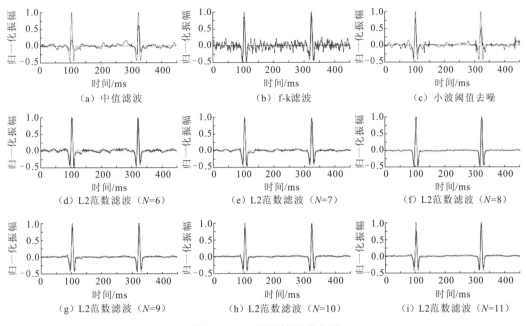

图 1.5.9 35 道的波形放大图

红线为无噪声时的波形；蓝线为经过处理后的波形

表 1.5.3 不同方法处理效果比较

项目	含噪信号	中值滤波	L2范数滤波方法					
			N=6, L=7	N=7, L=9	N=8, L=11	N=9, L=12	N=10, L=14	N=11, L=16
均方根误差	0.109	0.009	0.002	0.002	0.002	0.002	0.002	0.002
信噪比	0.204	2.473	9.070	11.281	12.244	12.419	11.972	10.750

1.6 实际资料滤波案例

受山区植被覆盖等复杂地表地质条件的影响，某地区地震资料受随机噪声干扰严重，信噪比较低，严重影响了后续处理的质量，图 1.6.1 所示为该地震探区的一段时间剖面。

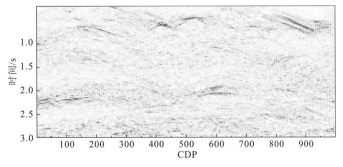

图1.6.1 实际地震剖面

CDP（common depth point，共深度点）

作为技术攻关剖面，其保真处理的要求更高，而常规处理很难达到设计要求。

为压制随机干扰，提高信噪比，采用中值滤波方法（采用 9×9 的滤波窗口）、f-k 滤波方法、小波阈值去噪方法（分解到 3 阶，并结合传统软阈值收缩）及 L2 范数滤波方法（σ=0.12，N=6，L=7）进行对比处理。如图 1.6.2（a）～（c）所示，中值滤波、f-k 滤波及小波阈值去噪处理在一定程度上可以压制随机噪声的影响，但在去除的噪声剖面上都存在有效信息被去除的现象。

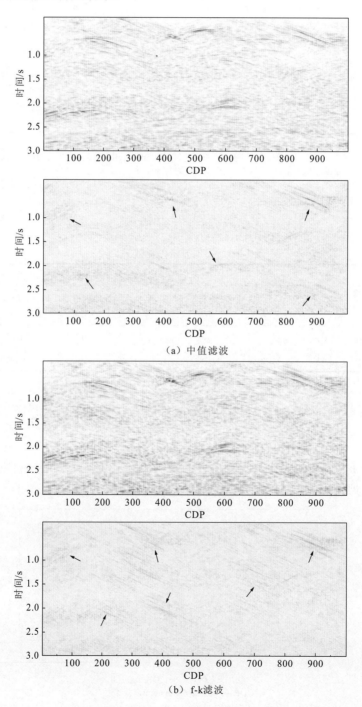

（a）中值滤波

（b）f-k滤波

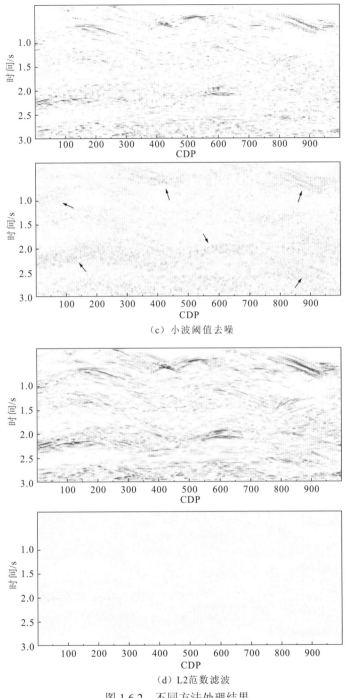

（c）小波阈值去噪

（d）L2范数滤波

图 1.6.2　不同方法处理结果

每幅小图上面为随机噪声压制后的剖面，下面为去除的噪声剖面

　　与传统方法相比，L2 范数滤波得到的成果剖面客观地反映了有效波信息，剖面视觉效果好，同相轴清晰、连续性好，且对随机噪声压制得更彻底，剖面显得更"干净"。从去除的噪声剖面上[图 1.6.2（d）]没有发现诸如图 1.6.2（a）～（c）中有效波被去除的痕迹，另外，L2 范数滤波得到的傅里叶振幅谱在有用频段与原始值也比较相似[图 1.6.3（d）]，

表明该方法的信息保真度较好。

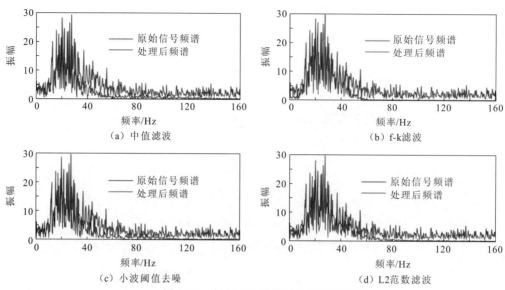

（a）中值滤波 （b）f-k滤波

（c）小波阈值去噪 （d）L2范数滤波

图 1.6.3　剖面 850 道傅里叶振幅谱分析

第 2 章　位场异常识别与边界探测

应用地球物理资料进行地质体边界的精确定位是地质−地球物理解释中的一项重要工作，它不仅可以刻画岩性的变化，还可以提供有关构造体系、变形样式等丰富的地下地质信息。另外，边界位置信息与地球物理场资料、地质资料的联合使用，可以大大提高单一资料的解释能力，得到更加丰富、全面的地下地质信息，提高解释的质量。

近几十年来，学者提出了多种基于位场梯度的边界定位方法（Phillips et al.，2007；Pilkington，2007；Boschetti，2005；Fedi et al.，2001；Hsu et al.，1996；Miller et al.，1994），它们几乎都是基于对位场数据进行某种形式的梯度运算。方向导数、水平总梯度模是利用位场异常水平梯度的极大值来识别边界信息；位场异常的垂向导数在边界附近的值为零，据此可以识别边界。欧拉反褶积以欧拉齐次方程为理论基础，利用方程中的构造指数可以反演场源的位置，而欧拉齐次方程是一个灵敏度极高的方程式，利用异常导数信息使得该方法容易受噪声的影响，导致反演结果产生偏差，并且还需要根据先验信息确定构造指数。张凤旭等（2007a，2006）应用余弦变换计算了重磁异常的方向导数，在保证计算效率的前提下，获得了比利用傅里叶变换计算导数更高的精度；张凤旭等（2007b）提出了三方向小子域滤波方法来检测断裂构造，获得了更为清晰丰富的断裂信息；Verduzco等（2004）利用Tilt水平导数准确地探测了场源边界，该方法需要计算异常的高阶导数，因此对数据的噪声更加敏感；Wijns等（2005）另辟蹊径，使用Theta图分析了磁源边界，且该方法尤其对低纬度磁源边界有较好的分析结果。Cooper等（2008）提出了利用位场梯度归一化标准差来反映地质体边界的方法，该方法主要思想是借用标准差来衡量位场的局部变异性，对不同强度的异常都有不错的探测效果。

本章主要分析几种应用广泛的传统位场异常边界探测方法，主要包含位场导数及其衍生算法，通过对理论数据及加噪模型的分析，得出算法的有效性与相应的边界探测特征。

2.1　位场异常导数换算及应用前提

导数换算作为位场数据处理中最简洁、最直接的边界分析方法，得到了广泛的研究和应用。通过位场异常的导数计算，可以提高异常分辨率，得到分辨叠加异常、突出地质体形状、场源边界等信息。

对磁异常而言，受斜磁化的影响，其异常极值位置偏离地质体，直接计算导数常常得不到地质体的边界信息。在实际勘探应用中，往往需要先将观测磁异常进行化极处理，或者计算磁源重力异常，先消除斜磁化的影响，再进行导数换算等探测地质体的边界。

2.1.1　位场异常导数的物理意义

重磁异常的导数可以突出浅而小的地质体的异常特征，压制区域性深部地质因素产生的异常，在一定程度上可以划分不同深度和规模的异常源产生的叠加异常，且理论上导数的阶次越高，这种分辨能力越强。

重磁异常高阶导数可以将几个互相靠近、埋深相差不大的相邻地质因素引起的叠加异常划分开。由于导数阶次越高，异常随中心埋深增加/衰减得越快。从水平方向看，导数阶次越高，异常范围越小，因此无论垂向方向还是水平方向，高阶导数异常的分辨能力都有所提高。

另外，由于重力异常在垂直物性边界的正上方的水平梯度最大，通常会利用重磁异常的导数确定场源体边界位置。

下面简要分析重磁异常导数的换算公式。

如果令 $S_{zx}(x,y,z)$、$S_{zy}(x,y,z)$ 和 $S_{zz}(x,y,z)$ 和 $S_{zxx}(x,y,z)$、$S_{zyy}(x,y,z)$、$S_{zzz}(x,y,z)$ 分别为垂直分量 $Z_a(x,y,z)$ 对 x、y、z 的一阶导数和二阶导数的频谱，则由微分定理易得

$$\begin{cases} S_{zx}(u,v,z)=2\pi iu S_z(u,v,0)\,\mathrm{e}^{2\pi(u^2+v^2)^{1/2}z} \\ S_{zy}(u,v,z)=2\pi iv S_z(u,v,0)\,\mathrm{e}^{2\pi(u^2+v^2)^{1/2}z} \\ S_{zx}(u,v,z)=2\pi(u^2+v^2)^{1/2}S_z(u,v,0)\,\mathrm{e}^{2\pi(u^2+v^2)^{1/2}z} \end{cases} \tag{2.1.1}$$

式中：u、v 分别为 x、y 方向的波数。同理，可以写出

$$\begin{Bmatrix} S_{zxx} \\ S_{zyy} \\ S_{zzz} \end{Bmatrix}(u,v,z)= \begin{Bmatrix} (2\pi iu)^2 \\ (2\pi iv)^2 \\ [2\pi(u^2+v^2)^{1/2}]^2 \end{Bmatrix}S_z(u,v,0)\,\mathrm{e}^{2\pi(u^2+v^2)^{1/2}z} \tag{2.1.2}$$

由此可知：求磁场的 n 阶垂向导数的频谱，应乘上的导数因子为 $[2\pi(u^2+v^2)^{1/2}]^n$；而求磁场沿 x 方向或 y 方向的 n 阶水平导数的频谱，应乘上的导数因子为 $(2\pi iu)^n$ 或 $(2\pi iv)^n$。

如果求磁场的 m 阶垂向导数、n 阶沿 x 方向水平导数及 l 阶沿 y 方向的导数的频谱（即求 $\dfrac{\partial^{(n+l+m)}Z_a(x,y,z)}{\partial x^n y^l \partial z^m}$ 的频谱），应乘上的导数因子为 $(2\pi iu)^n(2\pi iv)^l[2\pi(u^2+v^2)^{1/2}]^m$。

进一步，设 l 是实测平面上任一方向，它与 x 轴的夹角为 α，则有

$$\frac{\partial S_T(x,y,z)}{\partial l}=\cos\alpha\frac{\partial S_T(x,y,z)}{\partial x}+\sin\alpha\frac{\partial S_T(x,y,z)}{\partial y} \tag{2.1.3}$$

对两边进行傅里叶变换并应用微分定理，得

$$S_{Tl}(u,v,z)=\mathrm{i}(2\pi u\cos\alpha+2\pi u\sin\alpha)S_T(u,v,z) \tag{2.1.4}$$

利用式（2.1.4）即可实现磁场的频率域方向导数计算，以此突出某一方向的异常特征。

2.1.2 磁异常化极与磁源重力异常计算

1. 磁异常化极

磁异常化极又称为化到地磁极，包含了分量转换（总磁场异常 ΔT 转换到磁异常垂直分量 Z_a）和磁化方向转换（磁异常垂直分量 Z_a 转换到垂直磁化磁异常垂直分量 $Z_{a\perp}$）。

由磁场与磁位的关系可以得到以下磁场各分量之间的关系式：

$$\frac{\partial \Delta T}{\partial x} = \frac{\partial X_a}{\partial t_0}, \quad \frac{\partial \Delta T}{\partial y} = \frac{\partial Y_a}{\partial t_0}, \quad \frac{\partial \Delta T}{\partial z} = \frac{\partial Z_a}{\partial t_0} \tag{2.1.5}$$

式中：t_0 为地磁场方向的单位矢量；X_a、Y_a、Z_a 分别为 x、y、z 方向的磁异常分量。

若设 $S_x(u,v,z)$、$S_y(u,v,z)$、$S_z(u,v,z)$ 及 $S_T(u,v,z)$ 分别为 $H_{ax}(x,y,z)$、$H_{ay}(x,y,z)$、$Z_a(x,y,z)$ 及其 $\Delta T(x,y,z)$ 的频谱。利用频谱微分定理可得到上列磁场各分量导数在频率域内相应的换算关系式：

$$\begin{cases} S_x(u,v,z) = \dfrac{2\pi \mathrm{i} u}{q_{t_0}} S_T(u,v,z) \\[2mm] S_y(u,v,z) = \dfrac{2\pi \mathrm{i} v}{q_{t_0}} S_T(u,v,z) \\[2mm] S_z(u,v,z) = \dfrac{2\pi (u^2+v^2)^{1/2}}{q_{t_0}} S_T(u,v,z) \end{cases} \tag{2.1.6}$$

式中：$q_{t_0} = 2\pi[\mathrm{i}(L_0 u + M_0 v) + N_0(u^2+v^2)^{1/2}]$；$u$、$v$ 分别为 x、y 方向的波数；L_0、M_0、N_0 为地磁场单位矢量 t_0 的方向余弦，与磁倾角 I 和磁偏角 D 的关系为 $L_0 = \cos I \cos D$，$M_0 = \cos I \sin D$，$N_0 = \sin I$。

式（2.1.6）中的第三个式子已经实现了 $\Delta T(x,y,z)$ 与 $Z_a(x,y,z)$ 频谱之间的换算，其中 $\dfrac{2\pi(u^2+v^2)^{1/2}}{q_{t_0}}$ 称为转换因子。下面进一步推导斜磁化 Z_a 转换到垂直磁化 $Z_{a\perp}$ 的公式。

令 $s^2 = u^2 + v^2$，有如下形式的磁异常化极公式：

$$S_{z\perp}(u,v,z) = \frac{1}{\left(\mathrm{i}\dfrac{L_0 u + M_0 v}{s} + N_0\right)^2} S_T(u,v,z) \tag{2.1.7}$$

由式（2.1.7）可知，u、v 平面内存在一条使化极因子取极大值的等值线 $u = -\dfrac{M_0}{L_0} v$，且化极因子在这条线上的取值随 N_0 的减小而急剧增大，当 $N_0 = 0$（即 $I = 0$）时，变为无穷大。

因此在磁异常低纬度地区化极时，按照式（2.1.7）进行的常规化极方法会存在以下几个问题。

（1）只要化极因子有几个抽样点落在极大值线上或近侧，就足以把误差放到很大，致使化极结果出现振荡和畸变。

（2）如果化极是在赤道上，那么极大值线就变成无穷大线，因而化极结果中的振荡和畸变会更加严重；若有一个抽样点落在无穷大线上，则无法进行化极。

（3）在磁偏角为零的赤道上，无法进行化极。因为此时无穷大线为 v 轴，而整个 v 轴上无法抽样。

上述分析所隐含的条件是基于离散傅里叶变换的，需要过 u、v 轴对化极因子进行均匀抽样。如果建立一种逼近傅里叶积分的新算法，不要求必须过 u、v 轴对化极因子进行抽样，那么在磁异常低纬度地区遇到的化极问题也许能很容易解决。柴玉璞等（1998）提出了一种偏移抽样方法来实现磁异常低纬度化极，较好地解决了常规化极方法在低纬度时的振荡问题。

2. 磁源重力异常

对于三度体，其磁异常可以用式（2.1.2）的形式表示，当计算面为平面时，其频谱表达式为

$$S_{T_3(x,y,z)} = \frac{\mu_0}{4\pi}(\mathrm{i}2\pi u t_x + \mathrm{i}2\pi v t_y + 2\pi\sqrt{u^2+v^2}\,t_z)(\mathrm{i}2\pi u M_x + \mathrm{i}2\pi v M_y + 2\pi\sqrt{u^2+v^2}\,M_z)S_{V(x,y,z)}$$

（2.1.8）

对于重力异常，有

$$\Delta g(x,y,z) = G\sigma V_z(x,y,z) \tag{2.1.9}$$

式中：G 为引力常量；σ 为剩余密度；V_z 为位函数的垂向导数。

当计算面为平面时，式（2.1.9）对应的频谱表达式为

$$\begin{aligned}S_{\Delta g(x,y,z)} &= G\sigma \cdot S_{V_z(x,y,z)}\\ &= G\sigma \cdot 2\pi\sqrt{u^2+v^2}\cdot S_{V(x,y,z)}\end{aligned}$$

（2.1.10）

将式（2.1.8）与式（2.1.10）合并，则可以得到磁异常与重力异常的频谱关系式为

$$S_{\Delta g(x,y,z)} = \frac{\dfrac{4\pi G\sigma}{\mu_0}\cdot 2\pi\sqrt{u^2+v^2}\cdot S_{T_3(x,y,z)}}{(\mathrm{i}2\pi u t_x + \mathrm{i}2\pi v t_y + 2\pi\sqrt{u^2+v^2}\,t_z)\cdot(\mathrm{i}2\pi u M_x + \mathrm{i}2\pi v M_y + 2\pi\sqrt{u^2+v^2}\,M_z)}$$

（2.1.11）

2.2 垂 向 导 数

垂向导数（vertical derivative，VDR）的概念最初是由 Hood 等（1965）及 Bhattacharyya（1965）提出，他们利用化极磁异常的垂向一阶导数及垂向二阶导数的零值点来确定铅锤台阶的边界位置；Marson 等（1993）提出了利用异常垂直梯度解释重力异常。因为垂向导数具有较高的横向分辨率，在国内外重磁勘探中得到广泛的应用，是重力异常普遍采用的常规处理手段。此外，国内学者雷林源于 1981 年详细讨论了垂向二阶导数的几何意义与物理实质，进一步明确了垂向二阶导数用于边界分析的理论依据。

关于垂向导数的计算，空间域的计算形式研究得较早，如哈克（Healck）公式、埃勒金斯（Elkins）公式及罗森巴赫（Rosenbach）公式等（刘天佑，2007；管志宁，2005）。

Bhattacharyya(1965)的研究给出了计算垂向一阶导数与垂向二阶导数的频率域的方法,完善了垂向导数的计算方式。

对重力异常 $\Delta g(x, y, z)$,垂向导数计算如下:

$$\Delta g_z(x, y, z) = \frac{\partial \Delta g(x, y, z)}{\partial z} \tag{2.2.1}$$

$$\Delta g_{zz}(x, y, z) = \frac{\partial \Delta g_z(x, y, z)}{\partial z} = \frac{\partial^2 \Delta g(x, y, z)}{\partial z^2} \tag{2.2.2}$$

计算垂向导数可以在频率域中通过频谱变换的方式加以实现,也有很多学者研究实现了空间域的计算方式。重力垂向二阶导数常用的换算公式如下。

（1）哈克公式:

$$g_{zz} = \frac{4}{R^2}[g(0) - \overline{g}(R)] \tag{2.2.3}$$

（2）埃勒金斯第 II 公式:

$$g_{zz} = \frac{1}{28R^2}[16g(0) + 8\overline{g}(R) - 24\overline{g}(\sqrt{5}R)] \tag{2.2.4}$$

（3）埃勒金斯第 I 公式:

$$g_{zz} = \frac{1}{60R^2}[64g(0) - 8\overline{g}(R) - 16\overline{g}(\sqrt{2}R) - 40\overline{g}(\sqrt{5}R)] \tag{2.2.5}$$

（4）埃勒金斯第 III 公式:

$$g_{zz} = \frac{1}{62R^2}[44g(0) + 16\overline{g}(R) - 12\overline{g}(\sqrt{2}R) - 48\overline{g}(\sqrt{5}R)] \tag{2.2.6}$$

（5）罗森巴赫公式:

$$g_{zz} = \frac{1}{24R^2}[96g(0) - 72\overline{g}(R) - 32\overline{g}(\sqrt{2}R) - 8\overline{g}(\sqrt{5}R)] \tag{2.2.7}$$

为了验证方法的效果,设计直立棱柱体组合模型,包括三个不同密度的棱柱体 A、B 和 C,来检验方法的滤波效果（如无特别声明,本章所有理论分析都基于该模型）,具体参数见表 2.2.1。图 2.2.1 是正演得到的布格重力异常,其中地质体 B 对应的异常最强,地质体 A 对应的异常次之,这两个异常都很显著,而地质体 C 的剩余密度很小,加之受到地质体 B 对应的异常的叠加干扰,较难识别。

表 2.2.1 模型参数

地质体编号	中心坐标 (x, y) /m	上顶埋深/m	x、y、z 方向长度/m	剩余密度/ (g/cm^3)
A	(200, 400)	10	80、100、200	0.10
B	(400, 400)	10	80、100、200	0.20
C	(600, 400)	10	80、100、200	0.01

从布格重力异常垂向导数的计算结果（图 2.2.2 和图 2.2.3）来看,垂向二阶导数较垂向一阶导数的零值点更接近客观的地质体边界,但不足之处是在某种程度上压制了地质体 C 对应的异常。

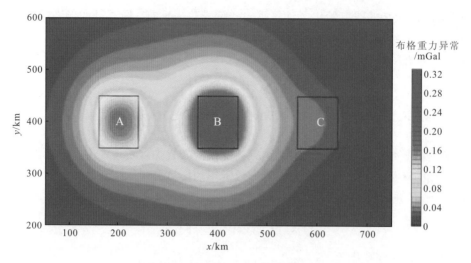

图 2.2.1 模型正演的布格重力异常

黑色实线表示场源体边界位置，下同

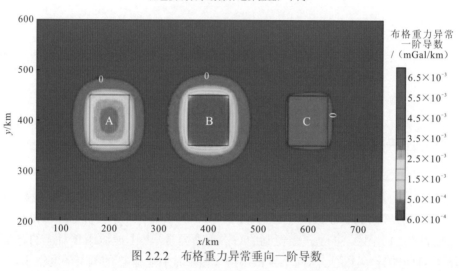

图 2.2.2 布格重力异常垂向一阶导数

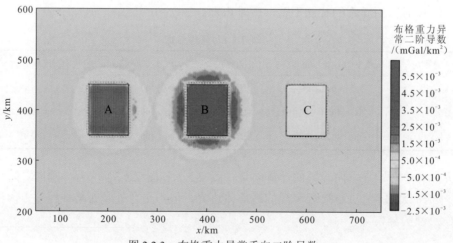

图 2.2.3 布格重力异常垂向二阶导数

2.3 水平总梯度模

位场异常水平总梯度模方法是由 Cordell（1979）提出的，根据重力异常梯度在场源体边界正上方取极大值的特点，用极大值来识别地质体边界。该方法首先将磁异常转换成磁源重力异常，在此基础上计算水平总梯度模来识别磁性体的边界；之后又详细分析了非垂直物性边界、不规则边界、叠加异常、区域异常等因素对水平总梯度模的影响，奠定了水平总梯度模方法应用的理论基础（Grauch et al.，1987；Cordell et al.，1985）。余钦范等（1994）将水平总梯度模方法介绍到国内，此后该方法在国内得到了广泛的研究和应用。

重力位的二阶导数 V_{xz}、V_{yz}（或称重力场的一阶水平导数 g_x、g_y）反映了重力场在 x 方向与 y 方向的变化率。不难想象，若有一个走向沿 x 方向的垂直台阶，则沿 y 方向就会出现 Δg 水平梯度带，沿 x 方向的水平导数 g_x 为零，而沿 y 方向的水平导数 g_y 最大，由此 g_x、g_y 这一特征可以用来推断解释重力场的水平梯度变化及断裂、接触带的展布特征。若把某一点重力场沿 x 方向导数 V_{xz} 和沿 y 方向导数 V_{yz} 表示成水平总梯度异常矢量 $\boldsymbol{G}$，则有矢量 $\boldsymbol{G}$ 的模 $G_{x,y}$ 及幅角 α 分别为

$$\begin{cases} G_{x,y} = \sqrt{V_{xz}^2 + V_{yz}^2} = \sqrt{\left(\dfrac{\partial g}{\partial x}\right)^2 + \left(\dfrac{\partial g}{\partial y}\right)^2} \\ \alpha = \mathrm{tg}^{-1}\dfrac{V_{yz}}{V_{xz}} \end{cases} \tag{2.3.1}$$

重力场沿 x 方向导数 V_{xz} 和沿 y 方向导数 V_{yz} 是通过数据处理方法换算得到的，换算通常在频率域进行，其过程如下。

（1）把实测重力异常值 $\Delta g(x,y)$ 通过傅里叶变换得到频谱 $S_{\Delta g}(u,v)$。

（2）将 $\Delta g(x,y)$ 的频谱 $S_{\Delta g}(u,v)$ 乘以频率响应函数 $2\pi iu$、$2\pi iv$ 分别得到水平导数的频谱 $S_{gx}(u,v)$、$S_{gy}(u,v)$。

（3）对 $S_{gx}(u,v)$、$S_{gy}(u,v)$ 反傅里叶变换得到水平梯度值 $g_x(x,y)$、$g_y(x,y)$。

（4）由 $g_x(x,y)$、$g_y(x,y)$ 计算 $G_{x,y}$ 和 α。

采用 2.2 节中的重力模型数据，计算得到如图 2.3.1 所示结果。水平总梯度模极大值

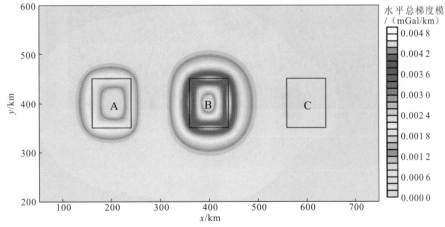

图 2.3.1 布格重力异常水平总梯度模

对应边界位置，其中导数计算的"高通滤波"效果突出了高频信息，但是压制了低频弱异常信息。

2.4　解析信号振幅

解析信号振幅又称总梯度模方法，由 Nabighian（1972）提出并应用于航磁异常解释，该方法根据位场异常的梯度特征，利用总梯度模的极大值识别场源体边界。解析信号振幅最初仅限于剖面磁测资料的解释，Nabighian（1984）将其推广到三维平面数据的应用中。总梯度模在场源出现极大值，因此可以根据这些极大值确定场源位置。

对位场异常 $f(x,y,z)$，其解析信号振幅计算公式为

$$G_{x,y,z} = \sqrt{\left(\frac{\partial f}{\partial x}\right)^2 + \left(\frac{\partial f}{\partial y}\right)^2 + \left(\frac{\partial f}{\partial z}\right)^2} \tag{2.4.1}$$

分析可知，解析信号振幅是在水平总梯度模的基础上增加了位场异常的垂向导数，因为垂向导数的零值点对应场源体边界，在场源上方垂向导数取最大值。而水平导数在场源边界为极大值，因此解析信号振幅在场源上方取极大值，据此可以分析场源位置。正因为如此，解析信号振幅在确定场源边界位置时有一定的误差。

采用 2.2 节中的重力模型数据，计算得到如图 2.4.1 所示的结果。解析信号振幅在场源上方取极大值，相比于水平总梯度模在场源边界处取极大值，在复杂异常区它能够更好地识别场源（比如地质体 A 对应的异常，图 2.4.1 比图 2.3.1 更清晰），虽然某种程度上降低了边界分辨率。另外，与水平总梯度模、垂向导数等方法相似，解析信号振幅对弱异常（例如地质体 C 对应的异常）的识别效果也不令人满意。

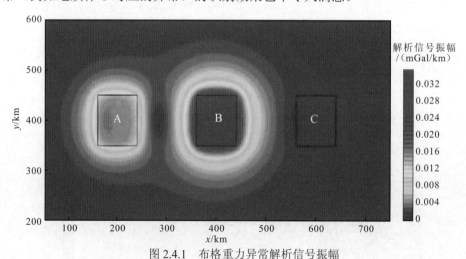

图 2.4.1　布格重力异常解析信号振幅

2.5　Theta　图

Wijns 等（2005）提出了 Theta 图方法，它是利用水平总梯度模与解析信号振幅的比值来分析场源边界，能够平衡高幅值异常，突出低幅值的弱异常。

对位场异常 $f(x,y,z)$，其 Theta 为水平总梯度模（$G_{x,y}$）与解析信号振幅（$G_{x,y,z}$）的比值，其计算式为

$$\text{Theta} = \frac{G_{x,y}}{G_{x,y,z}} = \sqrt{\left(\frac{\partial f}{\partial x}\right)^2 + \left(\frac{\partial f}{\partial y}\right)^2} \Bigg/ \sqrt{\left(\frac{\partial f}{\partial x}\right)^2 + \left(\frac{\partial f}{\partial y}\right)^2 + \left(\frac{\partial f}{\partial z}\right)^2} \qquad (2.5.1)$$

从式（2.5.1）可以看出，当垂向导数为零时，Theta 取最大值。结合垂向导数分析场源边界的特征，可以利用 Theta 的最大值识别场源边界。因为在场源上方垂向导数为正值，式（2.5.1）表明 Theta 的值在场源上为负值，在边界附近取最大值。

仿照式（2.5.1）的形式，还可以构造另一种形式的 Theta，即利用垂向导数和解析信号振幅的比值来分析场源边界，计算式为

$$\text{Theta}' = \frac{V_{zz}}{G_{x,y,z}} = \frac{\partial f}{\partial z} \Bigg/ \sqrt{\left(\frac{\partial f}{\partial x}\right)^2 + \left(\frac{\partial f}{\partial y}\right)^2 + \left(\frac{\partial f}{\partial z}\right)^2} \qquad (2.5.2)$$

根据垂向导数的性质，分析式（2.5.2）可知，在场源上方，Theta'的值为正，并且在场源中心取最大值；在场源边界处，因为其垂向导数值为零，所以 Theta'可以用零值线来分析场源边界。

采用 2.2 节中的重力模型数据，计算得到如图 2.5.1 所示的结果。根据垂向一阶导数特征，重力异常 Theta 最大值对应场源边界，并且在场源上方其值最小。另外，由于垂向一阶导数在场源边界上方的外侧附近取值较小，Theta 值变化不大，产生了如图 2.5.1 所示的边界模糊不清的结果。

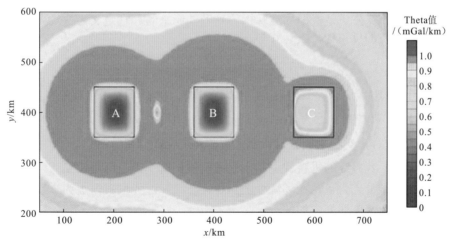

图 2.5.1　布格重力异常 Theta 图

图 2.5.2 是布格重力异常 Theta'图，对比分析可以发现其对场源边界的识别效果要优于 Theta 图方法。综合分析可知，Theta 图及 Theta'图都是采用了比值计算方法，一定程度上可以突出弱异常，不同之处是 Theta'图基于垂向一阶导数识别场源边界，而 Theta

图基于水平总梯度模识别边界。

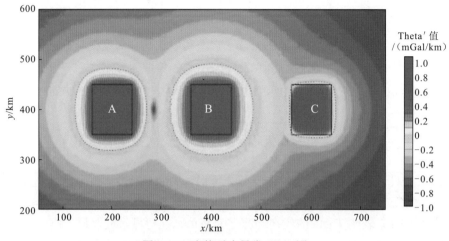

图 2.5.2　布格重力异常 Theta′图

2.6　Tilt 梯度及其水平导数

2.6.1　Tilt 梯度

　　Miller 等（1994）首次给出了 Tilt 梯度的数学定义，并将其用于位场异常边界分析。它在一定程度上克服了常规位场导数对深部异常、弱异常反应欠佳的弊端，Tilt 梯度值对场源的深部不敏感，计算结果不受场源埋深情况制约，因此它能够很好地探测出具有不同埋深的复杂场源体的边界。王想等（2004）首次引入了 Tilt 梯度方法并用于重磁源边界分析，郭华等（2009）进一步讨论了该方法原理并进行了改进。

　　Tilt 梯度的计算公式是根据二维解析信号发展而来的，它定义为位场异常的垂直导数与水平导数比值的反正切，表达式为

$$\text{Tilt} = \arctan\left(\frac{\partial f}{\partial z} \Big/ \frac{\partial f}{\partial h}\right) \tag{2.6.1}$$

式中：f 为位场异常；$\partial f/\partial z$ 为位场异常的垂向导数，其值在场源上方为正，在场源外侧为负，在场源边界位置附近为零；$\partial f/\partial h$ 为位场异常的水平导数，对于剖面异常，$\partial f/\partial h = \mathrm{abs}(\partial f/\partial x)$，对于平面异常，$\partial f/\partial h = \sqrt{(\partial f/\partial x)^2 + (\partial f/\partial y)^2}$。

　　对于弱异常，其对应的垂直梯度和水平梯度值相对较小，但是经过式（2.6.1）计算的 Tilt 梯度在场源上方为正，在场源外侧为负，在场源边界位置附近为零，克服了常规导数方法不能突出深部弱异常的缺点。

2.6.2　Tilt 梯度的水平导数

　　Tilt 梯度探测场源边界的前提条件是倾角为 0 或 $\pi/2$ 的地质体边界。Verduzco 等（2004）提出了 Tilt 梯度的水平导数的概念，指出这种方法可以解决地质体倾角为任意

值的问题，可以更准确地探测不同倾角的地质体边界。

对于剖面异常，Tilt 梯度的水平导数定义为

$$\text{Th} = \text{abs}(\partial \text{Tilt} / \partial x) \tag{2.6.2}$$

对于平面异常，Tilt 梯度的水平导数定义为

$$\text{Th} = \sqrt{(\partial \text{Tilt} / \partial x)^2 + (\partial \text{Tilt} / \partial y)^2} \tag{2.6.3}$$

2.6.3 模型实验

本小节用直立棱柱体组合模型来检验应用 Tilt 梯度及其水平导数方法对弱异常的检测效果。

Tilt 梯度（图 2.6.1）与所有基于垂向一阶导数类方法相似，尤其与 Theta′图方法如出一辙。理论分析与模型计算显示，根据水平总梯度模的特点，Tilt 梯度在场源边界（Tilt 梯度零值线）附近的"收敛"效果不及 Theta′图。另外，在 Tilt 梯度的基础上计算其水平导数，可以获得更精确的边界识别精度（王想 等，2004；Hsu et al.，1996），如图 2.6.2 所示。

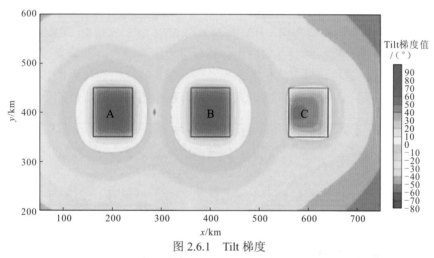

图 2.6.1 Tilt 梯度

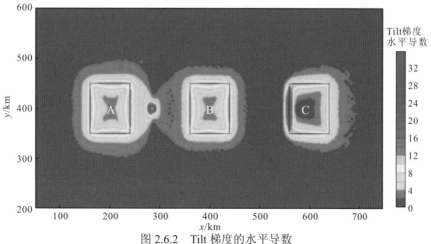

图 2.6.2 Tilt 梯度的水平导数

2.7 归一化标准差

Cooper 等（2008）提出了位场梯度的归一化标准差（normalized standard deviation，NSTD）分析地质体边界的方法。基于位场梯度的归一化标准差方法是一种全新的场源边界分析方法，计算思想新颖。当数据比较平滑时（平稳场），其标准差的值较小；而当数据变化较大时（异常场），它的值就会较大，因此可以用这种方法做边界定位。另外，归一化计算可以平衡强弱不同的异常，从而使强弱不同的边界异常都能得到体现，不至于丢失深部弱异常信息。国内也有学者介绍了这种方法，并将其应用于大巴山地区的布格重力异常的处理，取得了较好的应用效果（Li et al.，2010；李媛媛 等，2009）。

归一化标准差方法是一种基于统计分析的边界定位方法。它需要分别计算 x、y、z 三个不同方向的位场梯度在一定大小窗口内的标准差，并取比值。计算公式为

$$\text{NSTD} = \sigma\left(\frac{\partial f}{\partial z}\right) \bigg/ \left(\sigma\left(\frac{\partial f}{\partial x}\right) + \sigma\left(\frac{\partial f}{\partial y}\right) + \sigma\left(\frac{\partial f}{\partial z}\right)\right) \tag{2.7.1}$$

式中：σ 为一定大小窗口内的标准差，计算时小窗口对噪声比较敏感，而较大的窗口则会造成一些小于窗口尺寸的边界信息丢失。

采用 2.2 节中的重力模型数据，计算得到如图 2.7.1 所示的结果。归一化标准差需要多次计算不同方向的导数，并且在窗口内计算各导数的标准差，很容易造成计算的不稳定。在复杂异常区，这种计算方式也非常容易受高频干扰产生假边界信息，而且一旦这种干扰程度强到引起归一化标准差的极大值混乱，就会造成识别边界的不连续。

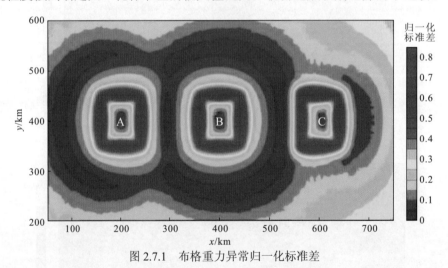

图 2.7.1 布格重力异常归一化标准差

2.8 Tilt 梯度的改进算法

Tilt 梯度算法得到了广泛的应用，国内学者（刘银萍 等，2012；刘金兰等，2007）对其做了较详细的分析，并且获得了一定的应用效果。在肯定 Tilt 梯度算法具有优良效果的同时，应该注意到传统 Tilt 梯度算法在计算时存在畸变。在实际资料处理中，通过

比值计算，在异常平缓区出现了畸变现象，虽然通过反正切变换可以降低这种畸变，但依旧会影响识别效果。本节在继承传统 Tilt 梯度性质基础之上，用解析信号振幅改进原分母中的水平总梯度模，保证计算的稳定。从零值点角度看，二者的零值线位置一致，或者说它们都与垂向一次导数的零点位置一致。

为了避免分母的无限小及计算结果的畸变，本节介绍一种改进的 Tilt 梯度边界识别方法，定义式为（参数如图 2.8.1 所示，α_{tilt} 为 Tilt 梯度）

$$\alpha_{itilt} = \arctan \frac{\partial T / \partial z}{\sqrt{(\partial T / \partial x)^2 + (\partial T / \partial y)^2 + (\partial T / \partial z)^2}} \quad (2.8.1)$$

图 2.8.1 中：$\dfrac{\partial T}{\partial x}$ 为总场 T 沿 x 方向的导数；$\dfrac{\partial T}{\partial y}$ 为总场 T 沿 y 方向的导数；$\dfrac{\partial T}{\partial z}$ 为总场 T 沿垂直方向的导数；$\dfrac{\partial T}{\partial h}$ 为总场 T 沿水平方向的导数。

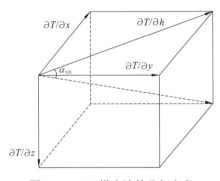

图 2.8.1　Tilt 梯度法的几何定义

改进的 Tilt 梯度具有如下性质。

（1）改进的 Tilt 梯度继承垂向一次导数与传统 Tilt 梯度的性质，即通过零值线来识别地质体边界。传统方法中采用 $\dfrac{\partial T / \partial z}{\sqrt{(\partial T / \partial x)^2 + (\partial T / \partial y)^2}}$，本节改进为 $\dfrac{\partial T / \partial z}{\sqrt{(\partial T / \partial x)^2 + (\partial T / \partial y)^2 + (\partial T / \partial z)^2}}$，改进前后分子均为 $\partial T / \partial z$，因此，从零值线识别边界的视角来看，本节给出的不同形式的方法与传统 Tilt 梯度法具有等价性。

（2）在原始 Tilt 梯度公式中，分母为水平总梯度模 $\partial T / \partial h = \sqrt{(\partial T / \partial x)^2 + (\partial T / \partial y)^2}$，在背景场区域，$x$ 和 y 方向上的水平方向导数分别趋近于零，求得的水平总梯度模也趋近于零，存在"解析奇点"，造成计算结果不稳定，导致垂向导数与该水平方向导数比值计算在背景场区域产生高幅值的畸变异常，虽然这种畸变可以通过反正切变换缩小在 ±90° 的范围内，但其计算的振荡性是客观存在的。

（3）在改进的 Tilt 梯度 α_{itilt} 公式中加入垂向一次导数 $\partial T / \partial z$ 项，使归一化的分母项由原先的水平总梯度模变为解析信号振幅，从理论上避免了分母的无限小，因此保证了计算的稳定性。

2.8.1　模型实验

为了说明方法的特点,本小节设计直立长方体组合模型,包含三个直立长方体(记为地质体 A、地质体 B 和地质体 C),上底埋深都为 10 m,形状相同,唯一变化的参数为磁化强度,这样在结果分析中具有很强的参照性。模型参数见表 2.8.1。不考虑剩磁,正演磁异常如图 2.8.2(a)所示,由地质体 B 引起的主异常非常明显,受该主异常的影响,相邻的地质体 A 和地质体 C 所引起的异常幅值相对较小,尤其是地质体 C 对应的异常难以识别。为了分析计算方法对噪声的影响,在原始磁异常的基础上加上 5%随机噪声得到含噪磁异常,如图 2.8.2(b)所示。

表 2.8.1　模型参数

地质体编号	上底埋深/m	x、y、z 方向长度/m	磁化强度 /(A/m)	磁化倾角 /(°)	磁化偏角 /(°)
A	10	80、100、200	1.0	90	0
B	10	80、100、200	2.0	90	0
C	10	80、100、200	0.1	90	0

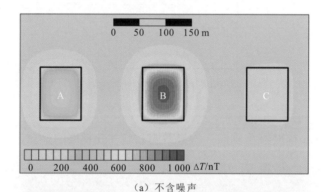

(a)不含噪声

(b)包含5%噪声

图 2.8.2　正演得到的磁异常

黑线框为实际模型位置

为了识别三个地质体位置,本小节采用水平总梯度模、垂向一次导数、传统 Tilt 梯度法及改进的 Tilt 梯度法进行处理,并将结果进行对比分析。水平总梯度模[图 2.8.3(a)]

极大值位置对应地质体边界，对浅源强幅值异常识别效果好；垂向一次导数[图2.8.3(b)]极大值对应场源中心位置，零值线对应地质体边界，该方法对浅源强幅值异常识别效果好。纵观这两类传统的导数类方法，它们都属于高通滤波器，突出浅部异常，压制深部异常，因此，图2.8.3的结果都对地质体C异常的识别欠佳；事实上，垂向一次导数法可通过零线直接识别出地质体C的边界，但其幅值受相邻浅源强幅值异常影响较大，降低了有效异常显示的直观性。

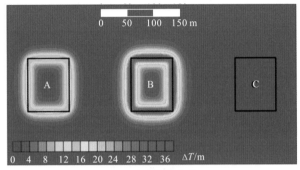

（a）水平总梯度模

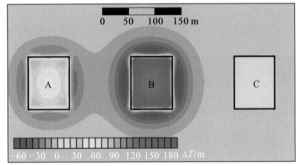

（b）垂向一次导数

图2.8.3　水平总梯度模和垂向一次导数结果

　　图2.8.4是分别采用传统Tilt梯度法和改进的Tilt梯度法对图2.8.2（a）中不含噪声的磁异常边界识别结果。与之前的水平总梯度模和垂向一次导数结果相比，边界识别效果有显著的改善，最明显的特点体现在对地质体C引起的弱异常的识别，这说明传统Tilt梯度法及改进的Tilt梯度法受相邻地质体的影响较小，增强了方法的实用性。受场源体埋深的影响，所识别的场源体边界与实际边界之间具有一定的差距。图2.8.4（b）是采用改进的Tilt梯度法计算的结果，实现了对三个地质体边界的识别，极大值对应地质体中心位置，仅从零值线识别边界的视角来看，本节给出的改进形式的Tilt梯度法与传统Tilt梯度法具有等价性；但从识别所得成果图件的效果而言，改进的Tilt梯度法结果避免了背景场区域产生高幅值的畸变现象，确保了计算的稳定性。

　　在生产实践中，野外采集的实际资料或多或少包含一定的噪声，为了验证改进的Tilt梯度法性能的优越性及普遍适用性，对图2.8.2（b）含5%噪声的正演结果进行相应的处理。考虑导数计算对噪声的敏感性，对图2.8.2（b）中的数据先进行低通滤波，采用的方法是向上延拓20 m，然后再进行边界探测识别，结果如图2.8.5所示。它们在保持稳定

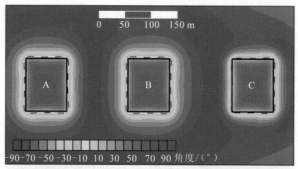

（a）传统Tilt梯度法

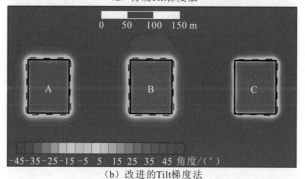

（b）改进的Tilt梯度法

图 2.8.4　传统 Tilt 梯度法和改进的 Tilt 梯度法结果
黑色虚线框为识别边界

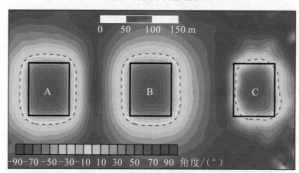

（a）传统Tilt梯度法

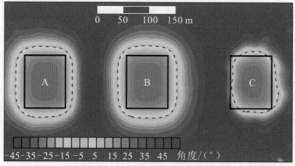

（b）改进的Tilt梯度法

图 2.8.5　对含 5%噪声的磁异常向上延拓 20 m 后的边界识别结果

计算的同时，都获得了三个异常体的位置。此外，相对于传统 Tilt 梯度法，改进的 Tilt 梯度法避免了在异常平缓区的振荡现象，保证了计算的稳定性。

2.8.2　韦岗铁矿区磁异常边界探测

江苏省韦岗铁矿位于下扬子凹陷褶皱带东部，宁镇穹断褶束中段，汤仑复背斜东端北翼，上党火山岩盆地西北边缘，属长江中下游铁、铜成矿带的东段。该区成矿地质条件优越，主要矿产种类有铁、铅、锌（铜）等多种金属矿产，是江苏省重要的矿产地和成矿远景区。该矿区自 20 世纪 60 年代以来做过大量的地质、物探勘查工作。图 2.8.6 为韦岗铁矿区-200 m 基岩地质图。

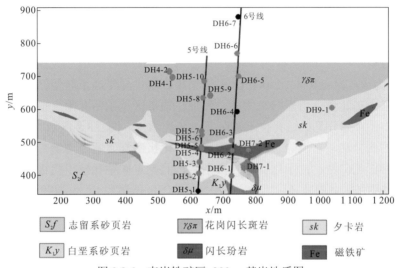

图 2.8.6　韦岗铁矿区-200 m 基岩地质图

粉色点代表见矿钻孔，黑色点代表未见矿钻孔

矿区侵入岩主要为燕山晚期花岗闪长斑岩（$\gamma\delta\pi$）、闪长玢岩（$\delta\mu$）和石英闪长斑岩（$\delta o\pi$）。燕山晚期花岗闪长斑岩为矿区的成矿母岩；矿区内铁矿体均赋存于花岗闪长斑岩与大理岩、角岩接触带。矿床成因类型为夕卡岩-高温热液矿床，由多次成矿作用形成，铁质有多种来源，矿石矿物主要有磁铁矿、赤铁矿、黄铁矿等。矿区由于受近南北向挤压应力场的作用，伴随近东西向褶皱构造的形成而产生一系列纵向张性、压性、压扭性断裂，横向张性、扭性断裂。前人认为该矿区含两层矿，第一层矿已被控制或开采，第二层矿不完全清楚，存在的主要问题是对深部隐伏矿体没有确切的论述，未能很好地提取出深部弱异常，识别这些弱缓信息对预测隐伏地质体（包括矿体）具有重要意义。前人虽然提出有第二层矿的存在，但对此没有清晰的认识，也没有探讨第二层矿是否有向下进一步延伸的可能性。本小节针对是否存在深部隐伏矿体，进行精细分析和探讨。

由于地质过程的复杂性及成矿过程的多期次叠加性，原始磁异常往往反映多种地质因素的综合信息（陈建国 等，2011）。韦岗铁矿区岩矿石磁性参数统计结果（表 2.8.2）表明，该矿区磁铁矿、矿化夕卡岩与围岩（花岗闪长斑岩等）有明显的磁性差异，可以认为磁异常是由磁铁矿和矿化夕卡岩引起的，因此矿化夕卡岩是该矿区磁铁矿勘探的主要干扰因素。

表 2.8.2　韦岗铁矿区岩矿石磁性参数统计结果

岩矿石名称	块数	$K/\times10^{-6}4\pi$ (SI)			Jr/$\times10^{-3}$ (A/m)		
		最大值	最小值	平均值	最大值	最小值	平均值
角砾岩	1	—	—	2.9	—	—	1.4
花岗闪长斑岩	7	3 392.8	2 841.4	3 117.9	812.0	527.5	636.1
闪长玢岩	6	1 706.0	22.8	523.1	326.8	2.8	96.1
矿化夕卡岩	2	109 180.0	74 860.0	92 020.0	108 547.0	48 271.0	78 409.0
夕卡岩	11	277.0	28.4	121.9	106.1	3.7	42.7
大理岩	8	26.9	2.0	9.6	109.2	3.2	28.0
磁铁矿	15	165 776.0	2 089.2	73 598.0	180 870.0	470.5	46 395.0

注：K 为磁化率，Jr 为剩磁

图 2.8.7 为该矿区铁矿 1∶2 000ΔZ 磁测结果，其中异常高值区经钻探证实为矿区主矿体，该异常南正北负、由西向东构成一弧形。该矿区见矿钻孔除一部分位于正负异常梯度带以外，还有部分见矿钻孔位于矿区北侧负异常区。图 2.8.8 所示为 ΔZ 磁测结果化到地磁极后的磁异常，它消除了斜磁化的影响，化极磁异常北陡南缓，反映矿体向南倾斜的特征。南部见矿钻孔位于化极正异常中心，北侧见矿钻孔位于化极异常北侧的平缓下降区域，推测是矿体向北倾伏所致。图 2.8.9 是化极磁异常水平总梯度模，在其中只有

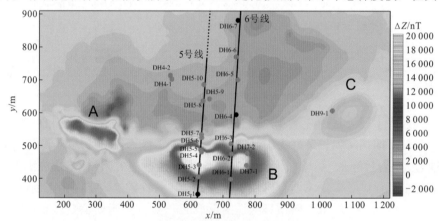

图 2.8.7　韦岗铁矿区铁矿 1∶2 000 ΔZ 磁测结果

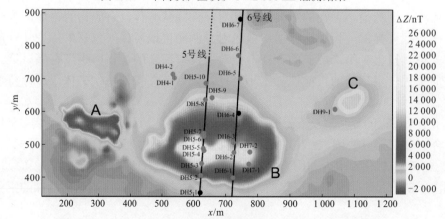

图 2.8.8　韦岗铁矿区铁矿 ΔZ 磁测结果化到地磁极（化极磁异常）

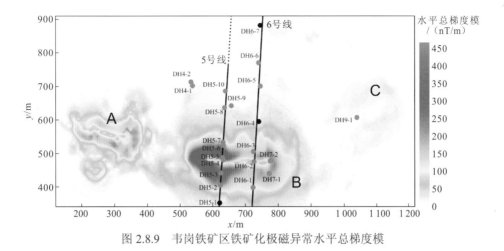

图 2.8.9 韦岗铁矿区铁矿化极磁异常水平总梯度模

异常 A、异常 B 得到较好的反映，没有凸显出异常 C、异常 D，而钻孔 DH9-1 为已验证的见矿钻孔，落在异常 C 范围内，说明水平总梯度模提取弱异常的能力不足；对于异常 B，见矿钻孔 DH5-2～DH5-7、DH6-1～DH6-3 及 7 号线钻孔 DH7-1 和 DH7-2 共 10 个钻孔均分布于异常 B 内，而未见矿钻孔 DH5-1 和 DH6-4 落在异常 B 范围的外侧，该结论表明水平总梯度模对浅部异常信息提取效果明显。

图 2.8.10 为传统 Tilt 梯度法对韦岗铁矿区 1∶2 000 ΔZ 磁测数据处理结果，明显地提取出弱异常 C 与弱异常 D，但其弊端是背景场部分出现明显的振荡现象。图 2.8.11 是采用改进的 Tilt 梯度法对韦岗铁矿区 1∶2 000 ΔZ 磁测数据处理结果，黑色零值线对应识别出的磁性围岩的边界，与图 2.8.8 所示的磁性围岩边界对应良好。三个未见矿钻孔 DH5-1、DH6-4 和 DH6-7 均落在零值线识别出的磁性围岩边界以外；见矿钻孔 DH5-9 和 DH6-5 分布在识别出的磁性边界以外，这可能是在数据采集过程中受到干扰或其他不确定因素影响导致原始数据出现误差，在边界识别过程中没有正确地显示出。见矿钻孔 DH4-1、DH4-2 和 DH6-6 位于磁性边界体上，除此之外，见矿钻孔均落在所识别的磁性边界范围以内。

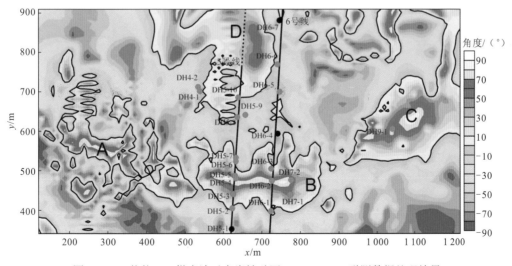

图 2.8.10 传统 Tilt 梯度法对韦岗铁矿区 1∶2 000 ΔZ 磁测数据处理结果

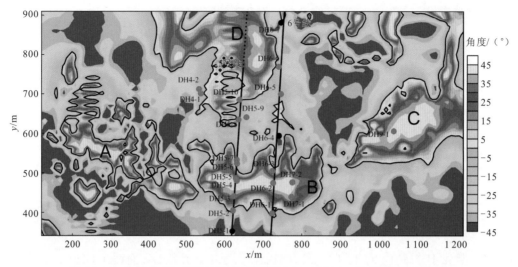

图 2.8.11　改进的 Tilt 梯度法对韦岗铁矿区 1∶2 000 ΔZ 磁测数据处理结果

　　将改进的 Tilt 梯度法应用于实例，背景场畸变现象得到一定程度的压制或减弱，增强了计算结果的稳定性。针对矿区内两条钻孔剖面（剖面位置见图 2.8.7 中 5 号线和 6 号线），对应的地质剖面图如图 2.8.12 所示，其中 5 号线上钻孔为 DH5-1～DH5-10，共 10 个钻孔，6 号线上钻孔为 DH6-1～DH6-7。

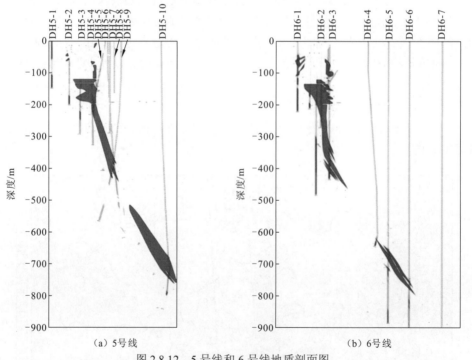

（a）5 号线　　　　　　　　　　　　（b）6 号线

图 2.8.12　5 号线和 6 号线地质剖面图

　　为了进一步论证弱异常 D 是由深部隐伏矿体引起的，还是由虚假异常产生的，结合 5 号线、6 号线地质剖面图与物性资料，采用剖面精细正反演计算，并结合二度半人机交互反演方法，以获得更加充分的证据。

1. 5 号线精细分析

对 5 号线上钻孔控制的铁矿进行磁异常正演计算, 结果如图 2.8.13（a）所示。显然, 该正演异常主峰值部分与观测异常相似, 反映了该矿区浅表矿体已经被很好地控制的事实; 而在横坐标 400～600 m, 存在一部分剩余异常, 最大幅值为 618 nT。图 2.8.13（b）中绿色虚线条为剩余磁异常, 即原始 ΔZ 值与钻孔控制的已知铁矿正演计算所得磁异常的差值, 黑色虚线为从图 2.8.11 中改进的 Tilt 梯度法识别结果所截取的 5 号线剖面值, 二者都显示在 5 号线北侧可能存在深部异常场源。在此基础上, 对 5 号线做二度半人机交互反演, 结果如图 2.8.14 所示, 可认为在 5 号线北侧地下约 1 000 m 深度以上可能存在 3 号矿体（Fe3）。

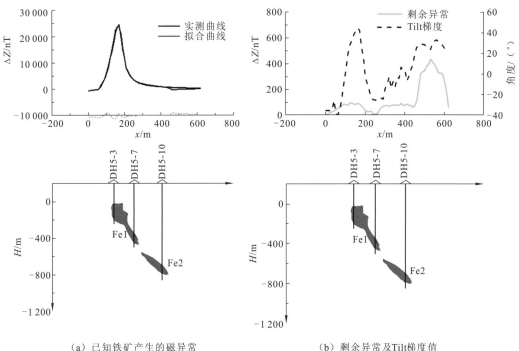

（a）已知铁矿产生的磁异常   （b）剩余异常及Tilt梯度值

图 2.8.13　韦岗铁矿区 5 号线磁异常正演结果

2. 6 号线精细分析

与 5 号线精细分析类似, 对 6 号线上钻孔控制的铁矿进行磁异常正演计算, 结果如图 2.8.15（a）所示。在 6 号线北部 400～600 m 存在剩余异常, 但钻孔 DH6-7 资料已证实 6 号线北边深部不存在隐伏矿体, 故初步推断原因之一是钻孔 DH6-7 深度不够, 原因之二为该剩余异常是由深部旁侧矿体引起的。基于以上推断, 结合图 2.8.15（b）中剩余磁异常及 Tilt 梯度曲线特征, 对 6 号线做二度半人机交互反演, 结果如图 2.8.16 所示。通过添加旁侧矿体 Fe3, 使剩余异常得以补偿, 该结果与采用 Tilt 梯度法识别出 6 号线北部东侧弱异常可能是受深部隐伏矿体影响的结论相一致。因此, 若在钻孔 DH6-7 以西、5 号线以北布置钻孔, 则可能见矿。

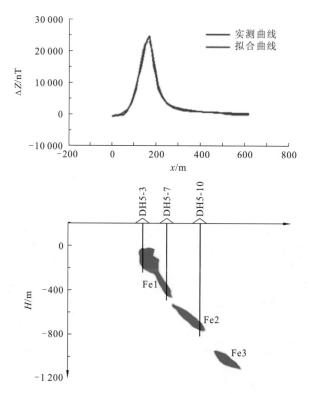

图 2.8.14　韦岗铁矿区 5 号线二度半人机交互反演结果

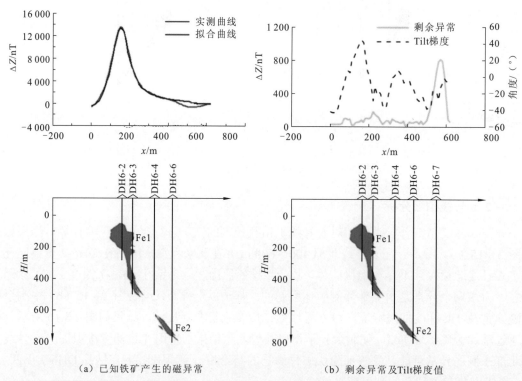

（a）已知铁矿产生的磁异常　　　　　　　（b）剩余异常及 Tilt 梯度值

图 2.8.15　韦岗铁矿区 6 号线磁异常正演结果

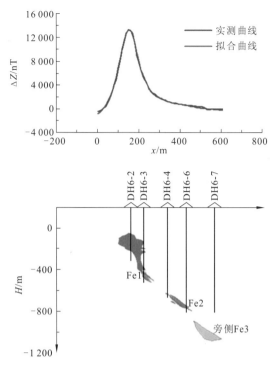

图 2.8.16 韦岗铁矿区 6 号线二度半人机交互反演结果

2.9 斜磁化磁异常处理

在磁异常边界探测中，大多数边界探测方法（如 2.2～2.8 节介绍的边界探测方法）都是基于化极磁异常或者磁源重力异常，但是由于某些地区难以获得化极异常或者磁源重力异常，常常需要直接面对斜磁化的磁异常进行后续处理。自从 Nabighian（1972）指出解析信号振幅可以消除二维异常的斜磁化影响后，解析信号振幅在磁异常处理中得到了广泛的应用。尽管现有研究表明，三维解析信号振幅无法完全消除三维条件下的斜磁化影响，它在磁异常的处理解释中依然得到广泛的应用，甚至有研究者将三维解析信号振幅作为化极方法使用（Ansari et al.，2009）。另外，磁异常模量及磁异常梯度张量（王林飞 等，2016）等处理方法也在斜磁化磁异常的处理中得到广泛的应用。前人研究指出，通过对张量数据的某种处理（如张量模、张量 I_1 不变量及归一化场源强度等方法），可以有效减小对磁化方向的依赖性。除了利用三维解析信号振幅、磁异常模量及磁异常梯度张量等处理斜磁化磁异常做定性解释，它们还普遍地被应用于磁异常反演。如欧洋等（2013）利用磁异常总梯度模反演江苏某铁矿区的磁化率分布，其反演结果与钻孔资料一致。Li 等（2014）、李泽林等（2015）研究了磁异常模量反演，为强剩磁条件下磁异常反演提供了一条新的途径。此外，Pilkington 等（2013）、李泽林（2014）研究了利用磁异常梯度张量信息进行强剩磁条件磁异常反演，在一定程度上克服了斜磁化磁异常的影响。

对于实际勘探中的三度体磁异常，目前研究已经明确无论是三维解析信号振幅、磁异常模量还是磁异常梯度张量，它们都无法消除磁化方向的影响。在实际应用中，大多数研究都是利用这类方法受斜磁化影响较弱的基本特征，而对于解析信号振幅、磁异常模量、磁异常梯度张量等受斜磁化影响的问题讨论不多。本节通过常见的理论模型，指出解析信号振幅、磁异常模量、磁异常梯度张量方法存在的问题，并结合当前低纬度化极及磁化方向估计的研究现状，指出采用适当的磁化方向估计和化极计算，可能比采用解析信号振幅、磁异常模量、磁异常梯度张量方法直接处理斜磁化磁异常的效果要好。

为了说明解析信号振幅、磁异常模量、磁异常梯度张量的处理效果，本节采用的是两种相对比较简单的磁异常模型。为了得到相似的异常分辨力，本节对磁异常模量计算垂向一阶导数，采用磁异常模量的垂向一阶导数与解析信号振幅和磁异常梯度张量进行对比分析。

图 2.9.1（a）是由简单的棱柱体模型正演得到的斜磁化磁异常，其中地磁场倾角为10°，地磁场偏角为 90°，磁化方向与地磁场方向一致。从图中可以看出，斜磁化磁异常特征相对复杂，远不及垂直磁化磁异常［图 2.9.1（b）］方便解释。

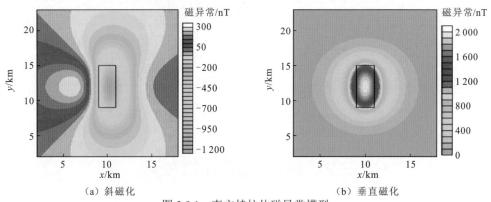

（a）斜磁化　　　　　　　　　　　　　（b）垂直磁化

图 2.9.1　直立棱柱体磁异常模型
棱柱体位置如图中黑色线

图 2.9.2 和图 2.9.3 显示了斜磁化磁异常的三维解析信号振幅、磁异常模量的垂向一阶导数、磁异常梯度张量模及标准化磁源强度，这 4 种算法都比较有效地减小了斜磁化的影响，将异常"移"到场源体上方，据此可以较容易地解释场源体位置。分别将图 2.9.2（a）、图 2.9.2（b）、图 2.9.3（a）、图 2.9.3（b）和图 2.9.1（b）的垂直磁化磁异常做相关分析，其相关系数分别为 0.996、0.979、0.992 和 0.994，从这个角度来说，三维解析信号振幅

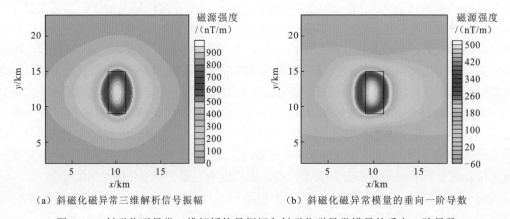

（a）斜磁化磁异常三维解析信号振幅　　　（b）斜磁化磁异常模量的垂向一阶导数

图 2.9.2　斜磁化磁异常三维解析信号振幅和斜磁化磁异常模量的垂向一阶导数

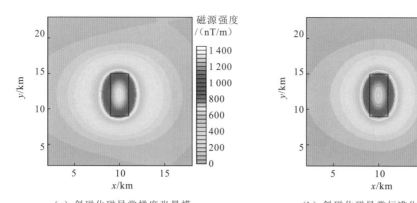

（a）斜磁化磁异常梯度张量模　　　　　（b）斜磁化磁异常标准化磁源强度

图 2.9.3　斜磁化磁异常梯度张量模和斜磁化磁异常标准化磁源强度

受斜磁化的影响最小。

图 2.9.4 模拟的是固体矿产勘查中常见的相邻矿体的叠加异常。图 2.9.4（a）所示为水平磁化磁异常，地磁倾角为 0°，地磁偏角为 0°，磁化方向与地磁场方向一致，其主要特征是负异常中心位于异常体上方，周围伴生不规则正异常，解释难度很大。图 2.9.4（b）所示为垂直磁化磁异常，其正异常中心位于场源体上方。尽管异常叠加难以分辨场源体位置，采用边界探测方法，例如垂向二阶导数，即可以识别各个异常体的位置（图 2.9.5）。然而，对于图 2.9.4（a）的斜磁化磁异常，如果采用三维解析信号振幅、磁异常模量、磁异常梯度张量模及标准化磁源强度，则将导致错误的解释结果。如图 2.9.6 和图 2.9.7 所示，它们都错误地显示了异常体的主要形态，据此定性解释或者定量反演都不能获得地下场源体的客观分布。分别将图 2.9.6（a）、图 2.9.6（b）、图 2.9.7（a）、图 2.9.7（b）和图 2.9.4（b）的垂直磁化磁异常做相关分析，其相关系数分别为 0.847、0.709、0.799 和 0.820，从这个角度来说，三维解析信号振幅受斜磁化的影响最小。采用低纬度化极算法对图 2.9.4（a）斜磁化磁异常进行化极计算，结果如图 2.9.8（a）所示，其中低纬度化极稳定计算采用的方向滤波器必然导致异常幅度的削弱，但是它客观地反映出异常体的主要形态。类似图 2.9.5，利用垂向二阶导数也可以将三个叠加异常比较清晰地区分开［图 2.9.8（b）］。

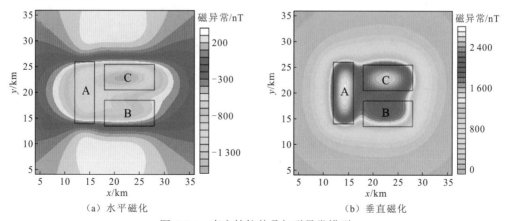

（a）水平磁化　　　　　　　　　　（b）垂直磁化

图 2.9.4　直立棱柱体叠加磁异常模型

棱柱体位置如图中黑色线，引自 Zhang 等（2014）

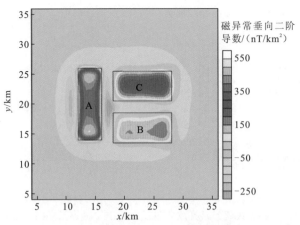

图 2.9.5　垂直磁化磁异常垂向二阶导数探测异常体位置

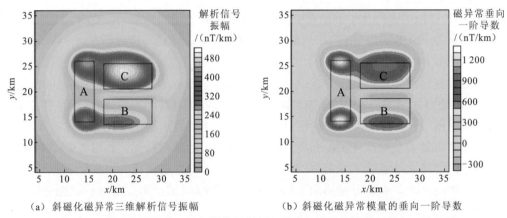

（a）斜磁化磁异常三维解析信号振幅　　　　　　（b）斜磁化磁异常模量的垂向一阶导数

图 2.9.6　斜磁化磁异常三维解析信号振幅和斜磁化磁异常模量的垂向一阶导数

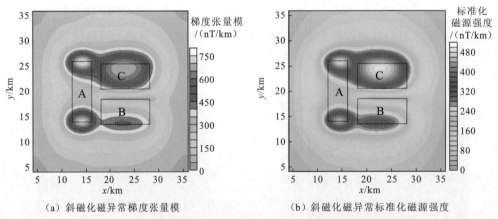

（a）斜磁化磁异常梯度张量模　　　　　　　　（b）斜磁化磁异常标准化磁源强度

图 2.9.7　斜磁化磁异常梯度张量模和斜磁化磁异常标准化磁源强度

　　在低纬度或者强剩磁地区，当难以获得化极磁异常时，人们常常利用磁异常三维解析信号振幅、磁异常模量、磁异常梯度张量模及标准化磁源强度来降低斜磁化的影响，并将它们普遍应用在磁异常的定性解释甚至反演中。本节通过简单模型实验指出，对于斜磁化磁异常，采用磁异常三维解析信号振幅、磁异常模量、磁异常梯度张量模及标准

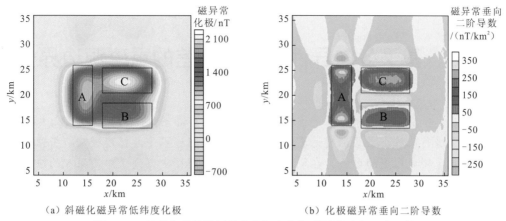

（a）斜磁化磁异常低纬度化极　　　　　　（b）化极磁异常垂向二阶导数

图 2.9.8　斜磁化磁异常低纬度化极和化极磁异常垂向二阶导数

（a）图引自 Zhang 等（2014）

化磁源强度可能误导地质解释，采用合适的化极计算有助于提高资料解释的准确性。就当前普遍应用的三维解析信号振幅、磁异常模量及梯度张量等处理方法，由其引起的"解释误导"不容忽视，因此有必要研究降低甚至消除磁化方向影响的新方法。

第3章 基于各向异性标准化方差的重磁源边界分析

近几十年来，学者提出了多种基于位场梯度的边界定位方法，几乎都是基于对位场数据进行某种形式的梯度运算。传统的方向导数、水平总梯度模及解析信号振幅等确定重磁源位置的方法，在地球物理资料分析解释中得到了广泛深入的应用。但是由于重磁异常导数是一个高通滤波器，处理过程易受噪声的影响而产生振荡，压制甚至丢失有用信号。另外，对于一些复杂的深源异常或区域异常，由于梯度平缓、异常微弱，传统方法计算边界效果不理想，或者根本无法确定边界信息。第 2 章论述的比值类方法（Tilt 梯度等）及归一化标准差等方法可以实现不同幅值异常的检测，但都存在多次求导的问题，计算过程容易受高频噪声的干扰。

基于梯度的边界分析方法运算简单，物理意义明确，缺点是对区域边界信息不敏感，还容易受高频噪声的影响。另外在复杂构造区的异常边界分析中，传统方法具有各向同性的特点，即都是一视同仁地对数据采用统一处理，比如方向导数、水平总梯度模等边界分析方法，往往在弱异常、叠加异常处会丢失边界信息，处理效果欠佳。本章将从梯度检测的角度出发，针对传统微分算法的不足，力求探讨一种稳定有效的边界分析方法，使之不仅能够处理低信噪比的异常数据，而且对微弱异常、叠加异常，也能够进行有效识别。

本章讨论基于各向异性标准化方差（anisotropy normalized variance，ANV）计算重磁源边界的方法。通过构造各向异性函数，实现位场异常的全方位扫描，对不同构造方向的地质边界都有很好的分析效果，避免传统方法需要计算不同方向的水平方向导数的烦琐步骤。首先通过坐标旋转构造各向异性函数，给出各向异性标准化方差的计算公式，并从理论上阐明其在重磁源边界分析中的物理意义。然后，描述算法的核心流程，通过对理论数据及加噪模型的分析，证实算法的有效性与稳定性，表明该算法可以获得丰富的边界信息，尤其对微弱异常及复杂异常也有理想的定位效果。最后，利用各向异性标准化方差将为位场数据边界分析提供一种新的计算途径。

3.1 各向异性标准化方差算法

3.1.1 算法原理

在重磁源边界识别中，梯度算法是普遍使用的一类方法，常规的微分算法受噪声的干扰比较严重，另外基于各向同性的算法都很难识别不同方向的边界信息，虽然采用不同方向的方向导数可以在一定程度上突出方向边界，但是这些算法对旁侧叠加异常、弱异常达不到很好的识别效果，往往会模糊边界信息。

基于此，本小节首先构造一种各向异性的高斯函数，在其二阶导数的基础上提出各向异性标准化方差分析重磁源边界的方法。

在二维高斯函数的基础上，考虑方向θ，令$\boldsymbol{R}_\theta = \begin{pmatrix} \cos\theta & \sin\theta \\ -\sin\theta & \cos\theta \end{pmatrix}$表示$\theta$角度的旋转，构造各向异性高斯函数：

$$G_R(\boldsymbol{R}_\theta(x,y)^\mathrm{T}, \sigma_x, \sigma_y) = \frac{1}{2\pi\sigma_x\sigma_y} \exp\left(-\frac{1}{2} \cdot \left(\frac{w_1}{\sigma_x^2} + \frac{w_2}{\sigma_y^2}\right)\right) \tag{3.1.1}$$

式中：$w_1 = (x\cos\theta + y\sin\theta)^2$；$w_2 = (-x\sin\theta + y\cos\theta)^2$；$\sigma_x$、$\sigma_y$分别为长轴、短轴方向的方差。

根据以上分析可以看出，函数G_R具有明显的方向性，如图3.1.1所示，分别反映$[0, \pi/16, 2\pi/16, \cdots, \pi)$方向的$G_R$函数，体现了其各向异性的特征，可以自适应地分析不同方向的重磁源边界。

根据式（3.1.1），推导$\nabla^2 G_R = \dfrac{\partial^2 G_R}{\partial x^2} + \dfrac{\partial^2 G_R}{\partial y^2}$，得各向异性函数$Q$的表达式：

$$\begin{aligned}
Q &= \nabla^2 G_R(\boldsymbol{R}_\theta(x,y)^\mathrm{T}, \sigma_x, \sigma_y) \\
&= \frac{1}{2\pi\sigma_x^5\sigma_y^5}(w_1\sigma_y^4 + w_2\sigma_x^4 - \sigma_x^2\sigma_y^4 - \sigma_x^4\sigma_y^2) \cdot \exp\left(-\frac{1}{2}\left(\frac{w_1}{\sigma_x^2} + \frac{w_2}{\sigma_y^2}\right)\right)
\end{aligned} \tag{3.1.2}$$

对于$(M+1)\times(M+1)$大小的各向异性函数Q，定义位场数据$f(x,y)$的各向异性标准化方差为

$$f_\mathrm{var}(x,y) = \frac{\displaystyle\sum_{i,j=-M/2}^{i,j=M/2}(f(x+i,y+j) - \overline{f(x,y)}) \cdot Q(i+M/2+1, j+M/2+1)}{\sqrt{\displaystyle\sum_{i,j=-M/2}^{i,j=M/2}(f(x+i,y+j) - \overline{f(x,y)})^2}\sqrt{\displaystyle\sum_{i=1,j=1}^{i,j=M+1}Q(i,j)^2}} \tag{3.1.3}$$

式中：$\overline{f(x,y)} = \dfrac{1}{(M+1)^2}\displaystyle\sum_{i,j=-M/2}^{i,j=M/2}f(x+i,y+j)$。

3.1.2　算法的物理意义与计算流程

对于式（3.1.3），其分子部分是一个离散的褶积计算形式，假设用$f_s * Q$来表示这个过程，考虑$Q = \nabla^2 G$，根据褶积的微分性质，$f_s * Q$可以表示为

$$\nabla^2(f_s * G) \tag{3.1.4}$$

结合式（3.1.4）可以很明显地发现，$f_\mathrm{var}(x,y)$实质上就是一种广义化的二阶导数的计算形式。据此分析，对位场数据而言，其场源边界位置对应于标准化方差$f_\mathrm{var}(x,y)$的零值点位置。

根据上文分析可知，构造各向异性函数Q需要确定参数σ_x、σ_y（它们的大小决定Q的作用范围与各向异性尺度）及方向θ，采用如下方法计算。根据先验信息给定初值σ_0，计算$\sigma_x = \sigma_0$，$\sigma_y = \sigma_x/\mathrm{cof}$。其中cof为比例系数，在场源边界处，cof值大，即函数Q的长短轴差异大，有利于边界分析，在非边界处，cof的取值对结果影响不大，本小节

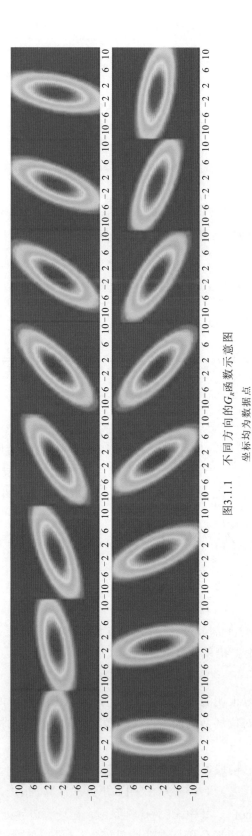

图3.1.1　不同方向的G_R函数示意图

坐标均为数据点

取 cof =1，以体现常规的高斯函数特征。另外，本小节采用全方位扫描确定 θ 值，具体计算流程（图 3.1.2）如下。

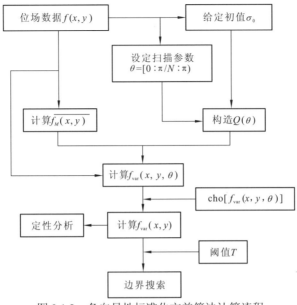

图 3.1.2　各向异性标准化方差算法计算流程

（1）根据先验信息给定位场异常的初值 σ_0，设定全方位扫描参数 $\theta = [0 : \pi / N : \pi)$，$N$ 为正整数。

（2）计算 σ_x、σ_y，构造各向异性函数 $Q(\theta)$。

（3）根据式（3.1.3）计算 $f_{var}(x,y,\theta)$。

（4）计算 $f_{var}(x,y) = \text{cho}[f_{var}(x,y,\theta)]$（cho 为选择算法，即选择经过全方位扫描后得到的最可能的边界值），得到扫描后的各向异性标准化方差。

（5）可以利用 $f_{var}(x,y)$ 定性分析重磁源边界，也可以选择阈值，自动搜索边界位置，得到定量的解释图件。

3.1.3　理论模型

为了对各向异性标准化方差方法识别重磁源边界效果进行验证，选择 2.2 节中的模型数据，计算得到其各向异性标准化方差，如图 3.1.3 所示。

从模型可以看出，地质体 B 产生的异常强度最大，约为 0.35 mGal，地质体 A 产生的异常强度次之，约为 0.16 mGal，地质体 C 产生的异常强度最小，只有约 0.03 mGal。综合布格重力异常等值线图（图 2.2.1）可以发现，地质体 A、地质体 B 的异常明显，地质体 C 产生的异常较弱，而且经过地质体 B 的强异常叠加，地质体 C 异常更加隐蔽难于识别。

从前文的分析可知，传统方法大多可以将地质体 A、地质体 B 的边界较好地反映出来，而对地质体 C 的边界反映得相对模糊，稍有不慎，容易丢失其边界信息。分析图 3.1.3 可知，各向异性标准化方差能有效地反映出三个地质体的边界信息，尤其地质

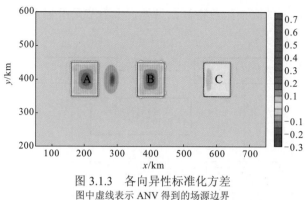

图 3.1.3　各向异性标准化方差
图中虚线表示 ANV 得到的场源边界

体 C 的弱信息边界得到了比较客观的反映，场源边界两侧各向异性标准化方差值正负差异明显，很容易判别，表明各向异性标准化方差方法在识别弱异常、叠加异常边界的有效性。

3.2　改进的各向异性标准化方差算法

3.1 节讨论了各向异性标准化方差（ANV）计算重磁源边界的方法，它不仅可以实现对弱异常的有效分析，同时受噪声的影响较小。有两个问题值得深入研究：一是 ANV 方法是基于垂直磁化磁异常推导的，它无法针对斜磁化磁异常进行处理；二是前期研究相当于是在各向异性条件下，突出全方位扫描的贡献，其中全方位扫描计算量大，其精度也直接影响计算效果。基于此，本节研究从各向异性核函数的角度进行改进，以自适应方向取代全方位扫描，以各向异性尺度构造核函数，突出核函数本身在算法中的物理意义。为了消弱斜磁化的影响，本节论述基于磁力梯度张量的各向异性标准化方差算法，并通过理论模型实验与实际应用，检验该方法在斜磁化条件下对不同幅值磁异常的探测效果。

3.2.1　算法原理

在3.1.1小节方法原理部分，从构造的各向异性高斯函数可以看出，各向异性标准化方差主要是通过 σ_x、σ_y 的差异来突出各向异性特征。因此，如何构造各向异性高斯函数就是方法的关键所在。本小节在分析讨论各向异性标准化方差的基础上，重新构造各向异性函数，着重讨论函数的各向异性特征，并阐述各参数的物理意义。

考虑地质构造方向 θ，令 $\boldsymbol{R}_\theta = \begin{pmatrix} \cos\theta & \sin\theta \\ -\sin\theta & \cos\theta \end{pmatrix}$ 表示 θ 角度的旋转，构造各向异性高斯函数为

$$G_R(\boldsymbol{R}_\theta(x,y)^{\mathrm{T}}) = \frac{1}{2\pi\sigma^2}\exp\left(-\frac{1}{h^2}\cdot(w_1 + \cot^2\cdot w_2)\right) \tag{3.2.1}$$

式中：$w_1 = (x\cos\theta + y\sin\theta)^2$、$w_2 = (-x\sin\theta + y\cos\theta)^2$ 是对坐标 x、y 进行 $\boldsymbol{R}_\theta$ 旋转后的结果；

σ 为数据标准差；cof 为各向异性的尺度；$h = 2\sqrt{\sigma}$。

根据式（3.2.1），推导 $\nabla^2 G_R = \dfrac{\partial^2 G_R}{\partial x^2} + \dfrac{\partial^2 G_R}{\partial y^2}$ 得

$$
\begin{aligned}
Q &= \nabla^2 G_R (\boldsymbol{R}_\theta(x,y)^{\mathrm{T}}) \\
&= \frac{1}{2\pi\sigma^2 h^4}(h^2(-2-2\,\mathrm{cof}^2) + 4w_1 + 4\,\mathrm{cof}^4\, w_2) \cdot \exp\left(-\frac{1}{h^2}\cdot(w_1 + \mathrm{cof}^2 \cdot w_2)\right)
\end{aligned}
\tag{3.2.2}
$$

从以上分析可以看出，各向异性函数 G_R 的方向性在其二阶偏导数 Q 中表现得更直观，如图 3.2.1 所示，其中黑色线表示地质体的边界。可以看出，Q 函数相当于垂直构造方向进行导数计算，同时有利于保持边界信息。

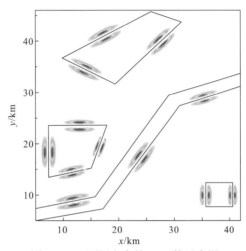

图 3.2.1　不同方向的 Q 函数示意图

对$(M+1)\times(M+1)$大小的各向异性函数 Q，改进的各向异性标准化方差计算形式如式（3.1.3）所示，其中各向异性函数 Q 如式（3.2.2）所示，位场数据 f 定义如下。

定义磁异常梯度张量为

$$
\boldsymbol{G} = \begin{bmatrix} T_{11} & T_{12} & T_{13} \\ T_{21} & T_{22} & T_{23} \\ T_{31} & T_{32} & T_{33} \end{bmatrix} = \begin{bmatrix} \dfrac{\partial T_x}{\partial x} & \dfrac{\partial T_x}{\partial y} & \dfrac{\partial T_x}{\partial z} \\ \dfrac{\partial T_y}{\partial x} & \dfrac{\partial T_y}{\partial y} & \dfrac{\partial T_y}{\partial z} \\ \dfrac{\partial T_z}{\partial x} & \dfrac{\partial T_z}{\partial y} & \dfrac{\partial T_z}{\partial z} \end{bmatrix}
\tag{3.2.3}
$$

其张量模 f 定义为

$$
f = |\boldsymbol{G}| = \sqrt{\sum_{i=1}^{3}\sum_{j=1}^{3} T_{ij}^2}
\tag{3.2.4}
$$

从本质上讲，改进前后的两种算法的核函数对场源边界探测的贡献是一致的，它们都是通过窗口间的褶积计算，压制高频振荡的同时提取边界异常。不同之处在于以下三个方面。

（1）张恒磊等（2010a，2010b）的研究是针对垂直磁化磁异常，在各向异性的条件

下，通过全方位扫描，获取最优的边界探测效果。

（2）改进的 ANV 算法是针对斜磁化磁异常，通过定义各向异性尺度突出核函数的贡献，以自适应方向取代全方位扫描计算，突出"各向异性"的物理意义。

（3）前期针对化极磁异常研究的 ANV 算法多以磁场的二阶导数为基础研究场源边界；改进的 ANV 算法为了消除斜磁化影响，引入磁力梯度张量模，它相当于磁场的三阶导数，增强对弱异常的探测效果。

3.2.2　计算流程

计算改进的各向异性标准化方差需要确定参数：核函数标准差 σ、窗口大小 M、各向异性尺度 cof 及方向 θ，分别讨论如下。

（1）将核函数理解为滤波函数，核函数标准差为 σ，窗口大小 M 表示窗口内点数。本小节将 σ 与 M 联系起来。假设滑动点到窗口中心点的距离（该距离以点数衡量，即为 M）大于三倍标准差时，其值很小，基于此，本节取 $\sigma = M/3$。

（2）窗口大小根据噪声水平而定，使用较大的窗口一方面可以压制干扰，另一方面可能忽略小于该窗口的信息。

（3）关于各向异性尺度，cof 值大，即函数 Q 的长短轴差异大，有利于边界分析，如图 3.2.1 所示。在实际应用中，通常当异常源各向异性特征显著时，cof 的取值大一些有利于边界探测（通常取 cof = 2）。

（4）关于方向 θ，本小节采用自适应方向计算：

$$\theta = \arctan \frac{f_x}{f_y} \tag{3.2.5}$$

式中：f_x、f_y 分别为 x、y 方向的方向导数。

改进的各向异性标准化方差算法流程如图 3.2.2 所示，如果有梯度张量观测值，则可

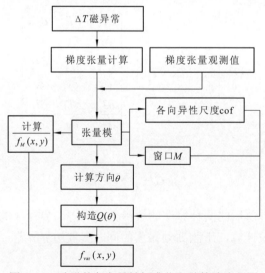

图 3.2.2　改进的各向异性标准化方差算法流程图

以直接进行计算,否则需要先将 ΔT 通过转换处理得到各分量结果,该方法有以下几方面特点。

(1)各向异性尺度 cof 的作用相当于对局部区域计算特定方向的水平方向导数,它能够自适应地根据异常特征确定"导数方向",有利于边界的精确探测。

(2)各向异性高斯函数不仅具有获取位场导数的功能,同时起到了高斯圆滑的作用,保证高通滤波的稳定计算。

(3)基于梯度张量模,改进的各向异性标准化方差算法可以减小对磁化方向的依赖性,可以在未知磁化方向条件下对斜磁化磁异常进行处理。此外,该算法相当于磁场的三阶导数,它与基于化极磁异常的各向异性标准化方差不同,以梯度张量模为基础的改进算法以最大幅值为特征探测场源边界。

3.2.3 理论模型

为了对方法进行验证,设计近海海洋勘探中的弱异常探测模型(Santos et al.,2012)。模型 1 模拟的是由海岸向近海延伸的方向上海水渐深,模型体深度[即异常体与观测面(海平面)的距离]逐渐增大的过程。模型 2 模拟的是位于海底的局部构造。设计该模型的目的有两点:模拟近海海洋勘探中的地下(水下)异常源与观测点不均匀的特征及研究方法的适用效果;在背景场叠加的情况下,研究方法对局部弱异常的探测能力。图 3.2.3(a)是根据该模型正演得到的斜磁化时的磁异常(地磁倾角为 15°,地磁偏角为 20°)。图 3.2.3(b)对应的是模型剖面图[位置如图 3.2.3(a)中白线所示]:其中 1 号异常体北侧深度增大异常幅值逐渐变小;2 号异常体较大的埋藏深度及较小的规模导致其产生的异常幅值也较弱。可以看出,受斜磁化的影响,磁异常与异常体之间的对应关系并不明确,尤其是弱异常区。

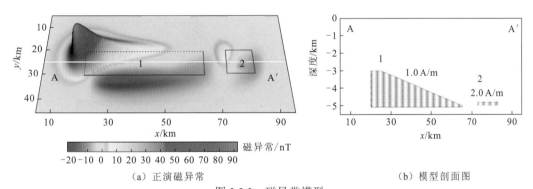

(a)正演磁异常　　　　　　　　　　　(b)模型剖面图

图 3.2.3　磁异常模型

模型水平位置如图中黑线所示

以往大部分边界探测方法都要求垂直磁化磁异常(如 Tilt 梯度),有学者将该方法直接应用于斜磁化磁异常的边界探测(Santos et al.,2012)。作为对比,本小节也对图 3.2.3(a)计算了 Tilt 梯度,如图 3.2.4(a)所示,显然该结果并不能客观反映出异常体的边界信息。图 3.2.4(b)是 Tilt 梯度的水平导数,Verduzco 等(2004)指出该方法不受磁化方向的影响。可以看出,Tilt 梯度的水平导数增强了对边界的探测效果,同时也产生了一些虚假异常。图 3.2.5 是梯度、张量的计算结果，其中张量不变量 I_1 和张量 **Mu** 值计算如下：

$$\begin{cases} \boldsymbol{I}_1 = T_{11} \cdot T_{22} + T_{33} \cdot T_{22} + T_{11} \cdot T_{33} - T_{12}^2 - T_{23}^2 - T_{31}^2 \\ \mathbf{Mu} = \sqrt{-L_2^2 - L_1 \cdot L_2} \end{cases} \qquad (3.2.6)$$

式中：L_1 和 L_2 计算请参考 Beiki 等（2012）。

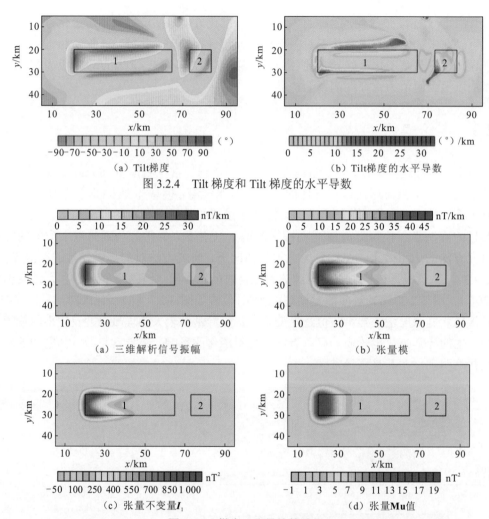

（a）Tilt 梯度　　　　　　　　　　　（b）Tilt 梯度的水平导数

图 3.2.4　Tilt 梯度和 Tilt 梯度的水平导数

（a）三维解析信号振幅　　　　　　　　（b）张量模

（c）张量不变量 I_1　　　　　　　　　（d）张量 **Mu** 值

图 3.2.5　梯度、张量计算结果

可以看出，梯度、张量的计算结果一定程度上降低了斜磁化的影响，增强了异常与场源的一一对应关系。另外，这些方法都具有高通滤波的性质，因此对深部弱异常的探测能力不足。如图 3.2.5 所示，4 个结果都较好地反映出模型 1 的南侧边界，但是对北侧边界反映微弱，同时对模拟的局部弱异常模型（模型 2）的反映也不明显。

图 3.2.6（a）是采用本小节方法计算的结果，基于张量模的各向异性标准化方差不仅可以降低斜磁化的影响，还可以提高对深部弱异常的探测。作为对比，计算基于三维解析信号振幅的各向异性标准化方差［图 3.2.6（b）］，显然，图 3.2.6（a）的效果要优于

图 3.2.6 （b）。说明在三维异常条件下，磁异常张量模对磁化方向的依赖性要低于三维解析信号振幅。

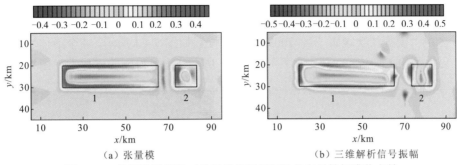

（a）张量模 　　　　　　　　　　　　　　　（b）三维解析信号振幅

图 3.2.6　基于张量模和三维解析信号振幅的各向异性标准化方差

3.3　各向异性标准化方差算法性质

从 3.2 节的分析可知，各向异性标准化方差是基于二阶导数展开推广的，因此其性质与二阶导数有相似之处，并且具有相似的应用前提。位场导数主要是压制深部异常、突出浅源异常。当区域场为常数或近似线性变化时，对异常计算水平方向导数或因常数的导数为零，或因线性变化方向的导数为常数，因此可以削弱、压制背景场。

余钦范等（1994）通过理论分析及模型实验指出，重力异常水平梯度在垂直物性边界的正上方取极大值，但当物性边界非垂直时，水平梯度异常的极大值就会偏离边界位置。尽管如此，在研究区域异常时，这种偏离的影响往往是可以容忍的，尤其是当研究的主体目标是区域构造时，边界位置的定位误差可能变得不那么重要。因此，利用水平梯度计算重磁源边界，仍不失为一种快速简便的方法，在实际生产中得到广泛的应用。基于这种认识，将水平梯度推广至二阶导数，并在此基础上设计了各向异性标准化方差计算方法（本章算法）。综合分析，其具有如下性质。

（1）各向异性标准化方差的零值线对应场源体的边界。

（2）从各向异性标准化方差的计算公式可以看出，其分子部分计算形式与方差的计算形式相似，加之采用各向异性函数与标准化，因此称为"各向异性标准化方差"。

（3）各向异性标准化方差计算过程具有全方位扫描特征。在断裂识别、区域构造分区研究中，传统方法是对重磁数据分别计算 4 个不同方向（0°、45°、90°、135°）的方向导数，以突出垂直求导方向的构造信息，不仅烦琐，而且高通滤波的特征也会制约常规求导的处理效果。各向异性标准化方差计算方法在边界探测中则通过全方位扫描克服了这一问题。

（4）各向异性标准化方差计算方法可以推广，如本章研究的是基于二阶导数零值点的边界识别，也可以采用其他策略对方法进行优化改进。

3.4　复杂模型计算对比

为了对各向异性标准化方差进行验证，采用模型实验并进行算法稳定性分析。首先设计一个组合模型（李媛媛 等，2009），模型位置如图 3.4.1 所示，4 个形体均向下无限延深，磁化倾角 I 取 90°，其他参数如表 3.4.1 所示，正演得到的磁异常如图 3.4.2 所示。

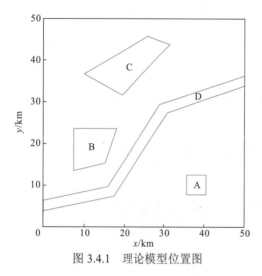

图 3.4.1　理论模型位置图　　　　图 3.4.2　正演得到的理论磁异常

表 3.4.1　模型参数

地质体编号	角点坐标(x,y)	上顶埋深/km	磁化强度/(A/m)
A	(35.6,7.8);(40.5,7.8);(40.5,12.5);(35.6,12.5)	1.0	0.25
B	(7.4,13.5);(15.1,15.3);(18,23.6);(7.4,23.6)	2.5	0.1
C	(19.4,31.6);(31.4,43.4);(25.9,45.7);(9.9,36.7)	3.0	0.2
D	(0,3.9);(17.3,7.4);(30.9,27.4);(50,33.9);(50,36.3);(29,29.4);(15.8,9.7);(0,6.4)	2.0	0.4

为了综合分析方法的处理效果，对涉及的各种边界分析方法进行对比分析。为了分析方法的稳定性，在非理想情况下（如重磁测量受现代社会工业电干扰、人文干扰等引起的高频干扰；另外由于仪器观测精度越来越高，同时对高频噪声的放大作用也越来越强），对比各种方法的计算效果。

把各种边界分析方法归结为三类来进行分析。

第一类，传统导数类方法，如垂向导数（垂向一阶导数、垂向二阶导数）、水平总梯度模、解析信号振幅。

第二类，导数比值类方法，如 Theta′图、Tilt 梯度、Tilt 梯度的水平导数、归一化标准差。

第三类，各向异性标准化方差方法。

3.4.1　理论模型

从图 3.4.2 正演得到的磁异常可以看出，地质体 A 和地质体 D 产生的是强磁异常，边界位置明确；地质体 B 和地质体 C 由于埋深大磁化强度小，异常梯度平缓、幅值相对微弱，边界位置不容易确定。此外由于地质体 B 和地质体 D 相邻，异常叠加，增加了地质体 B 边界确定的难度。

图 3.4.3～图 3.4.6 分别为对图 3.4.2 正演的磁异常计算垂向一阶导数、垂向二阶导数、水平总梯度模及解析信号振幅的结果。可以看出，垂向导数的零值点反映地质体边界信息，水平总梯度模的极大值反映地质体边界。解析信号振幅因为综合了水平梯度模和垂向导数信息，在宏观上，其正值部分反映了地质体的空间位置。

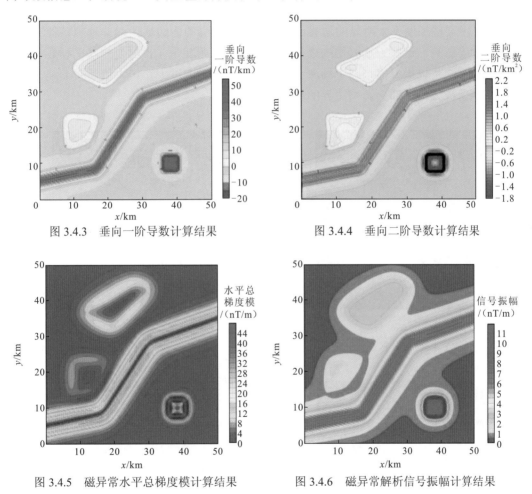

图 3.4.3　垂向一阶导数计算结果　　　　图 3.4.4　垂向二阶导数计算结果

图 3.4.5　磁异常水平总梯度模计算结果　　图 3.4.6　磁异常解析信号振幅计算结果

对于第一类方法，如水平总梯度模通过计算 $T = \sqrt{(\partial f / \partial x)^2 + (\partial f / \partial y)^2}$，在 T 的极大值处解释边界位置。对该方法而言，随着地质体变深，总磁场强度异常会变宽缓，异常幅值降低，一阶水平方向导数强度也会降低，造成深部地质体的边界难以识别，另外，相邻异常的叠加也会对边界的识别造成影响。从图 3.4.5 可以看出，水平总梯度模将地质体 A 和地质体 D 的边界较好地反映出来，而对地质体 B 和地质体 C 的边界反映得相对模糊，尤其对地质体 B，其与地质体 D 相邻，受异常叠加的影响，水平总梯度模反映的边界有缺失现象。另外，当异常受噪声干扰后，此类方法已经很难识别出边界信息，除了地质体 A 的边界信息有模糊的反映，其他三个地质体几乎没有信息反映。

图 3.4.7～图 3.4.10 分别为对图 3.4.2 正演的磁异常计算 Theta′图、Tilt 梯度、Tilt 梯度的水平导数及归一化标准差的结果。可以看出，Theta′图和 Tilt 梯度的零值点反映地质体边界信息，Tilt 梯度的水平导数和归一化标准差的极大值反映地质体边界。对于第二类方法，由于采用了比值算法、归一化算法，一定程度上可以突出弱异常的影响。从图 3.4.7～图 3.4.10 中可以发现，4 个地质体的边界都可以较好地被识别。其中 Theta′图和 Tilt 梯度方法相似，理想情况下都可以获得客观的边界分析结果；Tilt 梯度的水平导数是在 Tilt 梯度的基础上进行导数计算，虽然其具有相对高精度的边界分析效果，但对 Tilt 结果中某些梯度不太明显的边界，处理结果反而会消弱边界。在非理想条件下，受高频干扰等影响，这些方法取得的效果都不太理想，尤其是 Tilt 梯度的水平导数和归一化标准差方法是以极大值来确定场源边界，一旦高频影响过大，极大值断断续续、非边界处产生伪极大值，都会影响边界的精确分析。

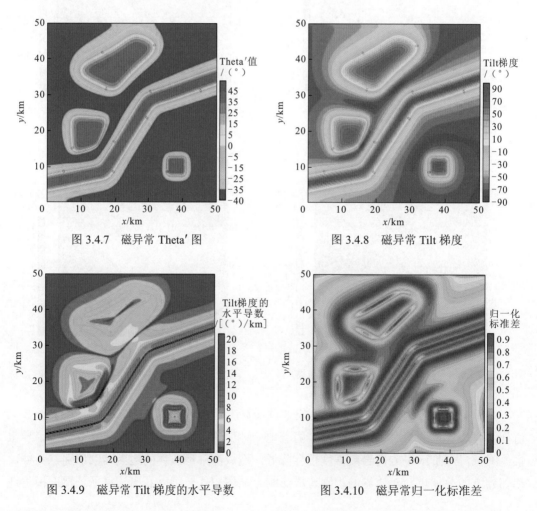

图 3.4.7　磁异常 Theta′图　　　　　　　图 3.4.8　磁异常 Tilt 梯度

图 3.4.9　磁异常 Tilt 梯度的水平导数　　图 3.4.10　磁异常归一化标准差

第三类方法是采用本章论述的各向异性标准化方差方法计算场源边界的结果，如图 3.4.11 所示，其中 σ_0 =0.5，N =16。可以看出，各向异性标准化方差清晰地反映出了各个场源边界，尤其对深部的地质体 B 和地质体 C 的边界也有很明确的反映，没有发生如图 3.4.5 所示的地质体 B 的边界模糊缺失现象。

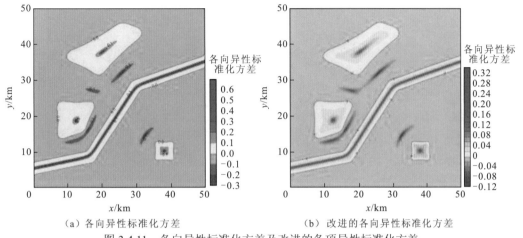

（a）各向异性标准化方差　　　　　　　　（b）改进的各向异性标准化方差

图 3.4.11　各向异性标准化方差及改进的各项异性标准化方差

3.4.2　含噪声模型

为了检验方法的稳定性，对含噪声的数据（图 3.4.12）进行边界探测计算。由理论分析可知，针对传统导数类边界方法，一旦原始数据的高频噪声具备一定的强度，产生的振荡常常覆盖有效信息，很难得到有价值的处理结果。对含噪声的磁异常数据采用垂向一阶导数、垂向二阶导数、水平总梯度模、解析信号振幅、Theta 图、Tilt 梯度、Tilt 梯度的水平导数及归一化标准差都难以得到有用信息（结果未列出），因此本小节首先对数据进行滤波预处理。

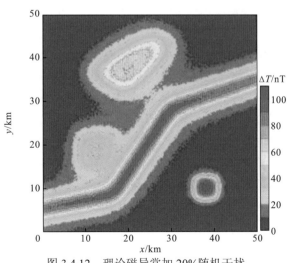

图 3.4.12　理论磁异常加 20%随机干扰

分别采用 49 点圆滑、中值滤波（滤波窗口大小取 9×9）、L2 范数滤波及 Curvelet 域滤波，在此基础上进行各种方法的对比分析，同时验证不同滤波方法的性质，滤波结果见图 3.4.13。滤波结果表明，单从视觉效果看，4 种方法都可以较好地消除高频随机干扰对异常的影响。对传统滤波方法所造成的"过圆滑"现象，仅分析滤波效果，图 3.4.13 中看不出显著差异。

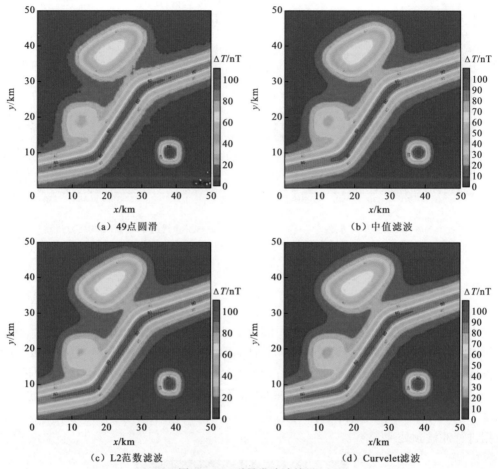

(a) 49点圆滑　　　　　　　　　　　　(b) 中值滤波

(c) L2范数滤波　　　　　　　　　　(d) Curvelet滤波

图 3.4.13　磁异常滤波结果

图 3.4.14～图 3.4.19 分别是在图 3.4.13 的滤波的基础上作边界分析（分别计算垂向一阶导数、垂向二阶导数、水平总梯度模、三维解析信号振幅、Theta 图及 Tilt 梯度）得到的结果。显而易见地，基于 Curvelet 域滤波的边界分析受高频振荡的影响最小，其次是基于 L2 范数的滤波方法。另外，图 3.4.20、图 3.4.21 是在滤波后计算 Tilt 梯度的水平导数、归一化标准差的结果，可以看出，虽然经过滤波处理，依旧没有得到理想的结果，这更表明 Tilt 梯度的水平导数、归一化标准差对高频干扰的敏感性。

从以上的含噪声数据的计算，可以得出以下几点结论。

（1）通过滤波处理压制噪声，在一定程度上可以降低导数类滤波方法受高频干扰的振荡，保持计算稳定。但是这并不能完全克服高频振荡的问题，尤其是传统的诸如圆滑等滤波方法，当导数计算的阶次变高，高频振荡的问题依旧很严重。

（2）通过比较，L2 范数滤波及 Curvelet 域滤波相对传统方法有很强的优势，基于其滤波后的边界分析结果较其他滤波方法有显著的改善。

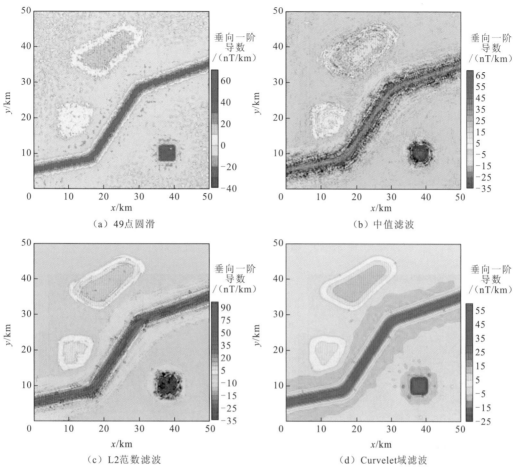

（a）49点圆滑 （b）中值滤波

（c）L2范数滤波 （d）Curvelet域滤波

图 3.4.14　滤波后计算的垂向一阶导数

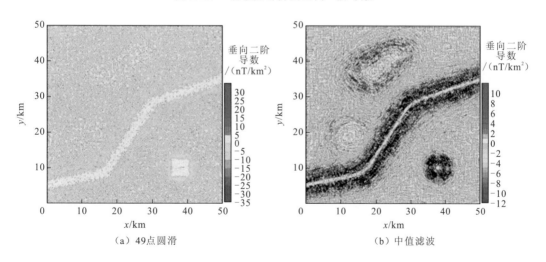

（a）49点圆滑 （b）中值滤波

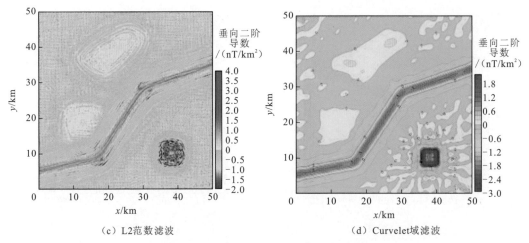

（c）L2范数滤波   （d）Curvelet域滤波

图 3.4.15 滤波后计算的垂向二阶导数

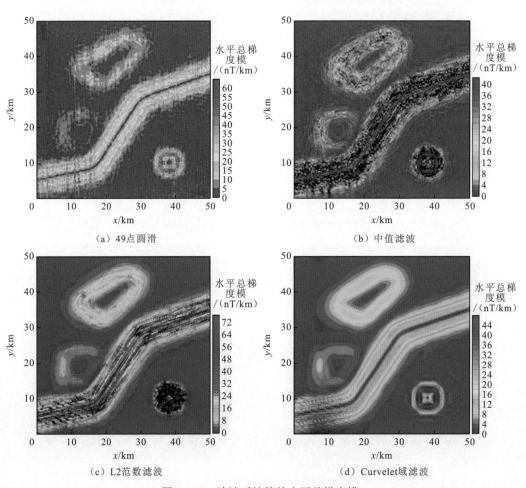

（a）49点圆滑   （b）中值滤波

（c）L2范数滤波   （d）Curvelet域滤波

图 3.4.16 滤波后计算的水平总梯度模

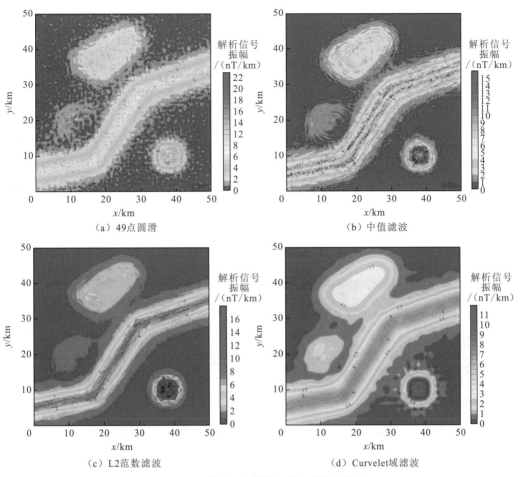

（a）49点圆滑 （b）中值滤波

（c）L2范数滤波 （d）Curvelet域滤波

图 3.4.17 滤波后计算的三维解析信号振幅

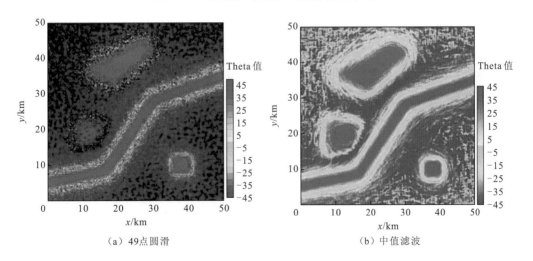

（a）49点圆滑 （b）中值滤波

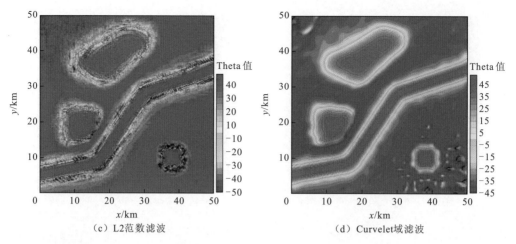

（c）L2范数滤波　　　　　　　　　（d）Curvelet域滤波

图 3.4.18　滤波后计算的 Theta 图

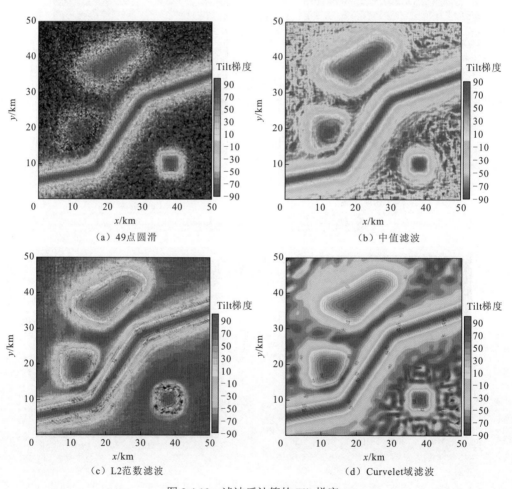

（a）49点圆滑　　　　　　　　　　（b）中值滤波

（c）L2范数滤波　　　　　　　　　（d）Curvelet域滤波

图 3.4.19　滤波后计算的 Tilt 梯度

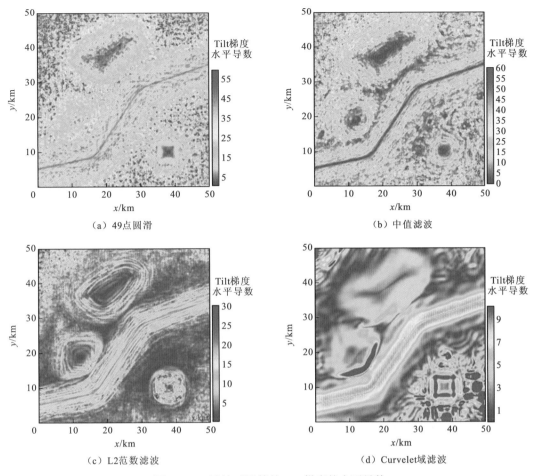

（a）49点圆滑 （b）中值滤波

（c）L2范数滤波 （d）Curvelet域滤波

图 3.4.20　滤波后计算的 Tilt 梯度的水平导数

（3）一些相对更精确的边界识别方法，如 Tilt 梯度的水平导数、归一化标准差，它们受高频干扰更敏感，利用其进行含噪声数据的边界分析时，即使做滤波预处理，也很难得到满意的效果，实际应用需谨慎。

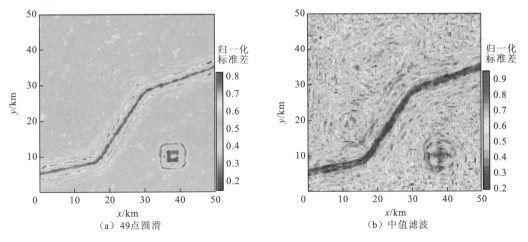

（a）49点圆滑 （b）中值滤波

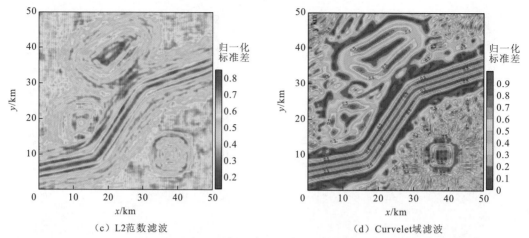

（c）L2范数滤波　　　　　　　　　　　（d）Curvelet域滤波

图 3.4.21　滤波后计算的归一化标准差

根据 3.1 节分析，各向异性标准化方差方法计算过程稳定，受噪声干扰较小。如图 3.4.22（σ_0=3，N=16）所示，在高频干扰的情况下，该方法还是能有效地反映出 4 个地质体的边界信息，尤其地质体 B 和地质体 C 深场源的弱信息边界都得到比较客观的反映，场源边界两侧各向异性标准化方差值正负差异明显，很容易判别。值得注意的是，地质体 B 和地质体 D 相邻部分的边界也被较好地反映出来，边界形状没有发生严重的扭曲，表明各向异性标准化方差方法识别弱异常、叠加异常边界的有效性。

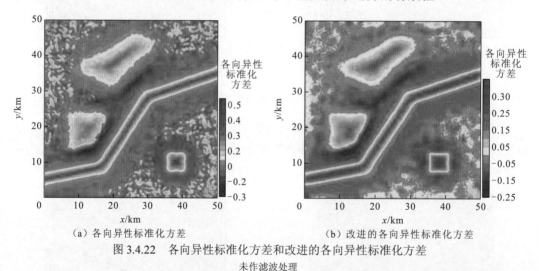

（a）各向异性标准化方差　　　　　　　（b）改进的各向异性标准化方差

图 3.4.22　各向异性标准化方差和改进的各向异性标准化方差

未作滤波处理

3.5　各种方法处理效果对比

在传统的导数类滤波方法中，由于导数计算具有突出浅部异常、压制深部异常的特征，在分析叠加异常、深源异常时效果欠佳。随着研究的不断深入，后续研究不断提出改进方法，比如 Theta 图方法、Tilt 梯度方法等，通过对导数的比值计算，很大程度上克服了传统导数类方法的弊端，使之有利于反映深部弱异常和叠加异常。但是所有这些方法，都存在共同的弊端：导数计算会造成振荡，尤其对高阶导数而言，情况更加不理想。比如理论上垂向二阶导数零值点可以较好地实现异常边界识别，但实际计算中垂向二阶导数常常因为振荡将高频噪声放大到使结果出现畸变。再比如 Tilt 梯度的水平导数方法理论上可以实现高精度的场源边界探测，但在实际处理中也会因高阶导数的计算放大高频干扰使结果难以利用。各种方法处理效果的详细分析见表 3.5.1。

表 3.5.1　各种方法处理效果比较

项目		理想异常	加噪异常	滤波后异常（49 点圆滑，中值滤波，L2 范数滤波，Curvelet 域滤波）
第一类方法	垂向一阶导数	零值线范围比实际边界要大，边界分析精度低	受高频干扰，计算容易振荡，难以得到有效的边界分析效果	滤波后垂向一阶导数信息得到体现，在传统的 49 点圆滑、中值滤波基础上计算垂向导数依然存在高频干扰，对比表明 L2 范数滤波、Curvelet 域滤波后的效果要明显优于 49 点圆滑及中值滤波
	垂向二阶导数	比垂向一阶导数精度高，零值线与实际边界吻合较好		高阶导数对噪声的放大更强烈，即使在 49 点圆滑、中值滤波基础上计算垂向二阶导数都没有获得有效结果；而在 L2 范数滤波、Curvelet 域滤波基础上计算则有一定的二阶导数异常
	水平总梯度模	最大值对应边界，某些弱异常边界无法得到体现		与垂向一阶导数相似，滤波在一定程度上可以降低高频干扰的影响
	三维解析信号振幅	极大值对应场源位置，边界信息相对模糊		效果及特征与水平总梯度模相似
第二类方法	Theta'图	结果与垂向一阶导数零值点一致，弱异常得到突出	受高频干扰，计算容易振荡，尤其是 Tilt 梯度的水平导数及归一化标准差；因为是基于极大值确定边界的，分析结果欠佳	滤波一定程度上可以消弱高频振荡，但传统的 49 点圆滑、中值滤波达不到 L2 范数滤波、Curvelet 域滤波的效果
	Tilt 梯度	结果与垂向一阶导数零值点一致，弱异常得到突出；相对 Theta'图，其边界"收敛"效果欠佳		
	Tilt 梯度的水平导数	识别精度提高，但会消弱 Tilt 中梯度较缓的边界		在 Tilt 梯度基础上计算水平方向导数，增加了高频振荡，简单滤波方法很难消除振荡
	归一化标准差	与实际边界吻合较好，可能产生伪边界信息		归一化标准差对高频噪声更敏感，一般滤波处理很难消除振荡，即使应用 Curvelet 域滤波依然难以达到要求
第三类方法	各向异性标准化方差	零值线确定边界，与实际边界吻合好；场源上方为正值、场源以外为负值，有利于异常识别	能够获得边界信息，虽有局部干扰，但边界信息依然明确	各向异性标准化方差直接面对原始数据，无须作滤波预处理，大大增加了方法的适用性

　　本章论述了各向异性标准化方差计算场源边界的方法，利用各向异性函数探测不同方向的边界信息，同时通过归一化函数消弱极大值异常区的影响，有利于弱异常分析。结果表明它不仅与垂向二阶导数、归一化标准差等方法具有边界分析精度高的特点，而且计算稳定性高，克服了高频噪声的振荡问题。

第4章 基于谱矩分析技术的位场几何特征

谱矩分析方法以随机过程理论为基础，通过计算各阶谱矩及相应的统计不变量提取位场数据的几何特征，是一种新的自动边界识别方法，相较于传统方法能够更均衡地识别地质体的几何特征。本章首先介绍谱矩的基础知识，在此基础上说明其在地学特征因子提取、磁源体深度反演及从位场数据中提取地壳弧形构造信息等方面的具体应用。

4.1 谱矩基础知识

各阶谱矩及其统计不变量能够详细地描述表面几何特征，被广泛应用于工程领域的表面形貌识别，目前已被引入地球物理学领域并取得了良好的应用效果。孙艳云等（2014）和杨文采等（2015a，2015b）基于二阶谱矩定义了脊形化系数和边界脊形化系数，从重力场成功地提取了地壳变形带信息。付丽华等（2017）基于二阶谱矩提出了一种描述表面数据粗糙度的特征因子，可以有效反映数据波动与变异特征。付丽华等（2018）基于四阶谱矩，应用算术平均顶点曲率提取磁异常数据特征，并将所提取的信息用于场源深度反演。付丽华等（2020）提出弧形刻痕系数进一步完善位场中弧形等刻痕信息的识别。

4.1.1 谱矩的定义

地下场源的分布决定了区域位场的分布。由于地下场源分布的随机性，将区域重力场分布看作一个随机过程。区域位场数据 $u(x,y)$ 的 $r=(p+q)$ 阶谱矩定义为其功率谱密度函数的 $p+q$ 阶矩，即

$$m_{pq} = \int_{-\infty}^{+\infty} \int_{-\infty}^{+\infty} G(f_x, f_y) f_x^p f_y^q \mathrm{d}f_x \mathrm{d}f_y \tag{4.1.1}$$

式中：f_x 和 f_y 分别为 x 方向和 y 方向的频率；$G(f_x, f_y)$ 为二维随机过程 $u(x,y)$ 的功率谱密度函数，其数学描述为

$$G(f_x, f_y) = \lim_{l_x, l_y \to \infty} \frac{l}{4 l_x l_y} F(f_x, f_y) F^*(f_x, f_y) \tag{4.1.2}$$

式中：$F(f_x, f_y)$ 为 $u(x,y)$ 的傅里叶变换；$F^*(f_x, f_y)$ 为 $F(f_x, f_y)$ 的共轭函数。

$$F(f_x, f_y) = \int_{-\infty}^{+\infty} \int_{-\infty}^{+\infty} u_l(x,y) \mathrm{e}^{-\mathrm{i}2\pi(xf_x + yf_y)} \mathrm{d}x\mathrm{d}y = \int_{-l_x}^{l_x} \int_{-l_y}^{l_y} u(x,y) \mathrm{e}^{-\mathrm{i}2\pi(xf_x + yf_y)} \mathrm{d}x\mathrm{d}y \tag{4.1.3}$$

$$u_l(x,y) = \begin{cases} u(x,y), & |x| \leq l_x, |y| \leq l_y \\ 0, & \text{其他} \end{cases} \tag{4.1.4}$$

根据维纳-欣钦定理中功率谱密度与其自相关函数的关系，谱矩 m_{pq} 可通过位场数据 $u(x,y)$ 的自相关函数 $\gamma(s_1,s_2)$ 来简化计算。

功率谱密度函数与其自相关函数之间的关系如下：

$$G(f_x,f_y) = \frac{1}{4\pi^2} \int_{-\infty}^{+\infty} \int_{-\infty}^{+\infty} \gamma(s_1,s_2) e^{-i(s_1 f_x + s_2 f_y)} ds_1 ds_2 \qquad (4.1.5)$$

式中

$$\gamma(s_1,s_2) = E\{u(x,y)u(x-s_1,y-s_2)\} \qquad (4.1.6)$$

由式（4.1.5）的傅里叶逆变换可得

$$\gamma(s_1,s_2) = \int_{-\infty}^{+\infty} \int_{-\infty}^{+\infty} G(f_x,f_y) e^{i(s_1 f_x + s_2 f_y)} df_x df_y \qquad (4.1.7)$$

对式（4.1.7）两边求 $r = p+q$ 阶导数：

$$\frac{\partial^r \gamma(s_1,s_2)}{\partial s_1^p \partial s_2^q} = \int_{-\infty}^{+\infty} \int_{-\infty}^{+\infty} i^{p+q} f_x^p f_y^q G(f_x,f_y) e^{i(s_1 f_x + s_2 f_y)} df_x df_y \qquad (4.1.8)$$

因此，$u(x,y)$ 的 $r = (p+q)$ 阶谱矩也可通过下式计算：

$$m_{pq} = (-1)^{r/2} \left. \frac{\partial^r \gamma(s_1,s_2)}{\partial s_1^p \partial s_2^q} \right|_{s_1=s_2=0} = \int_{-\infty}^{+\infty} \int_{-\infty}^{+\infty} (-1)^{\frac{r}{2}} f_x^p f_y^q G(f_x,f_y) df_x df_y \qquad (4.1.9)$$

由于功率谱密度是非负的实偶函数，奇数阶谱矩值均为零。

4.1.2 离散数据的各阶谱矩计算

在实际测量中，由于位场表面的采样点数是有限的，$p+q$ 阶表面谱矩的计算需要采用离散的形式。

1. 离散谱矩的计算

设 Δx、Δy 分别为区域位场数据 $u(x,y)$ 在 x 和 y 方向上的采样间隔，M 和 N 分别为这两个方向上的采样点数，功率谱密度函数的离散形式为

$$G(f_w,f_v) = \frac{1}{NM\Delta x \Delta y} F(f_w,f_v) F^*(f_w,f_v) \qquad (4.1.10)$$

式中：f_w 和 f_v 为表面的波数；$F(f_w,f_v)$ 为 $u(x,y)$ 的离散二维傅里叶变换；$F^*(f_w,f_v)$ 为 $F(f_w,f_v)$ 的共轭函数。

$$\begin{cases} F(f_w,f_v) = \dfrac{1}{NM} \sum_{k=1}^{N} \sum_{j=1}^{M} u(x_j,y_k) e^{-2\pi i (f_w x_j + f_v y_k)} \\ f_w = w/(M\Delta x), \quad w = 1,2,\cdots,M \\ f_v = v/(N\Delta y), \quad v = 1,2,\cdots,N \end{cases} \qquad (4.1.11)$$

于是，位场数据 $u(x,y)$ 的 $p+q$ 阶谱矩表示为

$$\begin{aligned} m_{pq} &= \sum_{v=1}^{N} \sum_{w=1}^{M} G(f_w,f_v) f_w^p f_v^q \Delta f_w \Delta f_v \\ &= \frac{1}{NM\Delta x \Delta y} \sum_{v=1}^{N} \sum_{w=1}^{M} [F(f_w,f_v) f_w^{p/2} f_v^{q/2}] \cdot [F^*(f_w,f_v) f_w^{p/2} f_v^{q/2}] \end{aligned} \qquad (4.1.12)$$

从式（4.1.12）可知，谱矩是频谱和波数幂乘积的求和，谱矩分析揭示随机过程的复

合结构及其各周期成分的响应模式。

离散傅里叶逆变换（inverse discrete Fourier transform，IDFT）具有如下性质：

$$IDFT[F(f_w, f_v)f_w] = iu_x(x_w, y_v), \quad w = 1, 2, \cdots, M; v = 1, 2, \cdots, N \quad (4.1.13)$$

$$IDFT[F(f_w, f_v)f_v] = iu_y(x_w, y_v), \quad w = 1, 2, \cdots, M; v = 1, 2, \cdots, N \quad (4.1.14)$$

2. 二阶谱矩的计算

可利用褶积形式计算离散的二阶谱矩 m_{20}、m_{02}、m_{11}：

$$m_{20} = [iu_x(x_w, y_v)] * [-iu_x(-x_w, -y_v)] = \sum_{k=1}^{N}\sum_{j=1}^{M} u_x^2(x_j, y_k) \quad (4.1.15)$$

$$m_{02} = \sum_{k=1}^{N}\sum_{j=1}^{M} u_y^2(x_j, y_k) \quad (4.1.16)$$

$$m_{11} = \sum_{k=1}^{N}\sum_{j=1}^{M} u_x(x_j, y_k)u_y(x_j, y_k) \quad (4.1.17)$$

式中

$$u_x(x_j, y_k) = \frac{\partial}{\partial x}u(x_j, y_k), \quad u_y(x_j, y_k) = \frac{\partial}{\partial y}u(x_j, y_k)$$

从上述二阶谱矩计算中可以看出三个谱矩分别表示不同的含义：m_{20} 为位场数据 $u(x, y)$ 在 x 方向上斜率 u_x 的方差；m_{02} 为位场数据 $u(x, y)$ 在 y 方向上斜率 u_y 的方差；m_{11} 为 x 和 y 方向上斜率 u_x 和 u_y 的协方差。

3. 四阶谱矩的计算

同样地，四阶谱矩的 5 个元 m_{40}、m_{04}、m_{31}、m_{13}、m_{22} 分别表示为

$$m_{40} = \sum_{k=1}^{N}\sum_{j=1}^{M} u_{xx}^2(x_j, y_k) \quad (4.1.18)$$

$$m_{04} = \sum_{k=1}^{N}\sum_{j=1}^{M} u_{yy}^2(x_j, y_k) \quad (4.1.19)$$

$$m_{31} = \sum_{k=1}^{N}\sum_{j=1}^{M} u_{xx}(x_j, y_k) \, u_{xy}(x_j, y_k) \quad (4.1.20)$$

$$m_{13} = \sum_{k=1}^{N}\sum_{j=1}^{M} u_{xy}(x_j, y_k) \, u_{yy}(x_j, y_k) \quad (4.1.21)$$

$$m_{22} = \sum_{k=1}^{N}\sum_{j=1}^{M} u_{xy}^2(x_j, y_k) \quad (4.1.22)$$

式中

$$u_{xx}(x_j, y_k) = \frac{\partial^2}{\partial x^2}u(x_j, y_k), \quad u_{yy}(x_j, y_k) = \frac{\partial^2}{\partial y^2}u(x_j, y_k), \quad u_{xy}(x_j, y_k) = \frac{\partial^2}{\partial x \partial y}u(x_j, y_k)$$

上述 5 个谱矩同样表示不同的含义：m_{40}、m_{04} 分别为区域位场数据 $u(x, y)$ 在 x、y 方向上二阶导数的方差；m_{22}、m_{31}、m_{13} 均为在 x、y 方向上二阶导数的协方差。

4.2 基于谱矩的地学特征因子提取方法及应用

地学特征因子的提取是定量化数学地质分析的重要基础，可以为地貌类型识别提供有效的客观依据。基于谱矩分析，本节提出一种描述表面数据粗糙程度的特征因子，并分析新特征因子的特点及其应用的可能性。

4.2.1 表面统计不变量与均方根斜率方差因子

位场数据的谱矩依赖坐标系，它会随着坐标系的旋转而改变。因此，需要定义与坐标系旋转无关的统计量来刻画地形特征。

在区域 $0 \leqslant x \leqslant l_x$，$0 \leqslant y \leqslant l_y$ 内的位场数据 $z(x, y)$ 表面高度的均方根斜率方差因子定义为所有方向中斜率方差的最大值：

$$S_{\Delta q} = \max_{a} S_{\Delta q}(\alpha) = \max_{a} \sqrt{\frac{1}{l_x l_y} \int_0^{l_x} \int_0^{l_y} \left(\frac{\partial z}{\partial x} \cos \alpha + \frac{\partial z}{\partial y} \sin \alpha \right)^2 \mathrm{d}x \mathrm{d}y} \qquad (4.2.1)$$

使 $S_{\Delta q}$ 达到最大的角度为 $\alpha = \frac{1}{2} \arctan \left(\frac{2m_{11}}{m_{20} + m_{02}} \right)$（李成贵 等，2002），于是有

$$S_{\Delta q} = \sqrt{\frac{1}{2} \left(m_{20} + m_{02} + \sqrt{(m_{20} - m_{02})^2 + 4m_{11}^2} \right)} \qquad (4.2.2)$$

斜率方差因子最大值对应的角度反映了表面幅值和频率变化最大的方向，即纹理结构变化最大的方向。

下面以一个具体的模拟实验来比较均方根斜率方差因子与经典的起伏度因子（即区域内最大值减去最小值）描述表面数据粗糙程度的不同。图 4.2.1（a）是由两个不同大小、走向、埋深的长方体密度异常带通过模型正演计算得到的理论重力异常结果。一个长方体密度异常带走向为西偏南 30°，长为 170 km，宽为 10 km，顶面埋深为 5 km，中心坐标为（−24.5 km，42.5 km，7.5 km），剩余密度值为 0.8 g/cm³。另一个长方体密度异常带呈东西走向，长为 190 km，宽为 10 km，顶面埋深为 10 km，中心坐标为（−3.15 km，−5 km，12.5 km），剩余密度值为 0.3 g/cm³。x 轴和 y 轴方向点距为 0.1 km。图 4.2.1（b）为经典的起伏度因子提取结果，图 4.2.1（c）为均方根斜率方差因子提取结果，可以看出，两种特征因子对图 4.2.1（a）中展示的重力异常粗糙不平的地方均有不同程度的信息提取。但是，图 4.2.1（c）对两个长方体的重力异常值粗糙不平的地方提取得更为清晰，

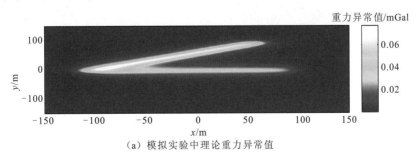

（a）模拟实验中理论重力异常值

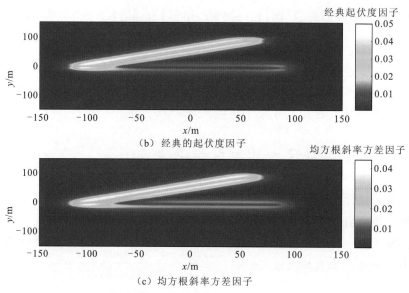

（b）经典的起伏度因子

（c）均方根斜率方差因子

图 4.2.1　模拟实验中理论重力异常值及两种地学因子提取结果

幅值更大，尤其是对东西走向的长方体重力异常值在不平坦地方处理的效果更为明显，定位更加准确。该实验表明，均方根斜率方差因子对粗糙不平的地方刻画得更加精准。

4.2.2　自由空气重力异常数据的山脉和盆地识别

我国及邻区自由空气重力异常场见图 4.2.2，研究区位于东经 70°～135°，北纬 15°～55°。卫星测高重力异常数据来自全球卫星重力异常数据库，数据网格为 1′×1′，总精度可以达到 3.03 mGal。众所周知，地球自由空气重力异常主要反映地表地形，我国

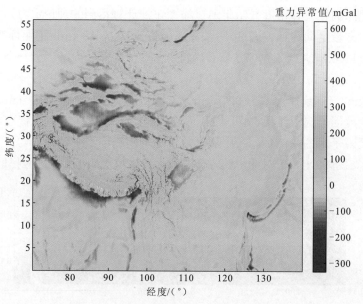

图 4.2.2　我国及邻区自由空气重力异常场

大陆的自由空气异常与地形的起伏变化有明显的对应关系（许惠平 等，2001）。自由空气异常在地形起伏不大的地区变化小，而在地形起伏大的地区变化较大。因此，通过分析自由空气异常值的变化情况可以识别大的山脉和盆地。那么，提取描述表面数据粗糙程度的特征因子就十分关键。

从我国大陆范围来看，东部的异常变化平缓，其中较为明显的异常走向有沿大兴安岭、太行山、秦岭直到鄂西、湘西的诸山脉，还有一条沿长白山脉。西部的异常变化幅度较大，新疆和青海地区的异常呈东西向分布。青藏高原地区北部的异常沿北部的山脉展开，而南部的异常则沿着南部的山脉展开，可将青藏高原的位置勾画出来。

图 4.2.3 所示为采用3×3网格对自由空气异常数据进行均方根斜率方差因子提取的结果。可以看出，喜马拉雅山脉、昆仑山脉、阿尔金山脉、祁连山脉、天山山脉及阿尔泰山脉等地形起伏较大的地区由于自由空气异常值出现了较大的起伏，均方根斜率方差因子的值较大，基本超过20。而四川盆地、塔里木盆地、准噶尔盆地等地势起伏不大的地区提取的均方根斜率方差因子则要小得多。因此，考虑用"自由空气重力异常值+均方根斜率方差"对大的山脉和盆地进行识别。

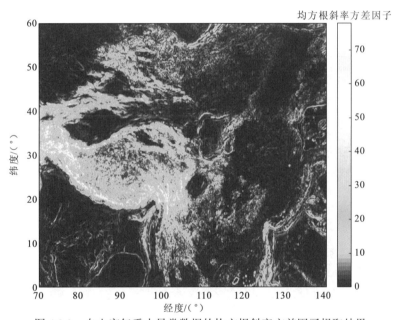

图 4.2.3　自由空气重力异常数据的均方根斜率方差因子提取结果

图 4.2.4（a）和图 4.2.4（b）展示利用均方根斜率方差因子与自由空气重力异常值分别进行山脉和盆地识别的结果。其中图 4.2.4（a）显示自由空气重力异常值为正、均方根斜率方差因子的值超过 25 的结果。可以看出，自由空气重力异常值为正值且粗糙度值较大的地方地形波动较大，包括喜马拉雅山脉、横断山脉、昆仑山脉、祁连山脉、阿尔金山脉和天山山脉等都能被较好地识别出来。图 4.2.4（b）显示自由空气重力异常值介于-30～-300 mGal。可以看出，四川盆地、柴达木盆地、塔里木盆地及准噶尔盆地都能被较好地勾画出来。

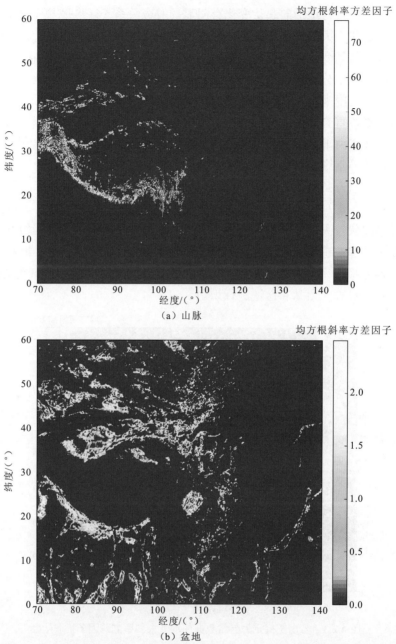

图 4.2.4　基于自由空气重力异常值与均方根斜率方差因子的山脉和盆地识别结果

　　利用自由空气异常数据的实验也能较好地验证本小节提出的均方根斜率方差因子在识别主要的山脉和盆地方面的能力。

4.3　谱矩方法在磁源体深度反演中的应用

　　磁源体深度反演是地球物理位场数据解释中十分重要的工作之一(谢汝宽 等,2016;Barnett,1976)。准确反演磁源体深度能够更好地获取地下地质构造信息(Lee et al.,2010;

Portniaguine et al.，2002；Thurston et al.，2002）。此外，磁源体深度反演在石油勘查领域确定沉积基底的深度、在矿产勘查领域确定磁性矿体或岩体的埋深等应用中发挥重要作用（史辉 等，2005）。

场源几何参数反演和物性反演是常见的两类磁场反演方法。几何参数反演是在给定物性参数大小的基础上，利用地面观测异常来拟合几何形态大小。物性反演则是将地下空间剖分为规则网格，利用各种反演方法确定网格单元的物性值。但是此类方法常常存在多解性，需要添加合适的约束条件才能获取较好的结果。几何反演和物性反演方法需要同时考虑场源的深度和形态分布特征，利用场源的分布获取深度结果。此外，还有一些无须考虑场源具体形态，直接求取场源深度的较为简单的方法，例如，欧拉反褶积法（Thompson，1982）、切线法、局部波数法及其改进方法等。其中，欧拉反褶积法是一种快速反演方法，无须对地质模型作任何假设，也无须进行化极处理，具有较广的适用范围，解决了众多实际问题，为我国地质问题研究提供了帮助，已经成功地应用于塔里木盆地区域磁异常反演及磁源体分布研究中（杨文采 等，2012）。但是，该方法并没有充分挖掘位场本身的几何信息。此外，构造指数的选取对反演结果有重要的影响。如何选择合适的构造指数，对欧拉反褶积法而言是一个至关重要的问题。

本节将提出基于算术平均顶点曲率（四阶谱矩统计不变量）的磁源体埋深估计方法，探讨磁场的曲率信息与场源埋深的关系，然后通过理论模型展示该方法的反演效果，最后将其应用于塔里木盆地航磁异常的反演中。

4.3.1 算术平均顶点曲率

定义与坐标系旋转无关且对场源深度比较敏感的曲率特征来刻画表面的几何特征。

任意点的顶点曲率定义为该点上主曲率的平均值，即

$$顶点曲率 = -\frac{1}{2}\left(\frac{\partial^2 T(x,y)}{\partial x^2} + \frac{\partial^2 T(x,y)}{\partial y^2}\right)$$

设位场表面在区域 $0 \leqslant x \leqslant l_x$， $0 \leqslant y \leqslant l_y$ 内所有点的曲面顶点曲率平均值（arithmetic mean summit curvature of the surface）为 S_{SC}，即

$$S_{SC} = -\frac{1}{2} \cdot \frac{1}{mn} \sum_{i=1}^{m} \sum_{j=1}^{n} \left(\frac{\partial^2 T(x,y)}{\partial x^2} + \frac{\partial^2 T(x,y)}{\partial y^2}\right)\Bigg|_{i,j} \tag{4.3.1}$$

由四阶谱矩求得

$$S_{SC} = \sqrt{\frac{\pi}{8}} \left(\sqrt{m_{40}} + \sqrt{m_{04}}\right) \tag{4.3.2}$$

事实上，S_{SC} 描述区域内的算术平均顶点曲率，即位场数据区域内的弯曲程度，其与场源深度特征关系较为敏感。现以球状磁源体和板状磁源体为对象，研究磁源体的埋深与曲率之间的关系。该方法只针对垂直磁化模型，在实际应用中，不考虑剩磁或剩磁较弱的情况下，可以对当地地磁场参数先化极再进行反演。

4.3.2　球状磁源体埋深估计

假设单个球状磁源体中心埋深为 R，磁化强度为 M，体积为 v，磁矩 $m=Mv$，球心坐标为 $(0,0,R)$，则磁异常公式为

$$\Delta T(x,y)=\frac{\mu_0 m}{4\pi(x^2+y^2+R^2)^{5/2}}[(2R^2-x^2-y^2)\sin^2 I+(2x^2-y^2-R^2)\cos^2 I\cos^2 A'$$
$$+(2y^2-x^2-R^2)\cos^2 I\sin^2 A'-3xR\sin 2I\cos A'+3xy\cos^2 I\sin 2A'-3yR\sin 2I\sin A']$$

$$(4.3.3)$$

式中：μ_0 为真空磁导率；I 为磁化强度倾角；A' 为剖面与磁化强度水平投影夹角。

当磁化强度倾角 $I=90°$ 时：

$$\Delta T(x,y)=\frac{\mu_0 m}{4\pi(x^2+y^2+R^2)^{5/2}}(2R^2-x^2-y^2) \qquad (4.3.4)$$

计算磁异常的曲率：

$$\frac{\partial \Delta T}{\partial x}=\frac{\mu_0 m}{4\pi}\cdot\frac{y(3x^2-12R^2+3y^2)}{(x^2+y^2+R^2)^{7/2}},\qquad \frac{\partial \Delta T}{\partial y}=\frac{\mu_0 m}{4\pi}\cdot\frac{x(3x^2-12R^2+3y^2)}{(x^2+y^2+R^2)^{7/2}},$$

$$\frac{\partial^2 \Delta T}{\partial x^2}=\frac{\mu_0 m}{4\pi}\cdot\frac{x^2(-12x^2-12y^2+81R^2)+(x^2+y^2+R^2)(-12R^2+3y^2)}{(x^2+y^2+R^2)^{9/2}}$$

$$\frac{\partial^2 \Delta T}{\partial y^2}=\frac{\mu_0 m}{4\pi}\cdot\frac{y^2(-12x^2-12y^2+81R^2)+(x^2+y^2+R^2)(-12R^2+3x^2)}{(x^2+y^2+R^2)^{9/2}}$$

$$S_{SC}=\sqrt{\frac{\pi}{8}}\cdot(\sqrt{m_{40}}+\sqrt{m_{04}})=\sqrt{\frac{\pi}{8}}\cdot\left(\sqrt{E\left(\frac{\partial^2 \Delta T}{\partial x^2}\right)^2}+\sqrt{E\left(\frac{\partial^2 \Delta T}{\partial y^2}\right)^2}\right)$$

$$(4.3.5)$$

$$\approx\sqrt{\frac{\pi}{8}}\cdot\left(\sqrt{\left(\frac{\partial^2 \Delta T}{\partial x^2}\right)^2}+\sqrt{\left(\frac{\partial^2 \Delta T}{\partial y^2}\right)^2}\right)$$

因此

$$\max(S_{SC})=\sqrt{\frac{\pi}{8}}\cdot(\sqrt{m_{40}}+\sqrt{m_{04}})\Bigg|_{x=y=0}$$

$$\approx\sqrt{\frac{\pi}{8}}\left(\sqrt{\left(\frac{\partial^2 \Delta T}{\partial x^2}\right)^2}+\sqrt{\left(\frac{\partial^2 \Delta T}{\partial y^2}\right)^2}\right)_{x=y=0}=\sqrt{\frac{\pi}{8}}\cdot\frac{\mu_0 m}{4\pi}\cdot\frac{24}{R^5}$$

$$(4.3.6)$$

又因为

$$\max(\Delta T(x,y))=\frac{\mu_0 m}{4\pi}\cdot\frac{2}{R^3} \qquad (4.3.7)$$

所以，磁源体埋深可以由下面公式计算：

$$R\approx\sqrt{\frac{12\cdot\max(\Delta T(x,y))}{\max(S_{SC})}\cdot\sqrt{\frac{\pi}{8}}} \qquad (4.3.8)$$

对于上述方法，采用球体半径为 8 m、磁化强度倾角为 90° 的球状磁源体模型进行理论试验。x 轴和 y 轴方向点距均为 1 km。图 4.3.1（a）、图 4.3.2（a）和图 4.3.3（a）

分别为单个球状磁源体在不同埋深情形下产生的磁异常结果，球心坐标分别为（0 m，0 m，−20 m）、（0 m，0 m，−30 m）和（0 m，0 m，−40 m）。图 4.3.1（b）、图 4.3.2（b）和图 4.3.3（b）分别为不同埋深下的球状磁源磁异常对应的曲率计算结果。可以看出，不同的埋深情形下，基于谱矩的曲率结果都是在磁源体埋深垂直上方的位置，即横纵坐标（0 m，0 m）处达到最大值。而且，随着磁源体的深度值增加，磁异常最大值出现了明显的下降（150→40→20），相应的曲率结果也出现了较为明显的下降（2→0.3→0.05）。根据式（4.3.8），可以利用磁异常值和曲率值进行磁源体埋深值的估计。当磁源体埋深为20 m时，式（4.3.8）反演出的结果为 20.187 2 m；当磁源体埋深为 30 m 时，基于谱矩的反演结果为 30.124 9 m；当磁源体埋深为 40 m 时，其反演结果为 40.093 8 m。

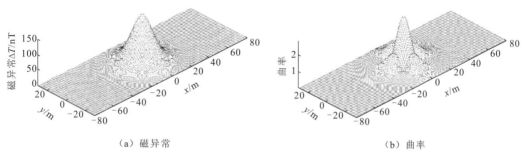

（a）磁异常　　　　　　　　　　　　　　（b）曲率

图 4.3.1　球状磁源体埋深为 20 m 时的磁异常及曲率计算结果

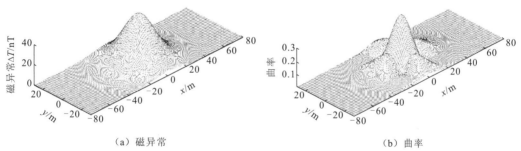

（a）磁异常　　　　　　　　　　　　　　（b）曲率

图 4.3.2　球状磁源体埋深为 30 m 时的磁异常及曲率计算结果

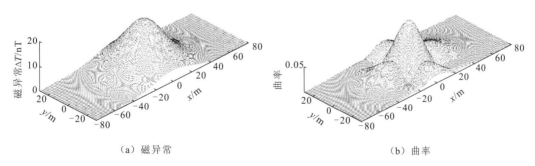

（a）磁异常　　　　　　　　　　　　　　（b）曲率

图 4.3.3　球状磁源体埋深为 40 m 时的磁异常及曲率计算结果

　　表 4.3.1 给出了当球状磁源体埋深为 20～80 m 时基于谱矩的方法与基于欧拉反褶积方法估计出的埋深结果及相对误差。其中，构造指数根据王明等（2012）的建议选为 3。

总梯度模倍数选为 0.6。当磁源体埋深为 20 m、30 m 时，基于欧拉反褶积反演出的估计值比基于谱矩方法的相对误差要小，但是当埋深增加时，基于谱矩方法估计的精度越来越高，而欧拉反褶积方法反演出的结果相对误差却越来越大。当埋深超过 60 m 时，原有的总梯度模倍数参数已经不能很好地反演，此时需要调整该参数，将该参数调节为 0.01。在新的参数下反演出来的结果相对误差仍然超过了 2%。从该实验中可以看出，与欧拉反褶积方法相比，基于谱矩的磁源体深度反演方法无须调节参数，而且能够保持高精度的反演结果（与真实值相比相对误差不超过 1%）。

表 4.3.1　基于谱矩的埋深反演结果与欧拉反褶积反演结果对比

项目	埋深理论值/m						
	20	30	40	50	60	70	80
谱矩反演结果/m	20.19	30.12	40.09	50.08	60.06	70.05	80.05
相对误差/%	0.95	0.40	0.23	0.16	0.10	0.07	0.06
欧拉反褶积反演结果/m	19.96	29.90	39.77	49.47	58.75	63.09	73.26
相对误差/%	0.20	0.33	0.57	1.06	2.08	9.87	8.44

4.3.3　板状磁源体埋深估计

垂直板状磁源体的磁异常计算公式为

$$\Delta T = \frac{\mu_0 M_s}{4\pi}\left(\arctan\frac{x+b}{h} - \arctan\frac{x-b}{h}\right) \tag{4.3.9}$$

式中：μ_0 为真空磁导率；M_s 为磁化强度；b 为半板长；h 为垂直板上顶埋深。

事实上，式（4.3.9）可以变形为

$$\Delta T = K \cdot \arctan\frac{2bh}{h^2 + x^2 - b^2} \tag{4.3.10}$$

式中：$K = \dfrac{\mu_0 M_s}{4\pi}$。

$$\frac{\mathrm{d}\Delta T}{\mathrm{d}x} = K\frac{\dfrac{-4bhx}{(h^2+x^2-b^2)^2}}{1+\left(\dfrac{2bh}{h^2+x^2-b^2}\right)^2} = K\frac{-4bhx}{(h^2+x^2-b^2)^2 + 4b^2h^2}$$

$$\frac{\mathrm{d}^2\Delta T}{\mathrm{d}x^2} = K\frac{-4bh[(h^2+x^2-b^2)^2 + 4b^2h^2] + 4bhx\cdot 2(h^2+x^2-b^2)\cdot 2x}{[(h^2+x^2-b^2)^2 + 4b^2h^2]^2}$$

$$\left|\frac{\mathrm{d}^2\Delta T}{\mathrm{d}x^2}\right|_{x=0} = K\left|\frac{-4bh[(h^2+x^2-b^2)^2 + 4b^2h^2] + 4bhx\cdot 2(h^2+x^2-b^2)\cdot 2x}{[(h^2+x^2-b^2)^2 + 4b^2h^2]^2}\right|_{x=0}$$

$$= K\frac{4bh}{(h^2-b^2)^2 + 4b^2h^2} = K\frac{4bh}{(h^2+b^2)^2}$$

并且

$$\max(\Delta T) \approx K \frac{2bh}{h^2 - b^2} \qquad (4.3.11)$$

所以，当 $b \ll h$ 时，板状磁源体的埋深估计结果为

$$h \approx \sqrt{\frac{2\max(\Delta T)}{\max(S_{SC})}} \qquad (4.3.12)$$

同样，对上述理论进行检验。对单个垂直板状磁源体的埋深估计，检验模型采用直立垂直向下延伸的板状体，半板长 $b = 4$ m，h 分别取表 4.3.2 中的埋深理论值，用式（4.3.12）反演出来的埋深理论值见表 4.3.2。板状磁源体埋深理论值为 30 m 时，埋深估计值为 30.51 m，相对误差为 1.70%。随着埋深的增加，基于谱矩方法反演出的结果精度也越来越高，当理论埋深为 100 m 时，反演估计结果为 100.15 m，相对误差为 0.15%。当理论埋深为 200 m 时，反演估计结果为 200.08 m，相对误差为 0.04%。从表 4.3.2 可以看出，基于谱矩的反演结果与真实的理论值非常接近，这与理论推导是十分吻合的，当理论埋深 h 越大于半板长 b 时，式（4.3.12）的估计精度越高。然而，基于欧拉反褶积的方法受构造指数的影响特别大，不同的构造指数会给结果带来较大的偏差。表 4.3.2 中给出了欧拉反褶积反演结果与对应的构造指数。可以看出，欧拉反褶积方法的应用效果与构造指数有着密切的关系，而应用谱矩方法则无此问题。

表 4.3.2　基于谱矩反演结果及欧拉反褶积反演结果与理论值对比

项目	埋深理论值/m					
	30	50	80	100	200	300
谱矩反演结果/m	30.51	50.31	80.19	100.15	200.08	300.05
欧拉反褶积反演结果/m	30.15	47.70	78.20	97.17	173.32	247.59
构造指数	1	1.2	1.8	2.3	4.5	7

而对多个板状磁源体埋深的估计，采用由 4 个直立下延有限的板状体组成的模型，每个板状体的水平位置、上顶埋深、板长均不相等，地磁倾角为 90°，测线方位角为 0°。4 个板状磁源体水平中心位置分别为 1 000 m、2 000 m、3 000 m 和 4 000 m，上顶埋深理论值分别为 80 m、200 m、300 m 和 100 m，半板长分别为 15 m、30 m、50 m 和 25 m。磁异常测线图及反演结果如图 4.3.4 所示。图 4.3.4（b）中 4 个板状体埋深反演值分别为 84.55 m、215.30 m、316.91 m、108.57 m，与理论模型基本一致。

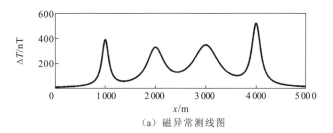

（a）磁异常测线图

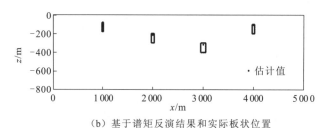

（b）基于谱矩反演结果和实际板状位置

图 4.3.4　多个板状磁源体的磁异常测线图及基于谱矩反演结果

4.3.4　塔里木盆地地区的应用效果

塔里木盆地地区的航磁数据来自国家地质总局航空物探大队和各大石油公司，不同测区的数据经过标定和同化处理。该数据采用兰勃特坐标系，经纬度范围分别为 $x=-451\,000\sim900\,000$、$y=3\,250\sim711\,550$，数据网格间距为 2 km×2 km，点数为 678×356。首先利用中纬度常规化极方法对航磁异常进行处理，获得的航磁化极异常图见图 4.3.5（付丽华 等，2018）。

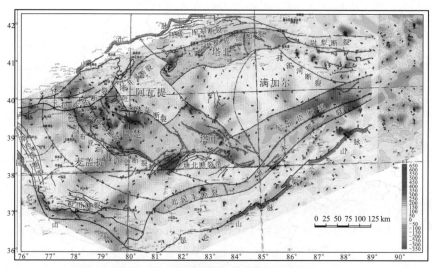

图 4.3.5　塔里木盆地航磁化极异常图

为了验证基于谱矩的方法对磁源体深度反演的有效性，首先，将航磁异常表面数据进行曲率计算，结果见图 4.3.6。从图中可看出，曲率值越大，则显示该位置处磁源体的埋深越浅；曲率值越小则此处磁源体影响越小，即埋深越深。接着，将塔里木盆地地区航磁数据按照曲率值的大小分为 0～8（曲率值小类）、8.001～38（曲率值中类）、38.001～70（曲率值大类）三类。最后分别采用球状磁源体埋深反演公式或者板状磁源体埋深公式，计算磁源体的埋深值，具体的方法如下。

（1）对于曲率值为 0～8 的数据，磁源体在沉积层中，所以采用球状磁源体埋深公式进行计算。

（2）对于曲率值为 8.001～38 的数据，大多数磁源体还在沉积层中，采用球状磁源体埋深公式进行计算。

（3）对于曲率值为 38.001～70 的数据，大多数磁源体来自结晶基底，采用板状磁源体埋深公式进行计算。

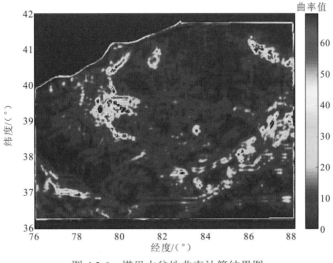

图 4.3.6　塔里木盆地曲率计算结果图

谱矩方法计算出的塔里木盆地磁源体深度埋藏图如图 4.3.7 所示，深度共分为 0～5 km、5～10 km、10～20 km 三个等级，分别用红、绿和蓝三种颜色标识。可以看出，比较欧拉反褶积结果（杨文采 等，2012），基于谱矩的磁源体深度反演方法得到的结果并非一个一个的点状不连续的标记，而是连续的区片。究其原因，区域磁场由大量异常组成，相互连接，计算的关键之一是避免相连异常干扰，而谱矩方法用曲率计算磁源体深度，最能接近磁源体中心，反演出的深度结果受相连异常干扰较少。尤其是柯坪地区二叠纪火成岩体，在磁性图上的边界清楚，为准确解释提供了依据。总的来说，塔里木盆地深度为 0～5 km 的磁源体分布面积相对较小，主要出现在柯坪隆起及巴楚隆起西北

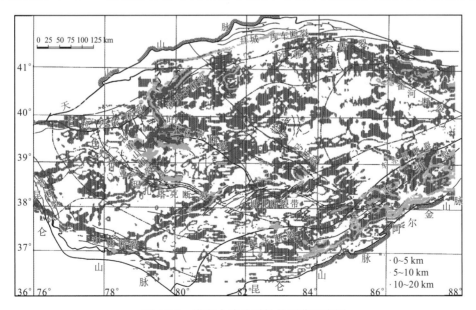

图 4.3.7　塔里木盆地磁性体埋藏深度图

部，深入到古董山断裂，阿尔金山前带和孔雀河斜坡西段（图 4.3.8）。塔里木盆地深度为 5～10 km 的磁源体主要集中在麦盖提—巴楚—阿瓦提—顺托果勒地区，阿尔金山前带及孔雀河断裂带上（图 4.3.9）。塔里木盆地深度为 10～20 km 的磁性体源自该地区的结晶基底（图 4.3.10），分布在全盆地，面积很大。

根据塔里木地区的物性统计结果（杨文采 等，2015c，2015d，2012），柯坪隆起及巴楚隆起西北部，和田河气田至古董山断裂地区的磁异常主要来自中生代构造隆起地区的二叠纪玄武岩和辉长岩。阿尔金山前带地区的磁性体可能与超基性岩体有关，也与中生代盆地东南缘的造山作用有关联。上述关于塔里木地区的磁性体三维分布的反演结果

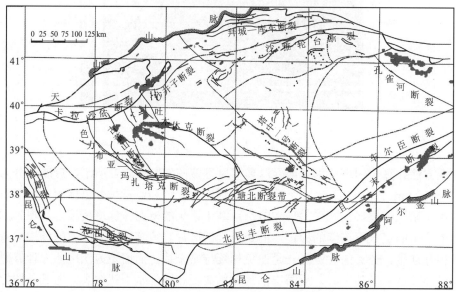

图 4.3.8 塔里木盆地深度 0～5 km 的异常主要分布区

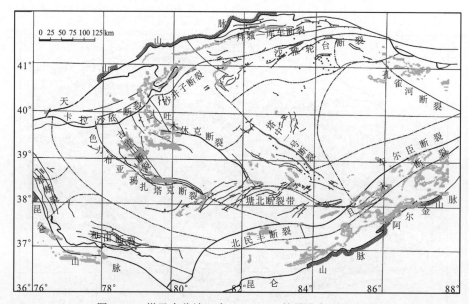

图 4.3.9 塔里木盆地深度 5～10 km 的异常主要分布区

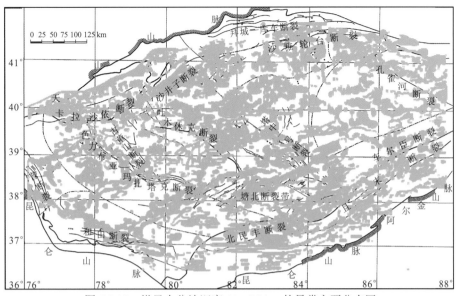

图 4.3.10 塔里木盆地深度 10~20 km 的异常主要分布区

与地震调查、重力场三维反演结果及大地电磁法电阻率分布的反演结果都是兼容的（杨文采 等，2015c，2015d；瞿辰 等，2013；于常青 等，2012；侯遵泽 等，2011），而且增加了磁异常源体分布的信息。比较欧拉反褶积结果（杨文采 等，2012）可知，基于谱矩的磁源体深度反演的理论假设更少，计算方法更加简明快捷，取得的结果更加准确精细。因此，建议更多使用基于谱矩的磁源体深度反演，完成区域磁异常数据分析和解释。

4.4 基于地壳弧形构造信息提取的四阶谱矩分析

在位场数据解释中，场源边界识别是不可或缺的内容（谭晓迪 等，2018），基于谱矩的位场几何特征分析方法能够更均衡、收敛地识别地质体的几何特征。应用四阶谱矩的几何特征分析方法可以进一步完善弧形等刻痕信息的识别。本节提出四阶曲率弧刻痕系数，利用理论和真实数据实验证明利用此方法提取弧形和交汇线形刻痕的有效性，结合二阶谱矩的脊形化系数对塔里木盆地航磁数据进行特征提取，更为全面地解释该区域的地壳构造信息。

4.4.1 基于谱矩的边界识别方法

谱矩随着坐标系的旋转而改变，定义与坐标系旋转无关的统计量并且对场源深度比较敏感的曲率特征来刻画表面的几何特征。

对于二阶谱矩，位场表面可用统计不变量 M_2 和 Δ_2 表征（黄逸云，1984）：

$$M_2 = m_{20} + m_{02} \tag{4.4.1}$$

$$\Delta_2 = \begin{vmatrix} m_{20} & m_{11} \\ m_{11} & m_{02} \end{vmatrix} = m_{20}m_{02} - m_{11}^2 \tag{4.4.2}$$

式中：M_2 为位场表面斜率的方差，能够反映位场异常的刻痕强弱，因此定义为刻痕的强度系数；Δ_2 主要与场在局部区域的各向异性有关，反映表面刻痕脊形化的程度，通常 $\Delta_2 \geqslant 0$。

为从位场表面准确识别地壳变形带，孙艳云等（2014）提出了刻痕的脊形化系数：

$$\Lambda_2 = \frac{2\sqrt{\Delta_2}}{M_2} = \frac{2\sqrt{m_{20}m_{02} - m_{11}^2}}{m_{20} + m_{02}} \qquad (4.4.3)$$

式中：Λ_2 的变化区间为 $[0,1]$；Λ_2 与 $\sqrt{\Delta_2}$ 呈正比，表示脊形化系数与位场表面各向异性程度呈正相关；Λ_2 与刻痕强度系数 M_2 呈反比，可增强对异常幅值较小的场源的识别能力。

类似地，四阶谱矩的统计不变量 M_4 和 Δ_4（黄逸云，1984）的计算公式为

$$M_4 = m_{40} + 2m_{22} + m_{04} \qquad (4.4.4)$$

$$\Delta_4 = \begin{vmatrix} m_{40} & m_{31} & m_{22} \\ m_{31} & m_{22} & m_{13} \\ m_{22} & m_{13} & m_{04} \end{vmatrix} \qquad (4.4.5)$$

式中：M_4 表示表面曲率的方差，可反映表面曲率变化的剧烈程度，数值大说明表面明显地尖锐，峰顶呈尖峰状，数值小说明表面有较小的粗糙度变化，峰顶较圆滑；Δ_4 度量表面曲率的方向性效应，对应位场表面呈现圆弧形或者交汇线形刻痕的几何特征，数值小表明位场表面这种特征不明显。

与二阶谱矩的脊形化系数不同，四阶谱矩反映的是表面曲率变化，可提取圆弧形或者交汇线形刻痕的几何特征，这种特征不受位场幅度大小的影响。因此，可以用四阶谱矩提取位场中的曲率弧刻痕信息，尤其是曲率弧的弱信号。为此，曲率弧刻痕系数必须与统计不变量 Δ_4 正相关，与 M_4 负相关。根据归一化的要求，用四阶谱矩的统计不变量 M_4 和 Δ_4 定义四阶曲率弧刻痕系数：

$$\Lambda_4 = \frac{3\sqrt[3]{\Delta_4}}{M_4} \qquad (4.4.6)$$

式中：Λ_4 的变化区间为 $[0,1]$；Λ_4 与 $\sqrt[3]{\Delta_4}$ 成正比，表示曲率弧刻痕系数与位场表面圆弧化刻痕成正相关；Λ_4 与 M_4 成反比，可增强对弱刻痕的识别能力。

4.4.2 理论模型实验

为检验谱矩方法提取曲率弧刻痕信息的有效性，分别设计球体模型和长方体模型进行实验。

设计图 4.4.1（a）所示模型，在大小为 120 km×120 km、网格间距为 1 km×1 km 的区域内有两个半径均为 15 km、中心埋深均为 20 km 的球状磁源体。模型 A 和 B 的球心坐标分别为（-20 km，-20 km）和（20 km，20 km），磁化强度分别为 0.8 A/m 和 0.3 A/m。该模型的理论磁异常见图 4.4.1（b）。

球体在地面的磁异常具有完整的曲率弧刻痕特征，是应用四阶谱矩提取位场中曲率弧刻痕信息的理想模型。采用 3×3 大小的滑动窗口对理论磁异常数据[图 4.4.1（b）]进行特征提取，结果如图 4.4.1（c）～图 4.4.1（f）所示。图 4.4.1（c）为刻痕的强度

系数 M_2，由式（4.4.1）可知水平导数越大其值越大，它主要反映较强磁异常的边界刻痕，对弱异常的识别能力较差，且提取的刻痕信息比较发散，不利于边界的准确定位。图 4.4.1（d）为脊形化系数 Λ_2，由图可知，Λ_2 能均衡识别强弱磁异常，可以确定两球体的中心位置，但是无法准确定位其弧形边界。图 4.4.1（e）为表面曲率的方差 M_4，主要反映较强磁异常的形状与位置信息，对弱异常的识别能力较差。由图 4.4.1（f）可知，四阶曲率弧刻痕系数 Λ_4 能均衡识别强弱磁异常，其高值清晰、收敛地刻画出磁源体的边界。

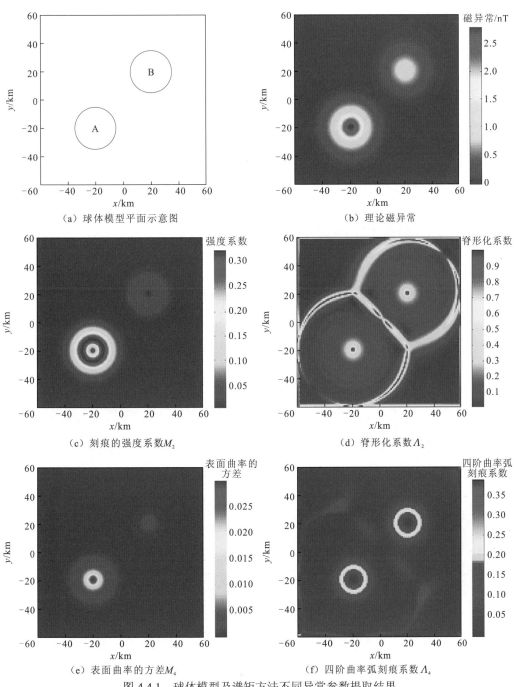

（a）球体模型平面示意图 （b）理论磁异常

（c）刻痕的强度系数 M_2 （d）脊形化系数 Λ_2

（e）表面曲率的方差 M_4 （f）四阶曲率弧刻痕系数 Λ_4

图 4.4.1 球体模型及谱矩方法不同异常参数提取结果

图中模型 B 因磁化强度较小产生的异常较弱，但在 Λ_4 的提取结果中，它的曲率弧刻痕信息与模型 A 的一样清晰，证明了应用四阶谱矩能够提取位场中的弱曲率弧刻痕信号。

　　实际情况中地质体的埋深是未知的，因此边界识别方法对深度越不敏感越好，说明地质体埋深对提取效果的影响不大。为进一步检验四阶曲率弧刻痕系数 Λ_4 识别弧形边界的有效性，改变图 4.4.1（a）所示模型中球体的埋深，测试 Λ_4 对深度的敏感程度。图 4.4.2（a）～图 4.4.2（d）分别是球体中心埋深为 20 km、22 km、24 km、26 km 时的理论磁异常和 Λ_4 提取结果。由于计算结果的范围变化较大，图中根据场值的大小采用不同的色标。由图 4.4.2 可知，随着深度增加，原本独立的两磁异常范围渐渐扩大并产生交叠，场源强度逐渐变小，增加了边界识别的难度。分析 Λ_4 的提取结果可知，曲率弧分布

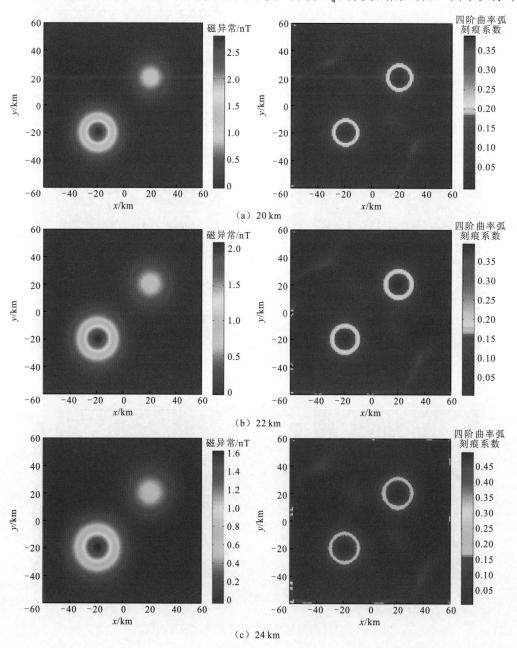

（a）20 km

（b）22 km

（c）24 km

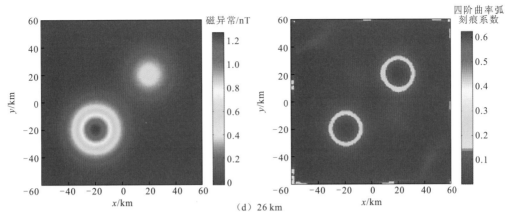

（d）26 km

图 4.4.2　不同深度下球体模型的理论磁异常和四阶曲率弧刻痕系数的提取结果

信息受场源强度影响较小，能稳定有效地反映不同深度地质体的弧形边界信息，对深度的敏感度较低。

为了对比四阶曲率弧刻痕系数 Λ_4 与常用边界识别方法的效果，选取总水平导数（total horizontal derivative，THD）、总水平导数的倾斜角（tilt angle of the total horizontal gradient，TAHG）、Theta 图和归一化标准差（NSTD）方法对模型［图 4.4.1（a）］进行边界信息提取，结果如图 4.4.3（a）～图 4.4.3（d）所示。4 种传统方法都能提取到两个球

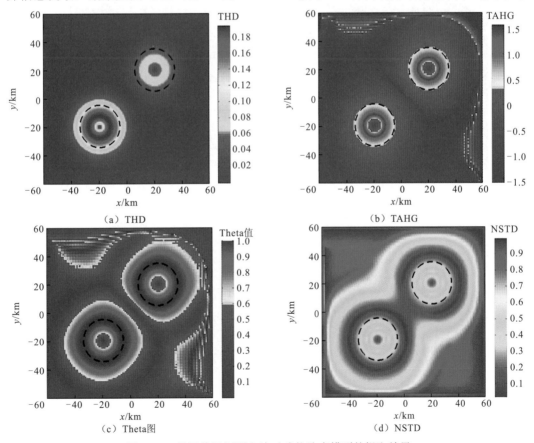

图 4.4.3　常用边界识别方法对球状地壳模型的提取结果
黑色虚线是球体边界

状磁源体的边界，但是均存在边界发散的问题，除 THD 外的另外三种方法的提取结果中还存在干扰刻痕，难以准确分辨地质体的边界位置。对比图 4.4.1（f）可知，Λ_4 相较于传统方法能更准确、收敛地刻画球状磁源体的边界，且没有干扰刻痕。试验结果表明，Λ_4 的边界识别效果明显优于传统边界识别方法。

同时，设计如图 4.4.4（a）所示包含两个长方体状磁源体（C 和 D）的组合模型进行理论实验。研究范围为 300 km×300 km、网格间距为 1 km×1 km。磁源体 C 的中心坐

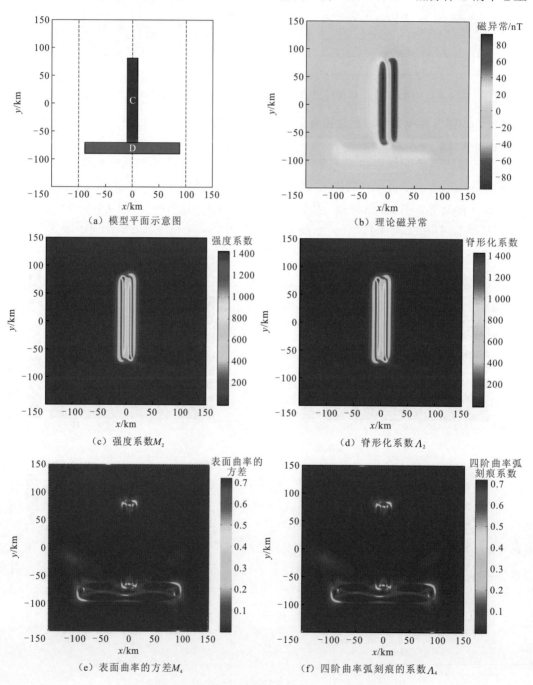

图 4.4.4　长方体模型及谱矩方法不同异常参数提取结果

标为（0，5.32 km，9.00 km），顶面埋深为 4 km，长、宽、高分别为 150.00 km、20.22 km、10.00 km，磁化强度为 0.5 A/m；磁源体 D 的中心坐标为（0，−79.79 km，13.00 km），顶面埋深为 8 km，长、宽、高分别为 179.78 km、20.21 km、10.00 km，磁化强度为 0.2 A/m。图 4.4.4（b）为该组模型理论磁异常。

由图 4.4.4 可见，应用 Λ_2 能够提取位场中的弱板形刻痕信号，应用 Λ_4 也能够提取位场中的弱板形刻痕信号，不过其边界不如 Λ_2 提取的清晰。这是因为 Λ_2 主要反映的是磁异常表面斜率的变化，而 Λ_4 主要反映的是曲率的变化，在长方体模型的平直边界处，磁异常斜率变化剧烈，曲率变化相对较小。仅仅利用 Λ_4 就可清晰地反映板形体的端角位置，而不是边界。板形体的端角呈现交汇线形刻痕的几何特征，能够作为位场中的曲率弧刻痕信号被提取出来。

4.4.3　应用案例

杨文采等（2017）介绍了塔里木盆地重力场的高阶谱矩，本小节用四阶谱矩的曲率弧刻痕系数方法分析该地区的航磁场。航空物探数据已经过标定和同化处理（杨文采 等，2012），经度和纬度方向点距分别为 0.008 86° 和 0.033 80°，采样点数为 678×356。磁力化极异常图如图 4.4.5（a）所示。采用 3×3 的滑动窗口对其进行特征提取，Λ_2 和 Λ_4 的

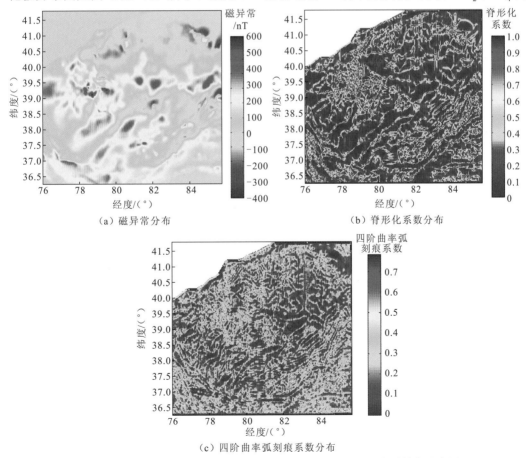

（a）磁异常分布　　　　　　　　　　（b）脊形化系数分布

（c）四阶曲率弧刻痕系数分布

图 4.4.5　塔里木盆地磁异常、脊形化系数和四阶曲率弧刻痕系数的分布图

提取结果分别见图 4.4.5（b）和图 4.4.5（c）。对比 Λ_2 与 Λ_4 的提取结果可见二者有明显的区别，Λ_2 主要反映盆地基底中的线形构造，而 Λ_4 主要反映盆地内部主体为等轴状构造，如二叠纪古火山群等。

由于异常叠加及反演固有的多解性，准确解释区域磁异常非常困难，计算磁异常源的埋藏深度可以对地质成果的解释提供更准确的依据。杨文采等（2012）应用三维欧拉反褶积计算了区域磁异常源的埋深。考虑该地区地层上新下老的规律，将磁源分解为浅层 2～5 km、中层 5～10 km 和深层 10～20 km 三个深度层次。浅层磁异常源分布在盆地边缘，由中生代构造运动和海西期玄武岩侵位共同作用而成，在图 4.4.5（a）和图 4.4.5（b）中盆地边缘的线性构造中得到明显反映。中层磁异常源分布在盆地内部，主要是海西期玄武岩侵位形成的，在盆地内部 5～10 km 的海相地层中常有发现。深层磁异常源主要是古老基底变质作用形成的，反映为图 4.4.5（a）和图 4.4.5（b）中盆地南部的线性构造。在图 4.4.5（a）中，盆地内部深度为 5～10 km 的海相地层中玄武岩侵位围绕古火山群分布，表现为等轴状构造的弱异常，淹没在古老变质基底的深层磁异常中，难以定位。在图 4.4.5（c）中，Λ_4 强异常表现为红色圆圈状刻痕和圈点（如图中箭头所示），可能反映古火山群和其他等轴形状的地质体，说明应用四阶谱矩分析和信息提取技术成功地揭示了新的地壳组构。

第5章 震前地球天然脉冲电磁场信号
采集与特征分析

震前电磁效应在地震前信号特征研究中一直备受关注，目前已发展了多种方法来研究电磁孕震信息的特点，试图揭开遮挡在地震与电磁之间的神秘面纱。地球天然脉冲电磁场（the Earth's natural pulsed electromagnetic field，ENPEMF）是指地球天然变化磁场的瞬间扰动。一些剧烈的地质活动，如地震的孕育和发生、火山活动等都会引起地球天然脉冲电磁场的快速变化。该方法已经在我国、俄罗斯和日本引起了较为广泛的关注。本章将从地球天然脉冲电磁场与地震的关联性入手，概述其发展情况，介绍地球天然脉冲电磁场的场源机理、采集原理及震前特征，为 ENPEMF 信号的处理与分析做准备。

5.1 地球天然脉冲电磁场场源机理

地球天然脉冲电磁场理论在 20 世纪 80 年代受到俄罗斯一些科学家如 Gokhberg、Surkov 的注意，他们进行了相应的研究，并取得了不错的进展。研究热点集中在如何预测地震震级、方位、深度等方面。该理论与常用的地震波信号分析理论有所不同，其特点是在甚低频段（very low frequency，VLF）采集地球表面的磁场信息。

关于地表的磁信息场源，Alekandrov（1972）、Remizov（1985）和 Bashkuev 等（1989）将其归因于大气雷暴。信号以大气闪电和地球-电离层波导的形式传到观测点，在地球表面任何观测点接收到的数据包含着噪声和信号，这些噪声成分可能是由小雷电放电和大雷暴产生的，并可能是已环绕地球数周的脉冲波。这两种信号峰值在时间和空间分布上都有不同，远离雷暴中心 2000 km 处也可检测到信号。而 Malyshkov 等（2002）提出 ENPEMF 不仅由大气雷暴产生，更与地震密切相关，在地震发生前的几小时至几天不等的时间里，脉冲数量会突然持续增加然后减少，其变化规律与季节、日时段、地震强度和发生距离有一定的关联。通过长期观测数据的分析，产生的 ENPEMF 脉冲更多的是来源于地壳（岩石圈），而不是大气环境，这些脉冲或称为噪声成分，可能是来源于地壳运动、震源和地球自转等地球深部过程的特别信息，具有日变化和年变化的周期性规律。

随着地球天然脉冲电磁场理论的发展，Malyshkov 等（2009）认为该场源是由地球重力潮引起的。其理论根据为地球的自转和公转具有昼夜和年周期性，而采集到的信号恰好具有这样的特点，这些有规律的脉冲信号可作为校正的背景场来判断仪器的工作状态是否正常。随着此项研究的深入，其难度越来越大，不仅仅属于地球物理和地震学的范畴，还涉及其他众多的学科，如天文学、流体力学、岩石学、地球动力学，甚至包含生物圈知识等。因此，应用各个相关门类的知识来采集数据、分析数据、总结归纳数据并根据现有数据的时频特点来研究地震前的异常信息，变得尤其重要。

以上观点表明地表获得的脉冲波能反映地下某种变化过程。当地震处于孕育过程时，其应力会在震源区内缓慢积累，届时岩石内部的应力会进行重新分配，导致岩石的磁性发生改变。应力不断积累，地下介质由开始的弹性形变进入非弹性形变，原有裂隙的集合形态与赋存空间发生变化，新的裂隙生成和发展，伴随地下流体的渗入，岩石体积膨胀。这一系列的过程可能产生压磁效应、感应磁效应、流变磁效应、电动磁效应及热磁效应等，并导致地磁场的长趋势变化中伴生局部与地震活动相关的前兆异常；同时，在岩石发生破裂时，由于应变波的传播也会激发电磁效应，地面观测设备可以捕获到宽频谱的电磁辐射波。

5.2　地球天然脉冲电磁场信号采集

图 5.2.1 所示为放置于武汉九峰地震台的 ENPEMF 设备的信号接收工作原理。该设备记录了 ENPEMF 超过设定阈值的信号脉冲数目和超过设定阈值的信号脉冲幅度。每天采集 6 个文件，每 4 h 设备利用通用分组无线业务（general packet radio service，GPRS）将数据上传，然后可以用互联网进行远程下载。如果仪器接收到异常大规模变化的信号脉冲，且与正常的背景脉冲数目及包络轨迹存在很大不同，则采集的信号中很有可能包含着某地磁异常变化的地震孕震信息。

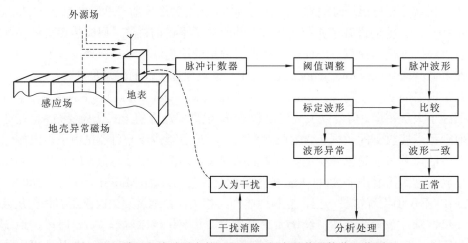

图 5.2.1　武汉九峰地震台的 ENPEMF 设备的信号接收工作原理

在九峰地震台安放的 ENPEMF 设备为俄罗斯科学院西伯利亚分院托木斯克分院生产的 GR-01 型号，3 台设备摆放的方向为西-东和北-南，分为 CN1、CN2、CN3 3 个通道。在安装设备进行调试时，需根据采集信号的波形包络大小及曲线形状，参照指导书对信号波形进行校正，设置符合当地信号的合适的放大阈值，然后得到文件，后缀为 gr1，再通过定制的转换文件，将其变成 txt 文件以便处理。设备的合适工作频率处于甚低频段（5~25 kHz），将接收频率设置为 14.5 kHz。

ENPEMF 信号定义为地表可接收的含各种噪声的信号叠加。由于干扰因素（如暴雨、雷电、电力施工）多，噪声干扰影响大。设备的稳定工作、处理精度和可靠工作环境至关重要。ENPEMF 信号为非周期、非平稳信号，输出为数字量化后的信号，数据存储格式为时间-幅度-脉冲数（t-AH-NH）。t 为时间，单位为秒（s）。幅度的单位为将原始毫伏（mV）信号进行放大后的数值，只是代表包络大小变化的参照量，已不具有原来毫伏的意义。AH 为幅度。NH 为每秒的脉冲数目，用来表征接收的地表磁场的强弱程度。ENPEMF 信号的频域特点鲜明，对采集、量化、预处理后的数据进行相应的时间-频率联合分析，了解信号的深层时频特性，并结合能量谱等特征研究震前 ENPEMF 信号的分布特点，有助于识别地震的孕育信息。

5.3 地球天然脉冲电磁场信号的震前特征

ENPEMF 信号可以被认为是地球天然磁场的变化带来的磁场瞬间扰动。产生的扰动信号的幅值和频率均有不同，因此将该扰动信号称为非平稳信号，时频分析是研究这类非平稳信号内在特征的重要工具。

时频分析可以用来描述采集的非平稳信号在不同的时间和频率处的脉冲强度和能量，是时域和频域联合分析的自然推广。各类传统及新型的时频分析方法已在地震勘探数据的分析中有重要的应用。对于特征表现为非平稳、非线性的 ENPEMF 数据来说，采用时频分析方法分析其深层特征，描述地震孕育发生期间的可能地质特性变化，无疑是一个值得研究的热点及难点问题。

本节利用多种自适应时频分析方法，以及希尔伯特-黄变换（Hilbert-Huang transform，HHT）方法分析 ENPEMF 信号的频率特性，了解 ENPEMF 信号震前的模态分布、固有模态函数（intrinsic mode function，IMF）模态频率分布、希尔伯特（Hilbert）变换功率谱等特点。用 HHT、经验模态分解（empirical mode decomposition，EMD）、聚类经验模态分解（ensemble empirical mode decomposition，EEMD）、维格纳-维尔分布（Wigner-Ville distribution，WVD）及算法的结合，提取 ENPEMF 信号的边际谱特征、瞬时相对功率谱特征、能量集中分布的频段、最大振幅对应的时频特征、AH 和 NH 时-频-幅度谱的二维和三维等特征，了解芦山地震前 ENPEMF 信号的深层特征。

5.3.1 震前 ENPEMF 信号的时频谱分解

希尔伯特-黄变换（HHT）适合对非平稳信号进行时频分析，是一种有效工具，已被广泛用于地震事件记录的时频分析中。先将各种频率成分通过 EMD 方法进行分解，以 IMF 的形式将其提取出来，再对提取的每个 IMF 分量作 Hilbert 变换，从而可以得到信号的 Hilbert 谱特征，进而计算得到 Hilbert 边际谱和能量谱特征。该方法克服了傅里叶变换和小波分析的不足，但由于其中的 EMD 方法在分解过程中存在模态混叠问题，常使提取的 IMF 分量缺乏明确定义的物理意义，造成 EMD 方法在运行过程中处于不稳定的状态。

本小节采用 EEMD 方法，利用白噪声 EMD 对信号进行分解后其分量信号的频谱仍保持均匀分布的特性，可以将不同频带尺度的信号自适应映射到其合适的参考频带尺度上，从而解决 EMD 中存在的模态混叠问题。

1. 经验模态分解

经验模态分解（EMD）可以将白噪声分解为一系列 IMF，具有不同的平均周期，且平均周期均严格地保持为前一个提取的 IMF 的两倍。当处理的数据不是纯白噪声时，EMD 的一些尺度会丢失，导致出现模态混叠现象。

图 5.3.1 所示为采用 EMD 方法将 2013 年 4 月 20 日芦山 M_s7.0 地震发生时的 ENPEMF 数据进行分解的结果。数据的长度 L 为 71 400 个采样点，数据的采样频率为 1 Hz，分解后所得到的 IMF 分量个数是 $\log_2 L - 1$ 的结果值的整数部分，再加上一个剩余分量。数据分解得到了 15 个 IMF 模态分量和 1 个剩余分量。IMF10 分量和 IMF11 分量都出现了较为明显的模态混叠现象，分别表现为一个 IMF 分量包括了与自己尺度差异较大的信号，一个相似尺度的信号出现在了与自己不同的 IMF 分量中。模态混叠现象的产生，既与 EMD 算法的分解过程存在关联，又与原始信号中包含的噪声存在不同频率成分和振幅有关。现实中的所有信号数据都同时包含了信号和噪声，因此 EMD 方法存在的模态混叠现象是无法避免的。

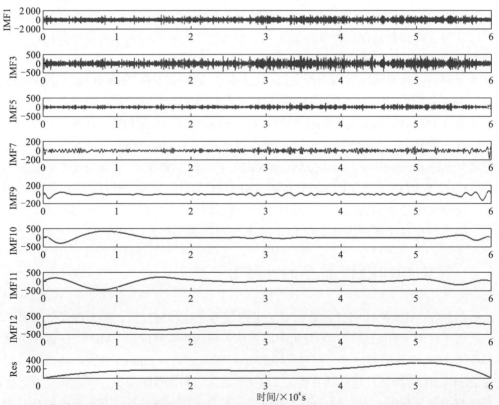

图 5.3.1　采用 EMD 方法得到的芦山 M_s7.0 地震发生时的 ENPEMF 数据的 IMF 分量

Res 为残差（residual）

2. 聚类经验模态分解

在对信号分解时，EMD 方法存在模态混叠问题，如图 5.3.1 中的 IMF10 和 IMF11 分量，明显将同一频率的信号分解到了这两个 IMF 分量中，进一步扩大时频特性分析时的误差。选用聚类经验模态分解（EEMD）处理 ENPEMF 数据，利用高斯白噪声存在的频率均匀分布的统计特性，当信号混入白噪声后，在不同的尺度上具有连续性，可以减小模态混叠产生的程度。每次进行 EMD，添加的白噪声均匀分布在整个时频空间，信号的不同频率尺度均被自动投影到由均匀时频空间的相应频率尺度上。由于每次 EMD 方法添加的白噪声不同，噪声之间并不相关，对所有采用 EMD 方法分解后的 IMF 求整体平均后，人为添加的噪声将会被抵消。均值被认为是真正的结果，其中唯一持久稳固的是信号经过多次测试消除附加噪声后的部分。如图 5.3.2 所示，模态混叠现象得以遏制。

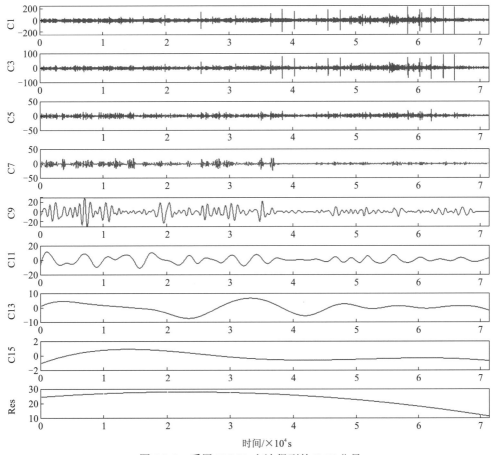

图 5.3.2　采用 EEMD 方法得到的 IMF 分量

C 为分量，C1 即分量 1

3. IMF 模态频率分布

采用 EEMD 方法求得 ENPEMF 信号的各 IMF 分量后，再对各 IMF 分量进行时频特性计算与统计，主要包括信号的中心频率、平均周期、最大振幅及信号的最大振幅所对应的时间和频率，得到如表 5.3.1 所示的结果。

表 5.3.1 各 IMF 时频特性统计

模式	中心频率/Hz	平均周期/s	最大振幅/个	最大振幅时间/s	最大振幅频率/Hz
IMF1	5.427 8	0.196 9	246.834 4	64 053	4.914 1
IMF2	4.890 9	0.191 7	189.800 7	64 053	4.478 8
IMF3	2.825 1	0.326 2	105.301 0	65 863	2.736 6
IMF4	1.747 9	0.609 3	47.561 9	60 271	1.741 0
IMF5	0.846 0	1.046 2	20.523 2	62 091	1.029 1
IMF6	0.346 8	2.446 3	23.852 8	14 449	0.264 4
IMF7	0.167 6	4.272 6	19.402 7	35 066	0.193 6
IMF8	0.107 1	8.433 9	28.510 2	35 127	0.081 3
IMF9	0.194 4	6.120 5	31.174 9	7 069	0.050 8
IMF10	0.020 4	49.061 0	18.232 0	29 697	0.018 5
IMF11	0.009 9	95.123 3	11.346 5	1 069	0.009 6
IMF12	0.005 0	184.457 2	6.153 3	18 646	0.004 7
IMF13	0.002 1	399.160 9	6.684 7	33 299	0.001 9
IMF14	0.001 4	815.849 8	4.588 1	59 648	0.001 1
IMF15	0.000 9	1423.356 5	0.899 1	13 827	0.000 8

由表 5.3.1 得出，ENPEMF 信号经过 EEMD 方法分解得到的各模态分量频率都处于低频段，各模态分量的中心频率各不相同，且随着模态的增加，中心频率降低，进而消除了模态混叠现象。

4. Hilbert 变换功率谱特点

图 5.3.3 为计算的 ENPEMF 信号的各 IMF 分量的功率谱，图中显示了 4 个 IMF 分量的功率谱密度与频率之间的对应关系。

图 5.3.3 中，IMF 分量的功率谱密度越集中，其频率就越低，与 EEMD 得到的 IMF 分量频率由高到低的结果趋势一致。对 ENPEMF 数据的各 IMF 分量进行 Hilbert 变换，

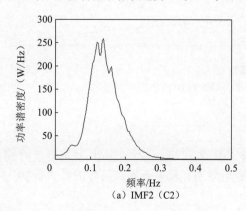
（a）IMF2（C2）

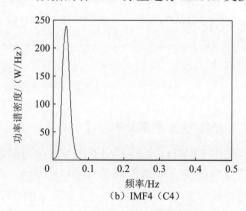
（b）IMF4（C4）

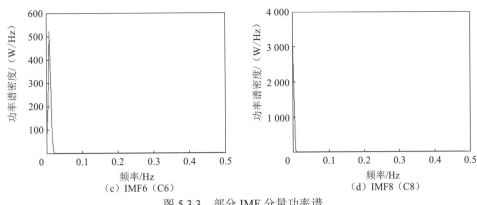

图 5.3.3 部分 IMF 分量功率谱

算出频信号率随时间变化的 Hilbert 谱，然后再对 Hilbert 谱进行变换，进一步得到信号的边际谱特征。Hilbert 边际谱主要描述信号在整个频率段上的能量分布，图 5.3.4 将传统快速傅里叶变换（fast Fourier transform，FFT）与 Hilbert 边际谱进行了比较，其中边际谱的纵轴采用个数来进行相对描述。图 5.3.4 中，在低频处的 FFT 谱会低估信号的频率值，随着频率的增加，FFT 谱又会放大信号的频率值，因此，FFT 谱在频谱分布的表现上不如 Hilbert 边际谱表现得清晰。

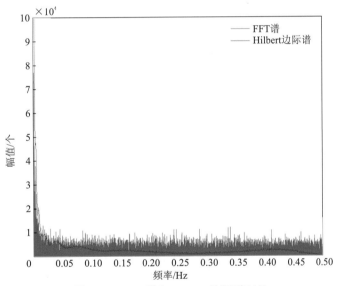

图 5.3.4 FFT 谱与 Hilbert 边际谱对比

从图 5.3.5 中 Hilbert 能量谱可以看出此次芦山地震前 ENPEMF 信号的能量在频率上的集中程度，各个频段的能量计算结果见表 5.3.2。

Hilbert 变换得到的瞬时能量谱可清晰地表达信号能量随时间的变化情况，还可以发现信号的能量峰值出现的时刻，在表达地震孕育信号的时频特性方面具有较好的表现。

图 5.3.6 中，对脉冲数目数据进行 EEMD，然后求 Hilbert 瞬时能量谱，可以看到，2013 年 4 月 20 日中午之后 ENPEMF 信号的能量谱有尖峰出现。

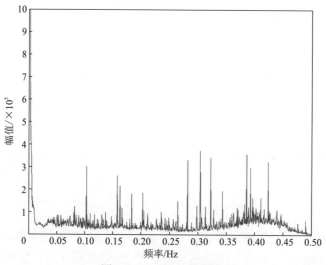

图 5.3.5　Hilbert 能量谱

表 5.3.2　各频段能量　　　　　　　　　　（单位：J）

项目	频段/Hz									
	0~0.05	0.05~0.10	0.10~0.15	0.15~0.20	0.20~0.25	0.25~0.30	0.30~0.35	0.35~0.40	0.40~0.45	0.45~0.50
能量	24 721 298.27	5 211 798.3	4 380 976.68	4 261 691.14	3 746 094.07	3 093 003.32	4 696 985.22	6 790 706.63	7 042 683.59	2 253 143.11

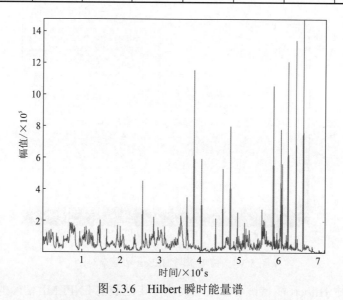

图 5.3.6　Hilbert 瞬时能量谱

5. ENPEMF 信号二维时频谱分解

1）通道 2 的 NH 数据分析

图 5.3.7（a）中 HHT 方法的结果都集中在底部，基本无法有效分清频率的分布情况；图 5.3.7（b）中的第二次聚合经验模态分解（double ensemble empirical mode decomposition，DEEMD）-WVD 分解方法能够清晰地看出频率分布，效果要明显好于 HHT 方法。

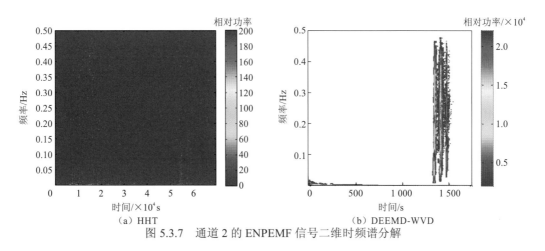

（a）HHT　　　　　　　　　　　（b）DEEMD-WVD

图 5.3.7　通道 2 的 ENPEMF 信号二维时频谱分解

2）通道 3 的 AH 数据分析

图 5.3.8（a）中 EEMD-WVD 分解方法基本无法有效分清频率的分布情况，图 5.3.8（b）中的 DEEMD-WVD 分解方法能够清晰地看出频率分布，效果优于 EEMD-WVD 分解方法。

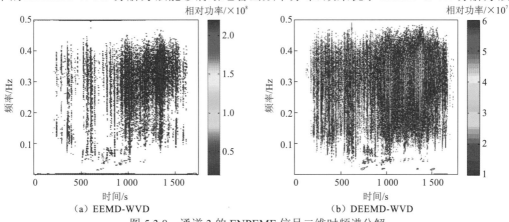

（a）EEMD-WVD　　　　　　　　　（b）DEEMD-WVD

图 5.3.8　通道 3 的 ENPEMF 信号二维时频谱分解

6. ENPEMF 信号三维时频分解

图 5.3.9 所示的三维时频谱分解，不论是 HHT 方法还是 DEEMD-WVD 方法，都可

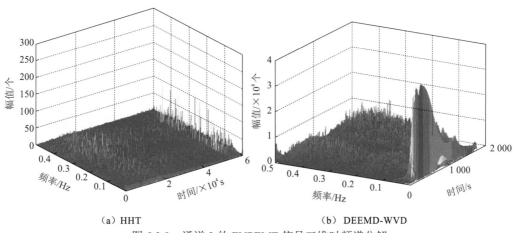

（a）HHT　　　　　　　　　　　（b）DEEMD-WVD

图 5.3.9　通道 3 的 ENPEMF 信号三维时频谱分解

以比较细致地刻画时间-频率-幅度的联合变化情况。

综合不同方法的分解分析发现,通过自适应时频分析方法可以有效了解震前ENPEMF 信号的频率分布特点、HHT 边际谱的特点、HHT 瞬时相对功率谱、EEMD-WVD二维和三维时频分布、DEEMD-WVD 二维和三维时频分布等众多特点。通过比较震前ENPEMF 的时频特性,有望了解地震的孕育特点。

5.3.2 震前 ENPEMF 信号时频参数的孕震信息特点

1. 地震前后的 ENPEMF 信号边际谱和 FFT 谱

地震前(2013 年 4 月 15~20 日)ENPEMF 数据的边际谱和 FFT 谱如图 5.3.10 所示。可以看出,地震前的 FFT 谱和 HHT 边际谱是有明显变化的,17 日和 18 日明显增强,19 日平静下来,20 日又增强,显示出与其他地震前兆分析方法相一致的震前表现。但是该方法无法了解时间维度上的频率变化和相应的频率强度。

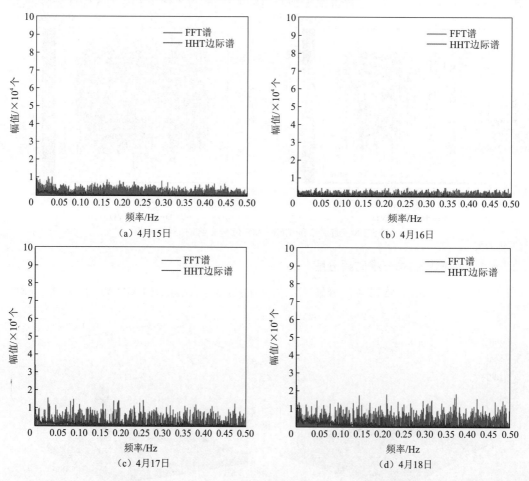

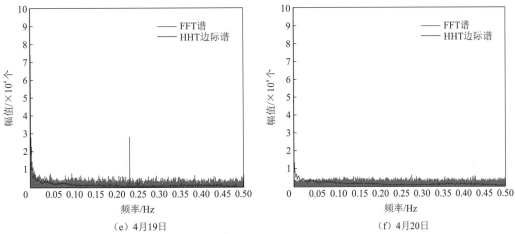

（e）4月19日　　　　　　　　　　　　　　　（f）4月20日

图 5.3.10　地震前 ENPEMF 数据的边际谱和 FFT 谱

2. 地震前后的 ENPEMF 信号相对功率谱

地震前（2013 年 4 月 15～20 日）ENPEMF 数据的相对功率谱如图 5.3.11 所示。17 日和 18 日的相对功率谱同样出现异常的增大，能够显示出地震前的前兆特点，但是与边际谱存在同样的问题，不能看出时间维度上地震期间的频率特点。

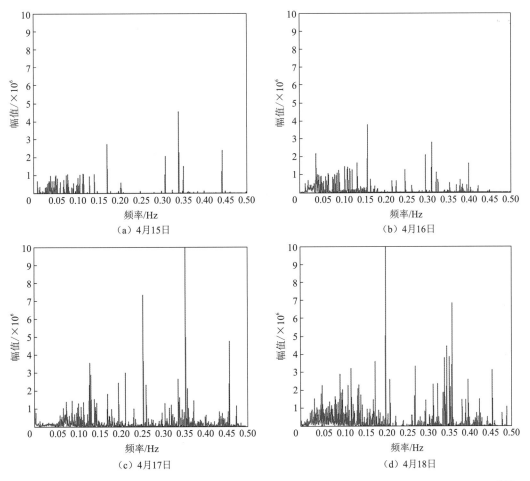

（a）4月15日　　　　　　　　　　　　　　　（b）4月16日

（c）4月17日　　　　　　　　　　　　　　　（d）4月18日

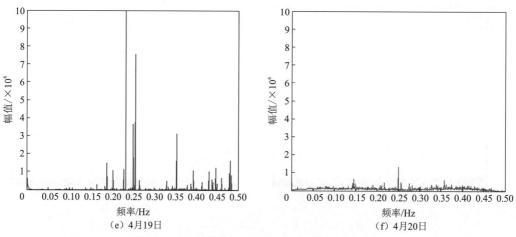

（e）4月19日 　　　　　　　　（f）4月20日

图 5.3.11　地震前的 ENPEMF 信号相对功率谱

3. 地震前后的 ENPEMF 信号瞬时相对功率谱

地震前后（2013 年 4 月 15～20 日）的 ENPEMF 信号瞬时相对功率谱如图 5.3.12 所示。可以看出，如果用瞬时相对功率谱来分析震前特征，17 日和 18 日的瞬时相对功率谱明显比 15 日和 16 日增加，19 日相对功率谱减少，20 日地震发生后降到最低值，且趋

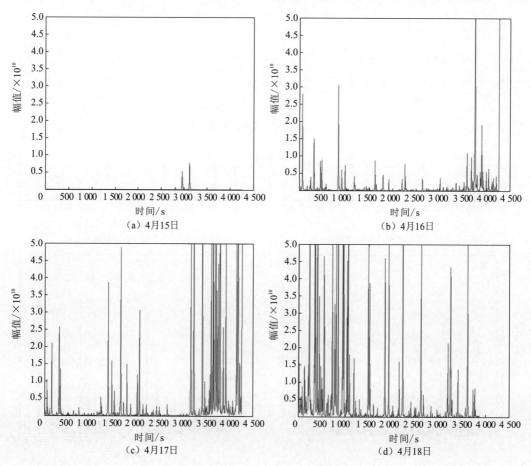

（a）4月15日 　　　　　　　　（b）4月16日

（c）4月17日 　　　　　　　　（d）4月18日

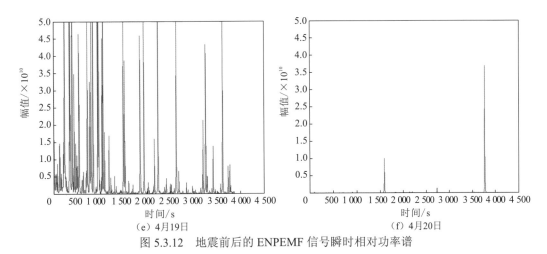

（e）4月19日　　　　　　　　　　（f）4月20日

图 5.3.12　地震前后的 ENPEMF 信号瞬时相对功率谱

于平静。瞬时相对功率谱的这种震前持续增加、临阵前平静、震后恢复的特点，显示出一定的震前前兆特点，值得进一步研究其时频幅度谱的分布特点。

4. 地震前后的 HHT 二维时频幅度谱分析

地震前（2013 年 4 月 15～20 日）ENPEMF 数据的 HHT 二维时频幅度谱分析如图 5.3.13

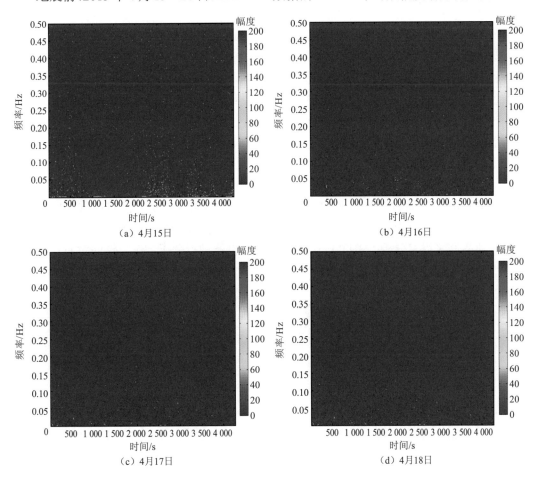

（a）4月15日　　　　　　　　　　（b）4月16日

（c）4月17日　　　　　　　　　　（d）4月18日

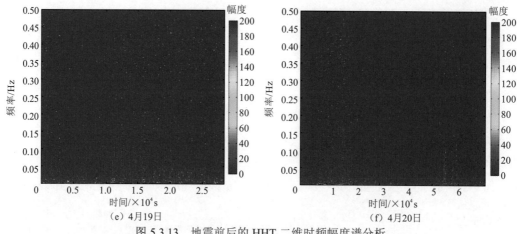

（e）4月19日   （f）4月20日

图 5.3.13   地震前后的 HHT 二维时频幅度谱分析

颜色栏显示当前时频分析结果的颜色图，并代表数据值与颜色图的映射关系

所示，各频率成分的能量都分布在底部，难以看出三者之间的关系，无法作为有效的孕震信息研究的参照。当然，也可以改变纵轴对应色标的刻度值，以使频率显示得清楚一些。

5. HHT 三维时频相对功率谱地震前后特点

图 5.3.13 中对 HHT 二维时频幅度谱的分析，很难看出地震前的时频能量异常情况，下面尝试用 HHT 三维时频相对功率谱来进行分析，图 5.3.14 可以比较清晰地了解三维时频相对功率谱的分布情况。数据是采用平方平均压缩后的处理结果，即地球天然脉冲电磁场预处理后的数据。为了加快处理速度，采用的是压缩量较大的数据，但可能造成有些时间点的频率及其能量分布缺失的问题。第 6 章将对此方法再次进行处理，将采用原始数据，可以很清晰地观察地震发生前后的时频相对功率谱分布变化情况，此方法是可以采用的一种较好的分析手段。

从上面的各种方法可以看出，在地震发生前，如果采用合适的时频分析方法，就能够从 ENPEMF 信号时频参数上观察到孕震信息的特点：持续增加—短时震前平静—地震发生—恢复正常值范围。该特点可从改进的 WVD 算法的二维时频相对功率谱和三维时频相对功率谱来提取分析，HHT 方法对原始信号也能进行分析，作为辅助对照观察。下面两小节将从改进 WVD 算法的时频相对功率谱二维图和三维图分析孕震信息特点。

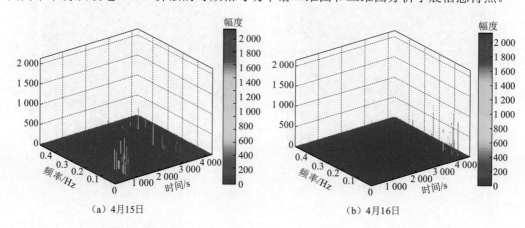

（a）4月15日   （b）4月16日

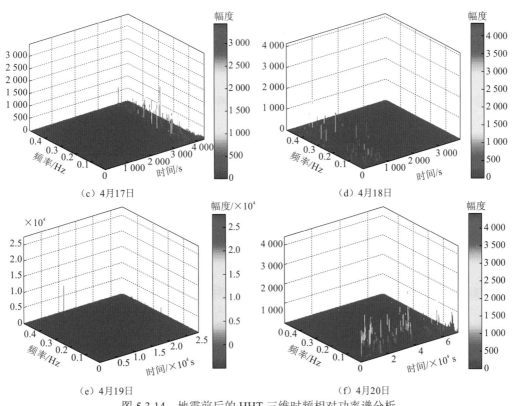

（c）4月17日 （d）4月18日

（e）4月19日 （f）4月20日

图 5.3.14 地震前后的 HHT 三维时频相对功率谱分析

颜色栏显示当前时频分析结果的颜色图，并代表数据值与颜色的映射关系

5.3.3 时频幅度谱二维图的孕震信息特点

从 5.3.2 小节分析中发现时频幅度谱二维图可以观察到震前的异常变化，本小节将 NH 数据和 AH 数据作为孕震信息分析对象，采用本章发展的两种算法 EEMD-WVD 和 DEEMD-WVD 来研究孕震信息。

NH 数据为 GR-01 设备的数据格式之一，该数据量化后的采样率为 1 s，传感器谐振频率为 14.5 kHz。NH 数据是指 1 s 内超过设定阈值的天然脉冲数目，AH 数据是指 1 s 内超过设定阈值的第一个脉冲的幅度量化值，这两个数据都是一种相对的数据度量，根据数据的包络走势来设定放大器比较阈值。

GR-01 设备是测量地表天然脉冲电磁场磁分量的俄罗斯进口设备。传感器设置为东-西、南-北两个方向，仪器紧挨地表，安放时需要远离强电、其他仪器等干扰源。

1. NH 数据

芦山 M_S7.0NH 数据 EEMD-WVD 分析结果（通道 2，2013 年 4 月 15～21 日）如图 5.3.15 所示。在地震前的 2 天（18 日和 19 日）时频幅度谱出现一些异常，有噪声出现，但是效果不太明显。地震当天和之后的 21 日基本恢复正常。

NH 数据 DEEMD-WVD 分析结果（通道 2，2013 年 4 月 15～21 日）如图 5.3.16 所示。在地震前的 2 天（15 日和 16 日），时频幅度谱出现一些异常，有噪声出现，而且效果明显比 EEMD-WVD 分析的 NH 数据要好得多。

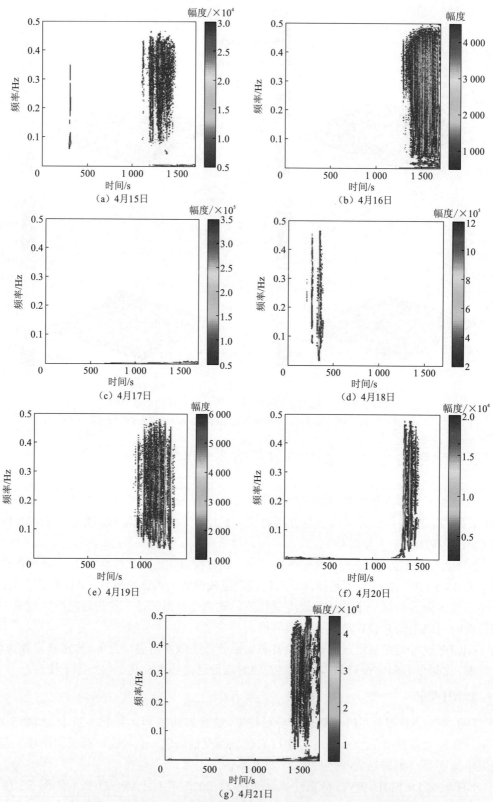

图 5.3.15　芦山 M_s7.0 地震通道 2 的 NH 数据 EEMD-WVD 时频幅度谱
颜色栏显示当前时频分析结果的颜色图，并代表数据值与颜色的映射关系

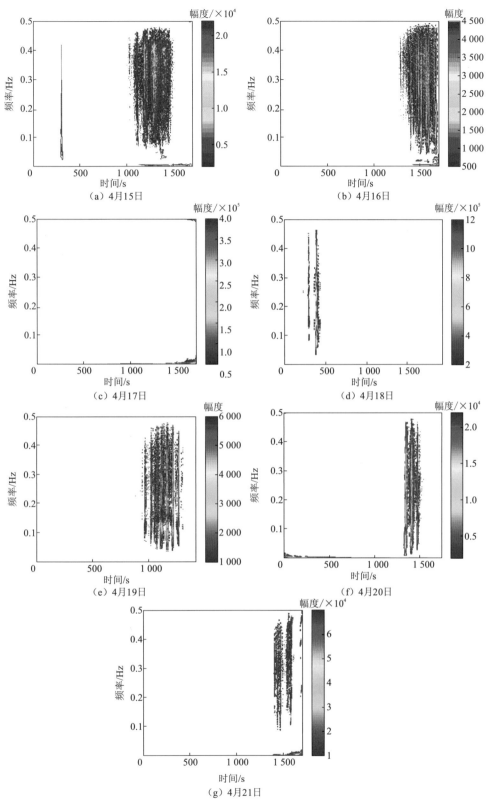

图 5.3.16　芦山 M_s7.0 地震通道 2 的 NH 数据 DEEMD-WVD 时频幅度谱

颜色栏显示当前时频分析结果的颜色图，并代表数据值与颜色的映射关系

2. AH 数据

AH 数据 EEMD-WVD 分析结果（通道 2，2013 年 4 月 15～21 日）如图 5.3.17 所示。从图 5.3.17 中的 EEMD-WVD 时频幅度谱可以看出，在地震前的 3 天（16 日、18 日和 19 日）时频幅度谱凸显出大量的异常，有大量的噪声出现，且幅度较高，尤其是在 18 日早上和 19 日的下午至晚间。AH 数据的分析结果明显要好于 NH 数据的分析结果。

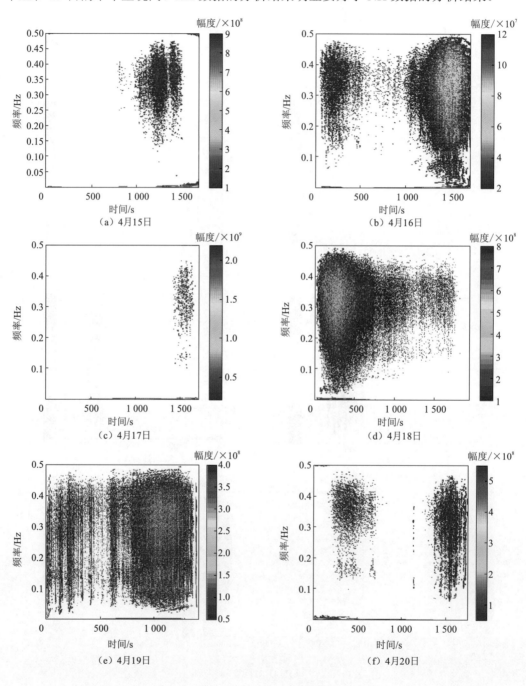

（a）4月15日

（b）4月16日

（c）4月17日

（d）4月18日

（e）4月19日

（f）4月20日

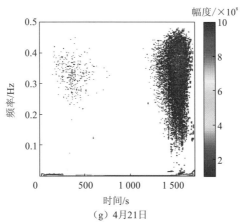

（g）4月21日

图 5.3.17　芦山 M_s7.0 地震通道 2 的 AH 数据 EEMD-WVD 时频幅度谱

颜色栏显示当前时频分析结果的颜色图，并代表数据值与颜色的映射关系

　　AH 数据 DEEMD-WVD 分析结果（通道 2，2013 年 4 月 1～21 日）如图 5.3.18 所示。从图 5.3.18 中 DEEMD-WVD 时频幅度谱可以看出，在地震前的 16 日、18 日和 19 日，时频幅度谱出现大量的异常，有大量的噪声出现，噪声幅度非常高，尤其是在 16 日下午、18 日早上和 19 日的下午至晚间。AH 数据结合 DEEMD-WVD 的方法可以很好地作为地震发生前研究孕震信息的手段，有较好的参考价值。

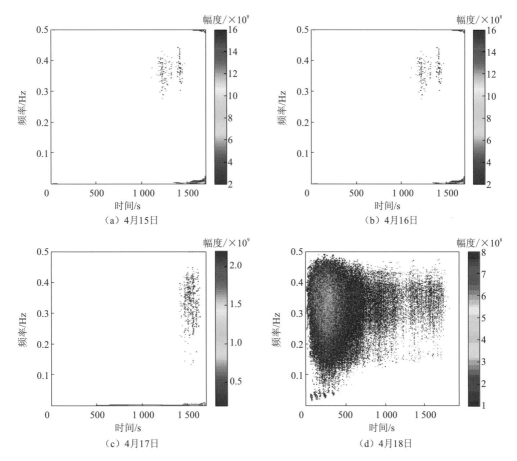

（a）4月15日　　　　　　　　　　　　（b）4月16日

（c）4月17日　　　　　　　　　　　　（d）4月18日

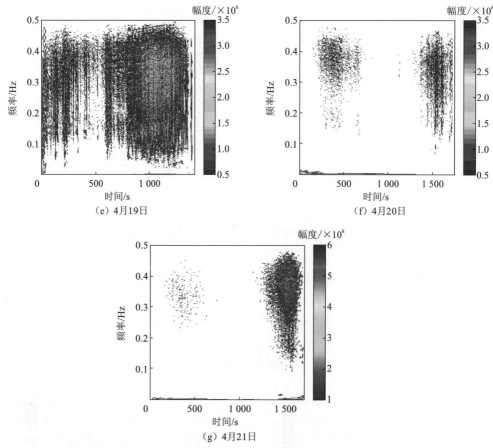

（e）4月19日   （f）4月20日

（g）4月21日

图 5.3.18   芦山 M_S7.0 地震通道 2 的 AH 数据 DEEMD-WVD 时频幅度谱

颜色栏显示当前时频分析结果的颜色图，并代表数值与颜色的映射关系

综上分析，本小节选取了通道 2 的 NH、AH 两组数据，分析了时频幅度谱二维图，从 EEMD-WVD 和 DEEMD-WVD 的分析效果可以发现，影响孕震信息识别效果的是如何选取数据，就通道 2 而言，AH 数据要好于 NH 数据。而这两种改进的方法，效果相近，差别不明显，都能比较清晰地从二维时频幅度谱上分辨出震前的时频异常。针对 ENPEMF 信号，二维时频幅度谱是一个比较好的识别孕震信息的方法。

5.3.4   时频幅度谱三维图的孕震信息特点

三维时频幅度谱可以更加直观地观察时间-频率-幅度谱三者之间的联合变化，可以更加全面地了解地震发生前后时频孕震信息的异常变化细节。本小节同样选择通道 2 的 NH 和 AH 两组数据作为分析对象，算法采用 DEEMD-WVD。通过比较 2 种分析数据三维图，来了解地震前孕震信息的特点。

1. NH 数据

NH 数据的 DEEMD-WVD 分析结果（通道 2，2013 年 4 月 15～21 日）如图 5.3.19 所示。从图 5.3.19 中地震之前 19 日的 DEEMD-WVD 时频幅度三维谱可以明显看到，一个低频部分幅度的突升突降，比处理的 AH 数据效果更明显，但是 18 日异常不明显。

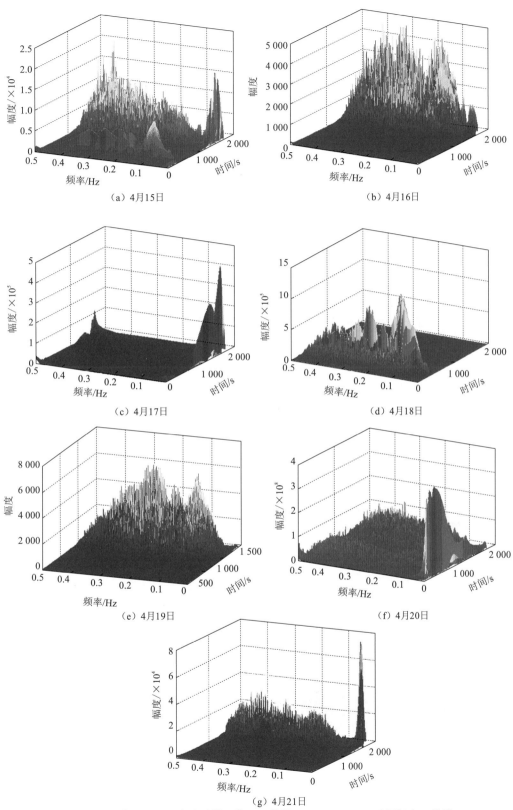

图 5.3.19　芦山 $M_S7.0$ 地震通道 2 的 NH 数据 DEEMD-WVD 时频幅度三维谱

2. AH 数据

AH 数据 DEEMD-WVD 分析结果（通道 2，2013 年 4 月 15～21 日）如图 5.3.20 所示。从图 5.3.20 中地震之前 18 日和 19 日的 DEEMD-WVD 时频幅度三维谱可以明显看到，一个低频部分幅度的突升突降。16 日、18 日和 19 日的能量谱异常增大，可认为是地震前兆信息。

从本小节的三维时频幅度谱分析中，能够更加清晰地观察到地震发生前后的时间、频率和幅度谱的分布及变化情况。可以总结出震前的孕震信息规律：持续增加—短时震前平静—地震发生—恢复平静。

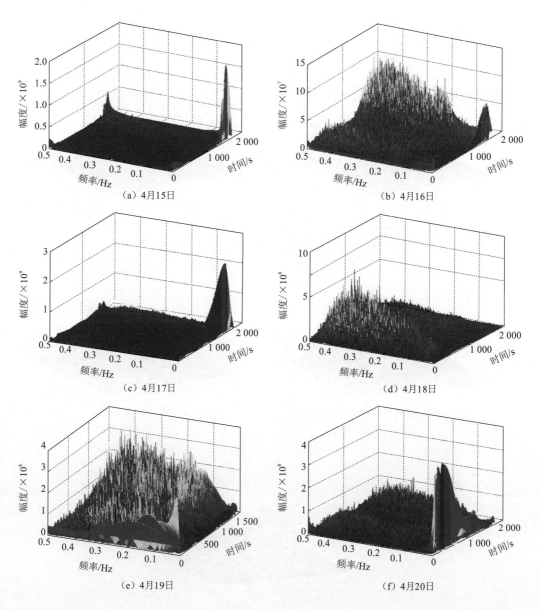

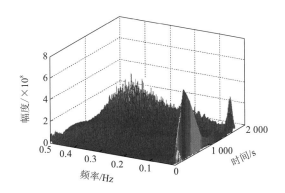

（g）4月21日

图 5.3.20　芦山 M_s7.0 地震通道 2 的 AH 数据 DEEMD-WVD 时频幅度三维谱

第6章 时频分析在地球天然脉冲电磁场数据信息提取中的应用

地震在自然界中经常发生，属于地壳运动现象，是严重危害人类生命财产安全的地质灾害之一。长久以来，人们希望能够通过认识地震发生前出现的各种异常现象来了解地震的发生时间、地点、震级规律和发生概率。各种已知的和未知的地震宏观异常和微观异常能映射出地震的孕育、发生和发展。由此，地震灾害的预测已成为研究的热点之一，而地震的短临预报预警在地球科学界具有相当大的挑战难度。目前研究表明，监测到的电磁场信号中某些分量的异常表现对地震的预测有很大的借鉴意义，ENPEMF能反映出地球活动对时空的影响，携带大量有价值的孕震信息。

基于地表天然电磁场的孕震信息研究已经成为研究地震前兆的重要方法。本章将讨论基于 ENPEMF 的孕震信息时频特性，分析地球天然脉冲电磁场信号在地震发生前后的时-频-幅度谱分布特点，研究其作为孕震信息和地震前兆的有效性。

6.1 时频分析方法

对于地球天然脉冲地磁场信号这一种复杂的用于探索地球内部的非平稳信号而言，许多信号处理的方法都有尝试的意义。

6.1.1 Hilbert 变换与谱

HHT 方法首先采用 EMD 将原始信号分解成一系列频率不同的 IMF，然后应用 Hilbert 变换和瞬时频率方法得到信号的时频分析谱。图 6.1.1 为 HHT 的变换过程，由 EMD 和 Hilbert 变换一起构成。

图 6.1.1 HHT 的变换过程

首先利用 EMD 方法分解出一系列 IMF 分量，再将所有得到的 IMF 分量做 Hilbert 变换：

$$y(t) = \frac{1}{\pi} p \int_{-\infty}^{\infty} \frac{c_i(t)}{t - t'} \mathrm{d}t' \tag{6.1.1}$$

式中：$c(t)$ 为给定连续时间信号；$y(t)$ 为信号 $c(t)$ 的变换结果；p 为柯西主分量。Hilbert

变换过后，$c(t)$ 和 $y(t)$ 组成复数信号 $z(t)$：

$$z_i(t) = c_i(t) + jy_i(t) = a_i(t)e^{j\theta_i(t)} \tag{6.1.2}$$

$$a_i(t) = \sqrt{c_i^2(t) + y_i^2(t)} \tag{6.1.3}$$

$$\omega_i(t) = \frac{\mathrm{d}\theta}{\mathrm{d}t} \tag{6.1.4}$$

式中：$a_i(t)$ 为复数信号 $z_i(t)$ 的模值；$\omega_i(t)$ 为其角频率。

省略了残余分量 $r(t)$，Re 表示实部，可得到 Hilbert 谱：

$$H(\omega,t) = \mathrm{Re}\sum_{i=1}^{n} a_i(t)e^{\int \omega_i(t)\mathrm{d}t} \tag{6.1.5}$$

进一步可以定义边际谱：

$$H(\omega) = \int_{-\infty}^{\infty} H(\omega,t)\mathrm{d}t \tag{6.1.6}$$

然后可以得到原始信号 $s(t)$ 的瞬时频率和幅值，进而描绘出该信号的时频谱图及边际谱图。

原始信号 $s(t)$ 的筛选流程如下。

步骤 1：首先找出 $s(t)$ 中所有的局部极大值及极小值，然后分别将局部极大值串连成上包络线，将局部极小值串连成下包络线。

步骤 2：求出上下包络线的平均值，进而得到信号的均值包络线 $m_1(t)$。

步骤 3：原始信号 $s(t)$ 减去均值包络线，可得到信号的第一个分量 $h_1(t)$。

$$h_1(t) = s(t) - m_1(t) \tag{6.1.7}$$

步骤 4：检查信号的第一个分量 $h_1(t)$ 是否符合 IMF 的条件。若不符合条件，则返回步骤 1，将 $h_1(t)$ 当作原始信号，重新筛选。即

$$h_2(t) = h_1(t) - m_2(t) \tag{6.1.8}$$

重复筛选 k 次：

$$h_k(t) = h_{k-1}(t) - m_k(t) \tag{6.1.9}$$

直到 $h_k(t)$ 符合 IMF 的条件，即得到第一个 IMF 分量 $c_1(t)$：

$$c_1(t) = h_k(t) \tag{6.1.10}$$

步骤 5：原始信号 $s(t)$ 减去 $c_1(t)$ 可得到剩余量 $r_1(t)$，表示为

$$r_1(t) = s(t) - c_1(t) \tag{6.1.11}$$

步骤 6：将得到的剩余量 $r_1(t)$ 当作新的信号，执行步骤 1～5，得到新的剩余量，如此重复 n 次。

重复 n 次后得到的第 n 个剩余量 $r_n(t)$ 成为单调函数，无法再分解成 IMF 分量时，EMD 的整个分解过程完成。因此，可以将原始信号 $s(t)$ 表示成 n 个 IMF 分量组合一个平均趋势分量 $r_n(t)$，即

$$s(t) = \sum_{k=1}^{n} c_k(t) + r_n(t) \tag{6.1.12}$$

将以上步骤整理成如图 6.1.2 所示的流程。

EMD 在分解过程中会自适应地产生基函数，不像小波分析那样需要预先选定固定的小波基。每一个 IMF 分量都有一个适合的基函数，这个基函数是在 EMD 分解过程中自

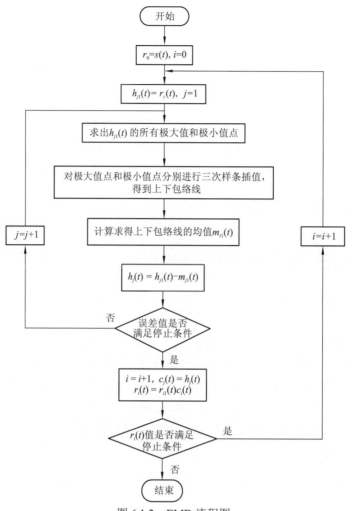

图 6.1.2　EMD 流程图

适应产生的，因此，IMF 分量能真实地反映信号内部的信息。为了使平均值趋近于零，需要为了消除骑行波而进行筛选。一般为使波形的剖面图对称分布在横轴附近，筛选进行的次数越多越好；但是，这样会使附近的波形产生虚假振幅，因此筛选次数的选择很重要。并且终止条件、置信区间等都会对 EMD 带来影响。

　　地球天然脉冲电磁场信号的分解图如图 5.3.1 所示。由图 5.3.1 可以看出，EMD 存在一定的模态混叠现象，如 IMF10 分量和 IMF11 分量出现了模态混叠，将严重影响下一步 Hilbert 变换的频率分布正确性。由于每次都利用样条插值计算平均包络，这种模态混叠现象会影响下一步的分解，使之后的分解误差越来越大。这些问题若不加以改善会影响数据分析的准确性，甚至会使处理的结果毫无意义。

　　图 6.1.3 显示能量集中在低频区域，没有发生像小波分析图一样的能量泄露。由 HHT 得到的 Hilbert 谱表示大部分能量都集中在有限的能量谱线上，不会出现能量泄露和谱线变宽的现象。

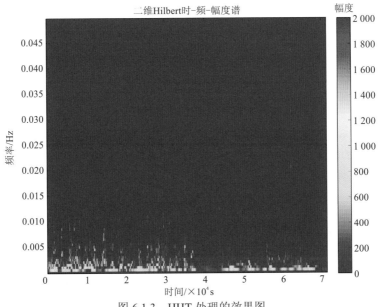

图 6.1.3   HHT 处理的效果图

6.1.2   自适应时频

维格纳-维尔分布（WVD）时频分析方法自提出以来，就在瞬时频率估计、信号的相干检测和时变滤波等很多领域得到应用。时频分析可将一维的时序信号以二维的时间-频率密度函数形式联合表示，揭示信号中包含的频率分量，将每一分量随时间变化的特征表示出来。WVD 是 Cohen 类双线性时频分布的一种，它能在时域和频域中同时揭示信号能量的分布，物理意义明确，是最常用的双线性时频分布之一，并被看作一大类分布的原型。近年来，凭借较好的时频聚集性和较高的时频分辨率，WVD 被广泛应用于信号分析和处理领域，尤其是在非平稳信号的处理领域。WVD 是时间和频率的二维联合函数，即将信号在时间和频率的二维平面上的能量密度函数表示出来。

WVD 在时域和频域有两种表示方式，分别为

$$\mathrm{WVD}_x(t,\omega) = \frac{1}{2\pi}\int_{-\infty}^{+\infty} x^*\left(t-\frac{\tau}{2}\right)x\left(t+\frac{\tau}{2}\right)\mathrm{e}^{-\mathrm{j}\tau\omega}\mathrm{d}\tau \qquad (6.1.13)$$

$$\mathrm{WVD}_X(t,\omega) = \frac{1}{2\pi}\int_{-\infty}^{+\infty} X^*\left(\omega-\frac{\theta}{2}\right)X\left(\omega+\frac{\theta}{2}\right)\mathrm{e}^{-\mathrm{j}\tau\theta}\mathrm{d}\theta \qquad (6.1.14)$$

由 WVD 的时域和频域表达式可以看出，在时频范围内，一个信号在某一时刻的 WVD，就是将该点过去和未来的信号等长度相乘，然后再进行傅里叶变换，因此，这个结果可以反映信号的时频特性。

WVD 算法归纳起来有 10 个典型的性质。

（1）实值性。WVD 是 t 和 ω 的实函数，即

$$\mathrm{WVD}_X^*(t,\omega) = \mathrm{WVD}_x(t,\omega) \qquad (6.1.15)$$

无论是实数信号还是复数信号，它的 WVD 分布总是实值的。

（2）时间和频率位移不变性。满足下式：

$$x(t) \rightarrow \mathrm{e}^{\mathrm{j}\omega_0 t} x(t - t_0)$$
$$\mathrm{WVD}_x(t,\omega) \rightarrow \mathrm{WVD}_x(t - t_0, \omega - \omega_0) \tag{6.1.16}$$

（3）时频边缘特性。

$$\int \mathrm{WVD}_x(t,\omega)\,\mathrm{d}\omega = |x(t)|^2 \tag{6.1.17}$$

$$\int \mathrm{WVD}_x(t,\omega)\,\mathrm{d}t = |x(\omega)|^2 \tag{6.1.18}$$

式（6.1.17）和式（6.1.18）分别表示 WVD 的时间边缘特性和频率边缘特性。$|x(t)|^2$ 表示每单位时间的能量强度，$|x(\omega)|^2$ 为每单位频率的能量强度。从中可以得出 $|x(t)|^2$ 到 WVD 的归一化条件：

$$\int_{-\infty}^{\infty}\int_{-\infty}^{\infty} \mathrm{WVD}_x \,\mathrm{d}t\mathrm{d}\omega = \int_{-\infty}^{\infty} |S(\omega)|^2 \,\mathrm{d}\omega = \int_{-\infty}^{\infty} |s(t)|^2 \,\mathrm{d}t \tag{6.1.19}$$

式（6.1.17）～式（6.1.19）表明 $\mathrm{WVD}_x = (t,\omega)$ 所表示的能量等于实际信号的能量，可视为一种时间和频率的能量密度和强度函数。

（4）时频伸缩相似性。如果 $x(t) \rightarrow \sqrt{|a|}\,x(at)$，则满足

$$\mathrm{WVD}_x(t,\omega) \rightarrow \mathrm{WVD}_x\left(at, \frac{\omega}{a}\right) \tag{6.1.20}$$

（5）乘积性质。如果 $y(t) = x(t)h(t)$，则满足

$$\mathrm{WVD}_y(t,\omega) = \int \mathrm{WVD}_h(t,\omega-\tau)\mathrm{WVD}_x(t,\tau)\mathrm{d}\tau \tag{6.1.21}$$

（6）卷积性质。如果 $y(t) = \int h(t-\tau)x(\tau)\mathrm{d}\tau$，则满足

$$\mathrm{WVD}_y(t,\omega) = \int \mathrm{WVD}_h(t-\tau,\omega)\mathrm{WVD}_x(\tau,\omega)\mathrm{d}\tau \tag{6.1.22}$$

（7）能量守恒性质。WVD 分布是一种能量守恒的变换，即

$$\iint \mathrm{WVD}_x(t,\omega)\mathrm{d}t\mathrm{d}\omega = \int |X(\omega)|^2 \,\mathrm{d}\omega \tag{6.1.23}$$

（8）有限支撑性质。如果信号 $x(t)$ 在时域是有限支撑的，那么它的 WVD 在时域也是有限支撑的，即如果 $x(t)=0, |t|>T$，则有

$$\mathrm{WVD}_x(t,\omega) = 0, \quad |t|>T \tag{6.1.24}$$

同样，如果信号 $x(t)$ 在频域是有限支撑的，那么它的 WVD 在频域也是有限支撑的。

（9）对线性调频（linear frequency modulation，LFM）信号的良好集中性质。线性调频信号的频率信息可以非常精确地在 WVD 中得到反映，如果 $x(t) = \mathrm{e}^{\mathrm{j}\left(\omega_0 + \frac{1}{2}\beta t\right)t}$，则满足

$$\mathrm{WVD}_x(t,\omega) = \delta(\omega(\omega_0 + \beta t)) \tag{6.1.25}$$

（10）能量沿着瞬时频率集中。当信号仅有频率调制或幅度调制较小，尤其是线性调频信号，WVD 的能量沿着信号的瞬时频率集中，效果十分直观。因此 WVD 才得到了广泛的应用。LFM 信号是一种典型非平稳信号，适合用作时频聚集性评价，广泛应用于雷达探测、声呐探测和地震监测等系统中。通常认为：如果一种时频分析方法无法为 LFM 信号提供较高的时频聚集性，那么它不适合非平稳信号的分析。

6.1.3 WVD 的改进算法

1. EMD-WVD 算法

利用经验模态分解（EMD）抑制 WVD 的交叉项，其算法基础是信号的经验模式分解。由于不同的分量被分离出来分别计算 WVD，同时降低了不同分量的干扰和交叉项的干扰，与 WVD 直接分解相比，各个基本模式分量具有较好的时频聚集性。

步骤 1：利用 EMD 方法对信号进行分解，得到有限个基本模式分量。

步骤 2：对得到的信号的各分量分别进行 WVD 计算，然后将各分解结果叠加，即为信号 $x(t)$ 的 EMD-WVD。

由于 EMD 分解过程中存在局部均值数值计算方法的插值误差、边界效应的影响及不严格的终止筛分标准等因素，分解产生的信号分量个数多于原信号组成的分量，其中非原信号组成的分量称为伪分量。伪分量的出现将对 WVD 交叉项存在抑制效果。

此外，如果信号中存在异常的变化，如时间尺度的跳跃变化、异常脉冲扰动等，EMD 算法分解后的 IMF 将会出现模态混叠现象，使得到的单频率成分不够"纯净"，进而影响 WVD 交叉项的抑制效果。

基于以上论述及算法过程的描述，利用 MATLAB 写出程序，给出基于 EMD-WVD 程序对信号的处理。

构造函数为 $x_4(t)= \sin(10t)+\cos(30t)+\cos(80t)$

EMD 即设置 EEMD 中的噪声系数 noiselevel=0，循环次数为 1，如图 6.1.4 所示。

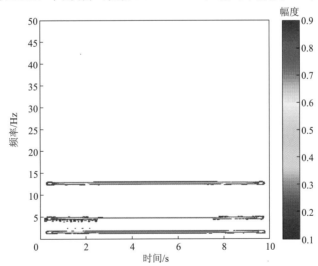

图 6.1.4 信号 $x_4(t)$ 的 EMD-WVD 的时频分布图

由图 6.1.4 可知，基于 EMD-WVD 分解已经直接得到了所需要的效果。这也间接验证了之前的分析，即噪声系数越小，其 EEMD 的分解效果越好，EMD 是特殊的 EEMD 的分解过程。

2. EEMD-WVD 算法

从 Huang 等（1998）的研究成果看，模态混叠现象与极值点的选择关联性较大。利用极值点信息生成的包络是信号异常事件的局部包络与真实信号包络的组合，然后筛选出的 IMF 分量就同时包含了信号的固有模式和信号的异常事件模式。

正是由于模态混叠的存在，Wu 等（2011，2009）提出了聚类经验模态分解（EEMD）的思想以改善其分解效果。该方法将高斯白噪声加入待分析的信号中，信号的不同尺度分量就会自适应地映射到各自合适的参考尺度上，然后对含噪信号进行 EMD，将分解得到的各 IMF 分量对应地计算平均值。白噪声的均匀分布使其具有零均值的特性，当大量含有均匀白噪声的信号取平均时，白噪声就会自动消失，这样就会使不同尺度的信号特征清晰地显现出来。因而，可以得到 EEMD 的计算步骤。

（1）初始化所要分解的 IMF 个数 N 和总的分解次数 M（第一轮分解取 $m=1$）。

（2）在信号中加入服从随机正态分布的白噪声，并对含噪信号进行归一化处理。

（3）应用 EMD 对归一化的信号进行分解，得到 N 个 IMF。

（4）当 $m<M$ 时，重复步骤（2）和（3），并使 $m=m+1$。

（5）将分解得到的 M 组 IMF 对应集成平均，当 M 足够大时，对应添加的白噪声序列将被剔除，进而得到输入信号的本征模函数组合：

$$X(t) = \sum_{i=1}^{N}\sum_{j=1}^{M} c_{j,i}(t), \quad i=1,\cdots,N; j=1,\cdots,M \tag{6.1.26}$$

$$x(t) = \frac{1}{N}\sum_{i=1}^{N}\sum_{j=1}^{M} c_{j,i}(t) = \sum_{i=1}^{N1}\sigma_i(t) + r(t), \quad i=1,\cdots,N \tag{6.1.27}$$

式中：$\sigma_i(t)$ 为第 i 个 IMF。

Wu 等（2011，2009）提出的 EEMD 思想是得到了 Flandrin 等（2004）的启发。Flandrin 等提出在没有足够多极值点的信号中加入噪声用以补充极值点的数目，可以得到较好的分解效果；另外，信号中加入的噪声大小对 EEMD 效果的影响有所不同。当噪声的幅值过小、信噪比过高时，噪声将失去为信号补充尺度的作用，影响其中极值点的选取，进而影响 EEMD 的分解效果。由于实际工程中的信号大多都是多分量的复杂信号，各分量的频率和幅值大小随机性较大，这就使得 EEMD 虽然比 EMD 在分解效果上有所改善，但是也并非尽如人意。因此，EEMD 之后的信号仍然不能保证为单频率信号，也就不能保证当其分量进行 WVD 分解时的交叉项可以完全消除。经过 EEMD 的信号仍然有多频率信号，WVD 分解图仍然会有交叉项的存在。

构造函数为 $x_4(t)=\sin(10t)+\cos(30t)+\cos(80t)$，通过选取不同的噪声系数，来研究 EEMD-WVD 算法的分解效果。

当噪声系数 noiselevel=0.25 时，得到图 6.1.5。经过一次 EEMD 后，剔除了两个交叉项，但是却出现了较多的混频杂质。

当噪声系数 noiselevel=0.2 时，得到图 6.1.6。改小噪声系数后的一次 EEMD 同样剔除了两个交叉项，但是却出现了较多的混频杂质。

当噪声系数 noiselevel=0.1 时，可以得到图 6.1.7。经过一次 EEMD 后，就剔除了三个交叉项，同样出现了一些混频杂质，但较之前的已经减少了。

当噪声系数 noiselevel=0.05 时，可以得到图 6.1.8。在图 6.1.8 中，进一步减小噪声系数，一次 EEMD 剔除了三个交叉项，频率较纯净。经过 EEMD-WVD 分解，构造函数

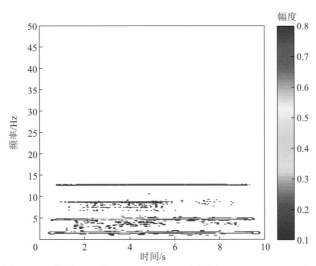

图 6.1.5 信号 $x_4(t)$ 的 EEMD-WVD 时频图 （noiselevel=0.25）

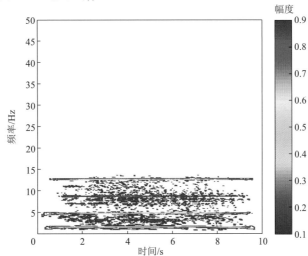

图 6.1.6 信号 $x_4(t)$ 的 EEMD-WVD 时频图 （noiselevel=0.2）

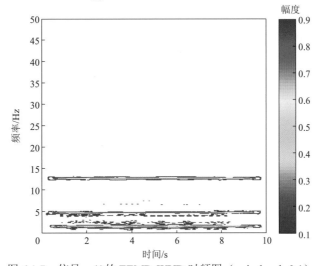

图 6.1.7 信号 $x_4(t)$ 的 EEMD-WVD 时频图 （noiselevel=0.1）

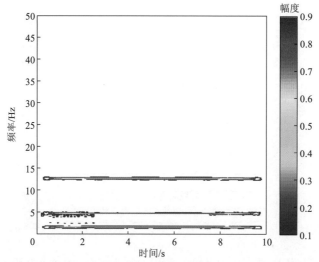

图 6.1.8　信号 $x_4(t)$ 的 EEMD-WVD 时频图（noiselevel=0.05）

的频率分布图基本上满足了要求，虽然有少部分端点附近存在干扰，但是已经不影响频率成分的识别和分析。

6.2　NSTFT-WVD 变换在震前地球天然脉冲电磁场信号时频与能量分析中的应用

震前的电磁信号除了有直观的幅度跃变信息，其蕴含的频率信息也值得深入研究。本节采用改进的归一化短时傅里叶变换（short-time Fourier transform，STFT）-WVD（即NSTFT-WVD）变换方法，对地震发生前后的 ENPEMF 信号进行时频算法处理，得到地震前后 ENPEMF 信号的时-频-幅度谱三维分布图，了解地球天然脉冲电磁场的时频特点，为地震电磁前兆研究提供有意义的参考。

6.2.1　NSTFT-WVD 方法原理

STFT-WVD 变换基本思想是通过二者重叠运算来增强 STFT 和 WVD 的重叠部分，消除或削弱交叉项分量，达到 STFT-WVD 变换在保持良好的时频聚集特性的同时抑制交叉项的效果。STFT-WVD 变换定义了 2 个变量：$\mathrm{SSTFT}_x(t,f)$ 与 $W_x(t,f)$，其任意函数表达式为

$$\mathrm{SW}_x(t,f)=p(\mathrm{SSTFT}_x(t,f),W_x(t,f)) \tag{6.2.1}$$

式中：$p(x,y)$ 为任意函数。例如当 $p(x,y)=x^a y^b$ 时，$\mathrm{SW}_x(t,f)=\mathrm{SSTFT}_x^a(t,f)\cdot W_x^b(t,f)$；当 $p(x,y)=x+y$ 时，$\mathrm{SW}_x(t,f)=\mathrm{SSTFT}_x(t,f)+W_x(t,f)$。需要注意的是，STFT-WVD 变换得出的结果并不能真实反映分析信号的时频分布幅值，只能显示经时频变换后的相对大小。根据定义，STFT-WVD 变换有如下几式。

$$\mathrm{SW}_x(t,f)=\mathrm{MIN}\{\mathrm{SSTFT}_x(t,f),|W_x(t,f)|\} \tag{6.2.2}$$

$$SW_x(t,f)=W_x(t,f)\cdot\{|SSTFT_x(t,f)|>c\} \tag{6.2.3}$$

$$SW_x(t,f)=SSTFT_x^a(t,f)\cdot W_x^b(t,f) \tag{6.2.4}$$

式（6.2.2）表示只取 STFT 与 WVD 后的数值中的较小值，如此处理以达到消除 WVD 变换的交叉项，并将被消除部分的值用 STFT 时频谱中的数值替代。式（6.2.3）表示二值化消除交叉项法，其中 c 为交叉项消除阈值。将 STFT 时频谱中大于阈值的数值返回 1，小于阈值的数值返回 0。因为 STFT 得到的时频谱不存在交叉项，所以可将信息矩阵位上的数值置为 1，其余置为 0，将二者点乘后消除 WVD 中的交叉项。式（6.2.4）中的 a、b 为幂调节系数。通过幂指数来增强 STFT 与 WVD 中数值较大部分，借此来削弱交叉项分量。实验结果表明，幂指数 a、b 增大时，STFT-Wigner 变换的时频聚集特性会相应提高。同时，a、b 不宜取值过高，a 的取值范围在[1.5,3.5]、b 的取值范围在[0.3,1.0] 较为适宜。

为了评价三种 STFT-WVD 变换的性能，下面构建三分量的线性调频信号，$Z(t)$的时域波形图如图 6.2.1 所示。

$$Z(t)=e^{0.1t+j2\pi\left(\frac{1}{2}mt^2\right)}+e^{0.25t+j2\pi\left(\frac{1}{2}mt^2\right)}+e^{0.4t+j2\pi\left(\frac{1}{2}mt^2\right)} \tag{6.2.5}$$

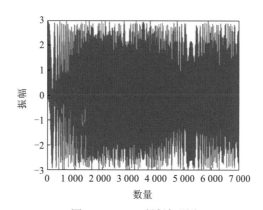

图 6.2.1　$Z(t)$时域波形图

$Z(t)$函数式中的参数 m 为调频斜率，取值为 0.2。图 6.2.2 是几种时频方法的效果比较。

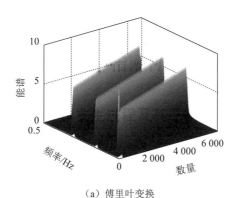

（a）傅里叶变换

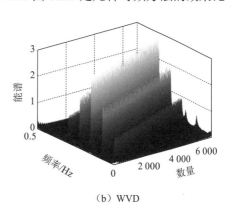

（b）WVD

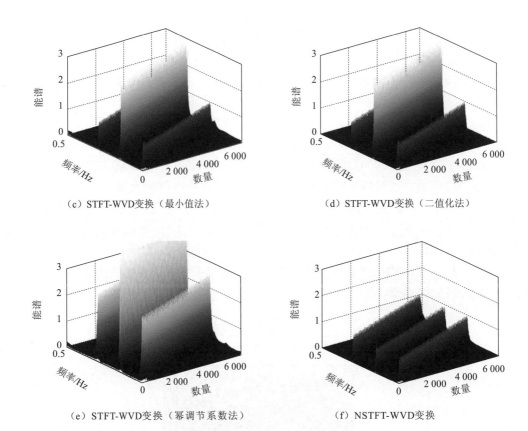

（c）STFT-WVD变换（最小值法）　　　　　（d）STFT-WVD变换（二值化法）

（e）STFT-WVD变换（幂调节系数法）　　　　　（f）NSTFT-WVD变换

图 6.2.2　几种时频方法比较

图 6.2.2（a）对 $Z(t)$ 函数的整体频率描述较好，但频率在时间轴的零点处有内收现象，即傅里叶变换的低频聚焦性差，同时振幅显示不真实，达到了 5。图 6.2.2（b）的 $Z(t)$ 函数经过 WVD 后，出现了严重的交叉项，甚至在中心频率为 0.25 Hz 的信息项上也叠加了交叉项。图 6.2.2（c）、图 6.2.2（d）和图 6.2.2（e）都是采用 STFT-WVD 变换得到的时频能量分布，这三个图的结果表明现有的 STFT-WVD 变换能起到很好的消除交叉项的作用，但对叠加到信息项频率分量上的交叉项则无能为力，三个图在 0.25 Hz 处都叠加了交叉项的振幅，使得在该频率处产生了虚假振幅。对于图 6.2.2（d）和图 6.2.2（e），目前还没有一套理论来指导如何根据输入信号的特征来确定阈值或幂调节系数。

图 6.2.2（f）所示为 NSTFT-WVD 变换结果，对比图 6.2.2（a）～图 6.2.2（e），NSTFT-WVD 算法沿袭了较高的时频聚集特性，同时也较好地消除了包括叠加在信息项频率上的交叉项分量，振幅显示也是正确的。该算法不需要设置式（6.2.3）中的 c 与式（6.2.4）中的 a、b，有效克服了输入信号改变从而需要重新调节阈值与幂调节系数的缺点，并改善了 STFT-WVD 方法难以消除叠加在信息项频率上的交叉项问题，结果更为理想。

NSTFT-WVD 变换方法步骤如下。

（1）应用 STFT 和 WVD 处理信号，分别得到信号的 STFT 数组和 WVD 数组。

（2）选取 STFT 数组中的最大值 max_st，将 STFT 数组中的各个数都除以 max_st，达到对 STFT 数组归一化的目的，得到归一化后的数组 STFT_1。

（3）记录数组 STFT_1 数值为 1 的数所在的位置（i，j）；记录数组 STFT_1 中非 0 的最小值 min_1。

（4）将数组 STFT_1 中值为 0 的数全部用 min_1 替换。

（5）选取 WVD 数组中位置为（i，j）的数 max_wvd，将 WVD 数组中的各个数除以 max_wvd 以对 WVD 数组进行归一化，得到临时数组 A。

（6）临时数组 A 点除以数组 STFT_1 得到临时数组 B，设置矩阵倍数比值上限值 x 与矩阵倍数比值下限值 y，x 为 5～10，y 为 1～2；选取临时数组 B 中大于 x 的数并记录其位置，将临时数组 B 中大于 x 的数和小于 y 的数全部置为 1。

（7）将 WVD 数组与临时数组 B 中大于 x 的相同位置的数全部置为 0，并将 WVD 数组点除以数组 B。

（8）输出 WVD 时频分析数组。

以上步骤可用图 6.2.3 来表示。

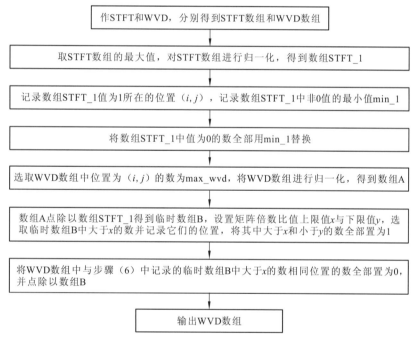

图 6.2.3　NSTFT-WVD 变换方法流程图

图 6.2.4 用 4 个频率的分段函数来验证 NSTFT-WVD 变换方法的频率聚集性，同时对比 STFT 和 WVD 两种方法的二维时频分布图。

图 6.2.4 中的二维和三维示意图可较好地反映三种算法扫频性能的优劣。图 6.2.4（a）和图 6.2.4（d）的 STFT 方法频率聚集性能差，每个函数都发生的频率延展，图 6.2.4（d）中的函数 x4 的频率扫描从原本的 100 个点（250～350）延伸到了 400 个点（100～500）；图 6.2.4（b）和图 6.2.4（e）的 WVD 方法扫频聚集性良好，但在频点为 0.3 Hz、0.25 Hz、0.15 Hz、0.05 Hz 出现了明显的虚假频率交叉项；图 6.2.4（f）的 NSTFT-WVD 方法可以较好地显示频率-时间分布，并且交叉项和其他虚假频率干扰消除得也不错，较好地实现了 4 个函数的时频分布。

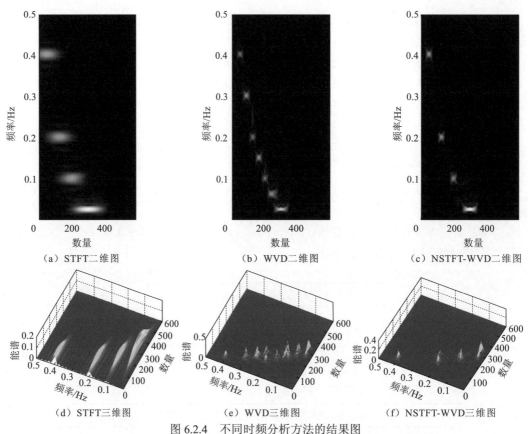

图 6.2.4　不同时频分析方法的结果图

$x_1(25:75)=\cos(2\pi1/2.5(t(25:75)-25))$; $x_2(100:150)=\cos(2\pi1/5(t(100:150)-100))$
$x_3(175:225)=\cos(2\pi1/10(t(175:225)-175))$; $x_4(250:350)=\cos(2\pi1/40(t(250:350)-250))$

6.2.2　基于 NSTFT-WVD 变换的震前 ENPEMF 信号的时频特点

地球天然脉冲电磁场信号数据来源于武汉九峰地震台 GR-01 型设备，如图 6.2.5 所示，仪器按照东-西向和南-北向摆放，对应通道 2（CN2，西-东）和通道 3（CN3，北-南）数据，通道 1（CN1，西-东）数据没有采用，图 6.2.6 为设备安放现场图。

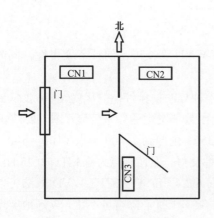

图 6.2.5　设备安放示意图

图 6.2.6　设备安放现场图

2013 年 4 月 20 日通道 2 的地球天然脉冲电磁场数据如表 6.2.1 所示。此处只截取了 1 min 的原始数据，时间段为 8:45:1～8:46:00，数据的振幅数值采用超过设定幅度阈值的脉冲数来描述，这是一种相对的能量强度，脉冲数目的多少与硬件系统安装调试时设定的幅度阈值有关，要求其能够清晰地覆盖全部幅度延展区间，且幅度包络线落在每月振幅上下限之间。

表 6.2.1　2013 年 4 月 20 日通道 2 的 ENPEMF 部分观测数据

时间	NH	时间	NH	时间	NH
8:45:01	11	8:45:21	24	8:45:41	7
8:45:02	4	8:45:22	14	8:45:42	33
8:45:03	2	8:45:23	14	8:45:43	5
8:45:04	15	8:45:24	4	8:45:44	26
8:45:05	16	8:45:25	6	8:45:45	16
8:45:06	13	8:45:26	12	8:45:46	20
8:45:07	19	8:45:27	8	8:45:47	13
8:45:08	15	8:45:28	16	8:45:48	31
8:45:09	21	8:45:29	7	8:45:49	9
8:45:10	3	8:45:30	0	8:45:50	1
8:45:11	0	8:45:31	20	8:45:51	27
8:45:12	36	8:45:32	33	8:45:52	7
8:45:13	9	8:45:33	1	8:45:53	28
8:45:14	19	8:45:34	1	8:45:54	0
8:45:15	3	8:45:35	5	8:45:55	19
8:45:16	6	8:45:36	0	8:45:56	9
8:45:17	6	8:45:37	30	8:45:57	49
8:45:18	13	8:45:38	21	8:45:58	27
8:45:19	28	8:45:39	0	8:45:59	13
8:45:20	12	8:45:40	15	8:46:00	21

表 6.2.1 中 NH 表示的是 1 s 之内超过设定振幅阈值的地球天然脉冲个数，是表征地球天然脉冲电磁场强度的一种形式。关于地球天然脉冲电磁场数据的分析，如果只关注振幅的变化趋势，能获得的震前信息相对比较单一，如果能了解其频率分布特性，则会给出更有意义的震前天然脉冲电磁场的研究参考。图 6.2.7 给出了 2013 年 4 月 20 日芦山 $Ms7.0$ 地震前后 9 天（15～23 日）的时频分析对比，数据选用通道 2（CN2）与通道 3（CN3），时频分析方法采用 NSTFT-WVD 变换。

图 6.2.7 中的数据以三天为一组，时间轴以小时为单位，对应 0～72 h，量化后的数据采样率为 1 s。图 6.2.7（a）～图 6.2.7（f）显示通道 2（CN2）和通道 3（CN3）数据经 NSTFT-WVD 变换处理后的三维时频能量分布图，可以较为清晰地显示地震发生前、

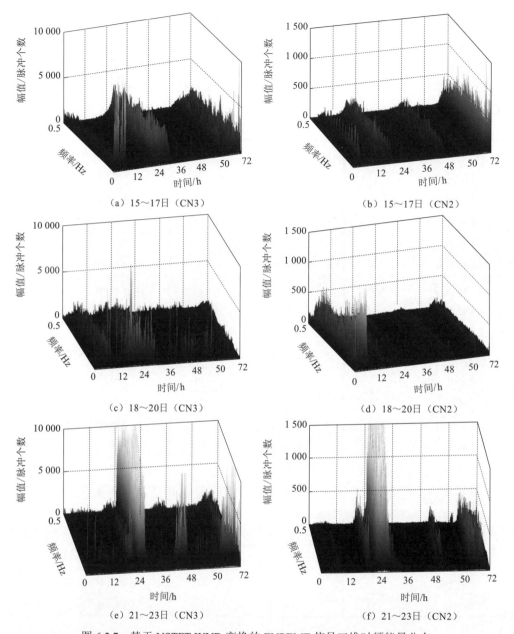

图 6.2.7 基于 NSTFT-WVD 变换的 ENPEMF 信号三维时频能量分布

中和后的频率分布及其振幅能量大小。图 6.2.7（a）为地震前 5～3 天（15～17 日）通道
3 数据的时频能量分布，15 日上午 10～12 点在 0.1 Hz 频率附近出现小规模的脉冲束；
16 日中午 12 点左右，在 0～0.5 Hz 的全频率段都出现了较大规模且幅度较强的脉冲；
17 日中午开始出现大规模的幅值较大的全低频段脉冲束。图 6.2.7（b）为地震前 5～
3 天（15～17 日）通道 2 数据的时频能量分布，15 日的 4 点左右、18 点左右有全频段
（0～0.5 Hz）的脉冲分布；16 日白天几乎没有，只在 24 点附近出现全频段脉冲束；
17 日白天的脉冲幅度不明显，8 点、14 点左右有全频域的微弱脉冲束分布，17 日接近
24 点有较大幅值的全频段脉冲分布。图 6.2.7（c）为通道 3 的 19～20 日数据的时频能量

· 138 ·

分布，基本没有较明显的全频段脉冲分布，只有相对零散的较低频分布，表现出临震前的"静默"状态。图 6.2.7（d）中通道 2 的数据与图 6.2.7（c）通道 3 的数据相比，临震前的"静默"状态更为明显，18 日后半段、19 日和 20 日都呈现出微弱脉冲的现象。图 6.2.7（e）和图 6.2.7（f）显示震后的脉冲分布基本一致，通道 2 和通道 3 在 21 日的 24 点前后同时出现了较大规模的全频段脉冲分布，并且幅值较大，可反映震后余震的集中爆发。

由图 6.2.7 可得出以下结论。

（1）地球天然脉冲电磁场信号的频率分布不是全时刻的，只在部分时间点上出现，且脉冲呈现集束；信号较强时，其频率分布较广，可从 0.5 Hz 覆盖至极低频段。

（2）通道 2 和通道 3 数据的时频分布不完全相同，但总体趋势较为一致，体现为脉冲出现的时刻相近，如在凌晨时分（即图中的 0 h、24 h、48 h、72 h 前后）有较为明显的脉冲分布。

（3）图 6.2.7（d）中通道 2 的 18 日后段和 19 日，即地震发生之前的 1 天至 1 天半，出现了较长时间的脉冲频率成分"静默"状态，图 6.2.7（c）中通道 3 也有此现象，19 日夹杂了部分散乱的频率分布，图 6.2.7（d）和图 6.2.7（c）的时频分布明显与其他不同，可尝试将其作为地震前兆信号的参考之一。

图 6.2.7 中出现的震前脉冲"全频段静默"现象，是一种震前电磁信号时频分析后的频率特点分布。而此处的"全频段"指的是 0~0.5 Hz，这与数据源的采样率有关。震前电磁信号的静默现象已在一些地震案例中得以统计和发现。于世昌（1999）研究了 1998 年 1 月 10 日张北 6.2 级地震前的电磁前兆信号，发现 0.1~10 Hz 电感应信号具有"弱-强-弱-平静-发震"的震前总体变化过程，南北和东西方向的"平静"时间段为 2~4 天。吴伯荣等（1993）研究了甘肃省河西地区 14 个电磁波台站近 6 年的 M_s4.0 以上地震的电磁波异常特征，结果表明，震前电磁波低频脉冲呈现出"密集-平静-发震"的过程。张建国等（2013）运用 FFT 和小波变换的方法研究了汶川 M_s8.0 地震前后 ULF 电磁辐射频谱特征，在时间和频段上均出现了阶段性进程特征：异常-恢复平静-再异常-短时平静-发震。

震前地球天然脉冲电磁场"全频段静默"现象的机理，目前尚不十分明确，根据 ENPEMF 信号场源特点，杨涛（2004）、Ren（2012）等给出了相关的解释，由此可进一步理解。①关于震前 ENPEMF 信号的产生，其场源可能是震源区震前地质构造动力学变化的反映，即由微观聚集成宏观的压电效应、动电效应。②当岩石发生破裂时，应变波的传播会激发出电磁效应，因此地面观测设备可以捕获到宽频谱的电磁辐射波。③关于震前 ENPEMF 信号的"全频段静默"现象，可初步认为：地震孕育及临震前，岩石受力而发生弹性形变阶段，出现浪涌电场和浪涌磁场，应力在震源区进行缓慢的积累兼或进行重新分配，导致地下介质发生形变，新老裂隙的集合形态与赋存空间发生变化，地下流体的渗入或挤出等一系列过程，可能产生压磁效应、感应磁效应、流变磁效应、电动磁效应及热磁效应等，形成地表磁场的长趋势变化中伴生局部的与地震活动相关的前兆异常。其后，岩石受力临震前暂时平衡，固体涌动减缓，电磁辐射减弱。震前 ENPEMF 信号表现出的"全频段静默"现象可能是震前的"临界"暂稳状态。

6.3 BSWT-DDTFA 方法在震前地球天然脉冲 电磁场信号时频分析中的应用

本节提出一种基于二值化同步压缩小波变换（binarized synchrosqueezed wavelet transform，BSWT）的数据驱动时频分析（data-driven time-frequency analysis，DDTFA）方法，简称为 BSWT-DDTFA 方法，能够较为精确地提取信号的时频分布，且该方法具有数据驱动自动赋值的功能。实验仿真证明该改进方法具有有效性和优越的抗噪声性能。

6.3.1 BSWT-DDTFA 方法原理

DDTFA 方法对信号是完全自适应的，相对于 EMD 和 EEMD 方法而言，不仅减弱了端点效应和模态混叠现象，其抗噪声性能强，而且有更加坚实的数学理论支撑（Hou et al.，2012）。DDTFA 有两个比较重要的方面，以保证对数据的完全自适应性：第一，用来分解数据的基是来源于数据本身，而不是之前设定的；第二，在包含本征模态函数的字典中寻找信号的最稀疏表示。最稀疏表示是指分解结果在分量具有物理意义的基础上保证分量个数最少。因此 DDTFA 的处理过程可以分为如下两个部分。

（1）首先，建立一个高度冗余的字典 D，D 的定义式为

$$D = \{a\cos\theta : a \in V(\theta,\lambda), \quad \theta' \in V(\theta,\lambda), \quad \forall t \in R, \quad \theta'(t) \geqslant 0\} \qquad (6.3.1)$$

式中：$V(\theta,\lambda)$ 为所有比 $\cos\theta(t)$ 平滑的函数的集合。以过完备傅里叶基构造的 $V(\theta,\lambda)$ 可表示为

$$V(\theta,\lambda) = \text{span}\left\{1, \left(\cos\left(\frac{k\theta}{2L_\theta}\right)\right)_{1 \leqslant k \leqslant 2\lambda L_\theta}, \left(\sin\left(\frac{k\theta}{2L_\theta}\right)\right)_{1 \leqslant k \leqslant 2\lambda L_\theta}\right\} \qquad (6.3.2)$$

式中：$L_\theta = \left\lfloor \dfrac{\theta(1)-\theta(0)}{2\pi} \right\rfloor$（向下取整）；$\lambda \leqslant \dfrac{1}{2}$ 是控制 $V(\theta,\lambda)$ 平滑度的参数，本节取 $\lambda = \dfrac{1}{2}$。

（2）然后，通过合适的稀疏分解方法寻找信号在字典 D 上的最稀疏表示，该过程可以通过求解一个非线性优化问题 P0 来解决。P0：最小化 M，使其满足条件

$$f = \sum_{k=1}^{M} a_k\cos\theta_k, a_k\cos\theta_k \in D, k = 1, \cdots, M \qquad (6.3.3)$$

在 DDTFA 方法中，稀疏分解的过程可选择基于非线性三阶全变差（third-order total variation，TV3）最小化的分解或者基于非线性匹配追踪法的分解。但是由于非线性 TV3 最小化的分解对噪声比较敏感，而非线性匹配追踪法的计算量较大，所以本节选择针对周期数据的一种基于快速傅里叶变换的快速算法（Hou et al.，2013，2012；张学阳，2012），实验证明此快速算法对非周期数据也具有一定的适用性。

对于 DDTFA 方法，当初始相位赋值为信号分量的平均频率时，得到的 IMF 分量和瞬时频率曲线比较准确。目前给 DDTFA 赋初始值的方式有两种：一种是将信号进行短

时傅里叶变换，然后通过肉眼识别信号的主要频率，这种方式过程比较烦琐，并且会受主观因素的影响（Hou et al.，2012）；另外一种是通过 EMD 得到信号的 IMF 分量，然后以每个 IMF 分量的平均频率作为 DDTFA 的初始赋值（张学阳，2012），这种方式虽然可以实现初始赋值的自动化，但是由于 EMD 本身存在模态混叠现象，并且容易受噪声的影响，会导致得到的初始频率赋值不准确，时频结果错误。本节提出的 BSWT-DDTFA 方法是通过 BSWT 提取信号的主要频率，实现 DDTFA 初始相位的自动赋值。BSWT-DDTFA 方法既能得到聚集度高的时频分布，又保留 DDTFA 抗噪声性能好的优点。

BSWT-DDTFA 方法的实现主要包含如下 5 个步骤，流程如图 6.3.1 所示。

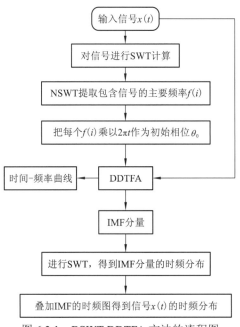

图 6.3.1　BSWT-DDTFA 方法的流程图

（1）通过同步压缩小波变换（synchrosqueezed wavelet transform，SWT）得到信号 $x(t)$ 的时频分布。

（2）对 SWT 的时频分布进行二值化，提取信号的主要频率值。

（3）将提取出来的频率值乘以 $2\pi t$ 作为数据驱动时频分析方法的初始相位值 θ_0。

（4）对信号 $x(t)$ 在参数 θ_0 下进行 DDTFA 变换，得到 IMF 分量和时间-频率曲线。

（5）将得到的 IMF 分量分别进行 SWT，叠加后得到 $x(t)$ 的时频分布。

6.3.2　BSWT-DDTFA 方法仿真

BSWT-DDTFA 方法能有效地分解信号，得到 IMF 分量和频率曲线，可以直接绘制信号的时间-频率分布图，且抗噪声性能比较优越。本小节设计两组不同的仿真实验来验证该方法的优点，同时证明 BSWT-DDTFA 方法应用的广泛性及有效性，可作为对后面实际信号分析可靠性的支持。

仿真信号 $x_1(t)$：

$$x_1(t) = \cos(10\pi t - 0.2\sin(2\pi t)) + \sin(20\pi t + 2\sin(0.4\pi t)) + \cos(0.5\pi t^2 + 4\pi t)$$

$$\mathrm{SNR} = 1.5$$

仿真信号 $x_2(t)$：

$$x_2(t) = x_{21}(t) + x_{22}(t)$$

$$x_{21}(t) = \cos(40\pi t), \quad 0 \leqslant t \leqslant 2$$

$$x_{22}(t) = \cos\left(\pi t^2 + 20\pi t\right), \quad 1 \leqslant t \leqslant 2$$

$$\mathrm{SNR} = 1$$

图 6.3.2 是仿真信号 $x_1(t)$ 和 $x_2(t)$ 在含噪声情况下分别通过 EMD-DDTFA 和 BSWT-DDTFA 方法分解得到的 IMF 分量。可以看出 EMD-DDTFA 分解出的 IMF 分量与信号的真实分量相似度极小，几乎不能分辨，受信号中噪声的影响很大；而 BSWT-DDTFA 分解得到的 IMF 分量与真实分量很接近，噪声信号得到很大程度的抑制。结果表明 BSWT-DDTFA 相较于 EMD-DDTFA，除同样能实现初始相位的自动赋值外，还可以更准确地分解信号。

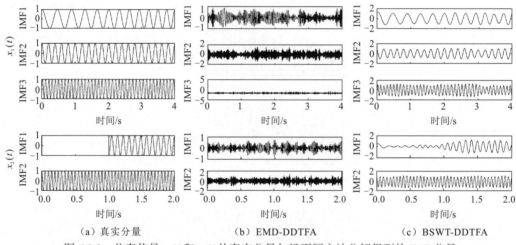

（a）真实分量　　　　　　（b）EMD-DDTFA　　　　　　（c）BSWT-DDTFA

图 6.3.2　仿真信号 $x_1(t)$ 和 $x_2(t)$ 的真实分量与经不同方法分解得到的 IMF 分量

定义仿真信号 $\mathrm{sig}(t)$：

$$\mathrm{sig}(t) = \cos(10\pi t - \sin(2\pi t)) + \sin(24\pi t + 2\sin(2\pi t)) + \cos(2\pi t^2 + 40\pi t)$$

如图 6.3.3 和图 6.3.4 所示，比较仿真信号由 BSWT-DDTFA、EMD-DDTFA 方法和 SWT 方法得到的频率曲线及时频分布。从图 6.3.3（a）和图 6.3.3（b）中可以看出，与仿真信号的真实频率相比，由 EMD-DDTFA 分解得到的频率曲线基本不能分辨，大多为频率较高的噪声分量，而 BSWT-DDTFA 分解得到的频率曲线有很明显的改善，与信号的真实频率基本相近。图 6.3.4 中，比较 SWT 和 BSWT-DDTFA 在不同信噪比条件下仿真信号 $\mathrm{sig}(t)$ 的时频分布图，可以看出经 SWT 处理得到的时频分布图中依然存在噪声，而 BSWT-DDTFA 分解得到时频分布图中的噪声得到了较好的抑制。

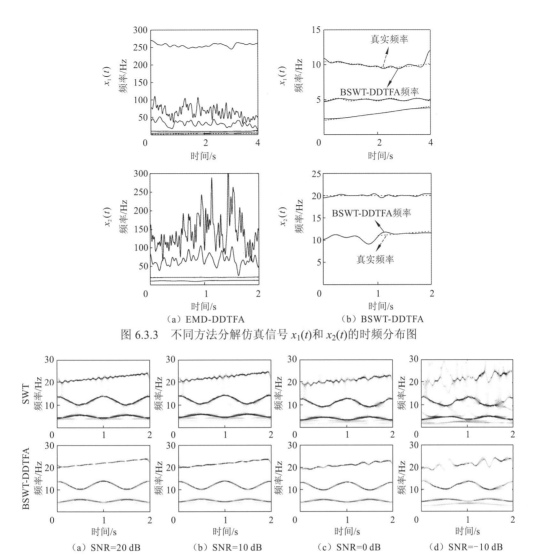

图 6.3.3　不同方法分解仿真信号 $x_1(t)$ 和 $x_2(t)$ 的时频分布图

（a）SNR=20 dB　　（b）SNR=10 dB　　（c）SNR=0 dB　　（d）SNR=−10 dB

图 6.3.4　不同信噪比下 SWT 和 BSWT-DDTFA 分解仿真信号 sig(t) 的时频分布图

6.3.3　基于 BSWT-DDTFA 的震前 ENPEMF 信号的时频特点

地球天然脉冲电磁场信号是一种典型的非平稳信号，而且由于它的场源比较复杂，含有较多的噪声，将 BSWT-DDTFA 方法应用于地球天然脉冲电磁场信号是比较合适的。

将本小节所选取的表 6.3.1 的 AH 数据进行 BSWT-DDTFA 处理，得到如图 6.3.5 所示的结果，希望能从中了解震前 ENPEMF 信号的时频分布特点。

表 6.3.1　通道 2 的 ENPEMF 部分观测数据

4 月 17 日		4 月 18 日		4 月 19 日		4 月 20 日		4 月 21 日	
时间	AH	时间	AH	时间	AH	时间	AH	时间	AH
……	……	……	……	……	……	……	……	……	……
14:57:50	0	14:57:50	376	07:54:04	0	22:23:43	0	11:10:42	0

4 月 17 日		4 月 18 日		4 月 19 日		4 月 20 日		4 月 21 日	
时间	AH	时间	AH	时间	AH	时间	AH	时间	AH
14:57:51	0	14:57:51	179	07:54:05	220	22:23:44	0	11:10:42	244
14:57:52	256	14:57:52	0	07:54:06	229	22:23:45	234	11:10:42	0
14:57:53	468	14:57:53	0	07:54:07	217	22:23:46	0	11:10:42	476
14:57:54	0	14:57:54	167	07:54:08	0	22:23:47	181	11:10:42	200
14:57:55	0	14:57:55	176	07:54:09	0	22:23:48	0	11:10:42	0
……	……	……	……	……	……	……	……	……	……
23:59:59	282	23:59:59	231	23:59:59	212	23:59:59	4	23:59:57	11

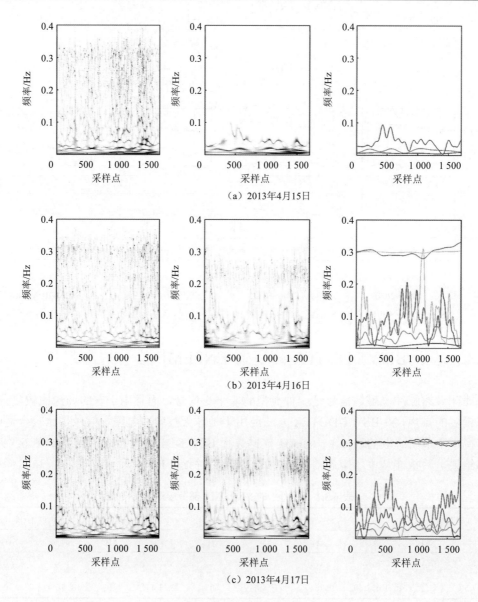

（a）2013年4月15日

（b）2013年4月16日

（c）2013年4月17日

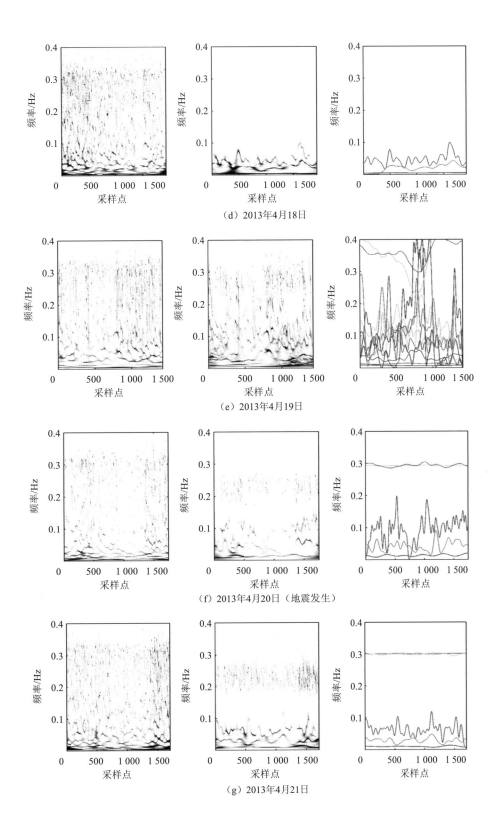

（d）2013年4月18日

（e）2013年4月19日

（f）2013年4月20日（地震发生）

（g）2013年4月21日

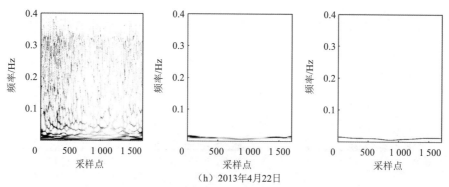

（h）2013年4月22日

图 6.3.5　应用不同分解方法得到的芦山地震前后 ENPEMF 信号的时频分布变化

每个子图由左至右依次为 SWT 时频分布、BSWT-DDTFA 时频分布和 BSWT-DDTFA 频率曲线

图 6.3.5 所示为处理的芦山地震期间 2013 年 4 月 15～22 日的 ENPEMF 信号，地震发生的时间是 2013 年 4 月 20 日，通过 BSWT-DDTFA 和 SWT 两种方法得到了信号的时间-频率-能量分布图，此部分主要观察震前时频分布的异常特征。从图中可以看出 BSWT-DDTFA 比 SWT 更有效地屏蔽噪声的影响，把主要的频率显现出来，能够更清楚地分辨出时频的变化规律。ENPEMF 信号的频率主要集中在 0.1 Hz 以下，在震前几天，时频分布图在 0.1～0.3 Hz 开始出现频率分量，并逐天增多，在震前 2 天又恢复平静，而在震前 1 天再次增多并达到最大值，震后逐渐恢复。另外，ENPEMF 信号的能量分布在地震前后的几天内很不稳定，会出现明显的增强或者减弱。

通过分析 BSWT-DDTFA 方法处理得到的 ENPEMF 数据的时频-能量分布图可以发现，在地震发生期间频率分量会经过增多-减少-增多-平稳的过程，能量也经过增大-减少-增大-平稳的过程。在地震当天（20 日）和地震之后，频率分量增多，频率分量的幅度能量谱也随之递增，体现了地震前夕的不稳定。由此可见，在芦山地震前期，能量和频率分量出现大幅度的波动，在一定程度上表现出地壳的不稳定。

6.4　EEMD-WVD 方法在震前地球天然脉冲电磁场时频特性中的应用

从时频分析的角度可以很好地了解震前 ENPEMF 信号的时频特性。如通过 EEMD-WVD 可获得 ENPEMF 信号的时频谱特性：边际谱、瞬时能量谱、能量集中分布的频段、最大振幅对应的时频、IMF 模态频率分布、IMF 模态中心频率、IMF 模态平均周期、最大振幅、最大振幅所对应的时间和频率等，来分析震前 ENPEMF 信号时频参数上的孕震信息特征。

6.4.1　ENPEMF 数据的二维时频分解

NH 数据（每秒的脉冲数目的量化值）与 AH 数据（每秒内第一个脉冲幅度的量化值）在体现地球天然脉冲电磁场的地表磁场变化效果上不尽相同，各自有表现好和不好的时候。总的来说，ENPEMF 信号受降雨等自然干扰要小。本小节将其用在震前电磁异常现象分析中，尝试从中发现一些异常特性；分析 AH 信号与 NH 信号，同时考虑 2 个通道。本小节将采用 HHT 重点处理 20 日芦山地震震前与震后 1 天（即 17～21 日）通道 2 与通道 3 的 NH 数据，来解析震前 ENPEMF 信号的时频表现。

ENPEMF 的部分数据见表 6.4.1 和表 6.4.2。表 6.4.1 是通道 2 的部分观测数据，时间是 2013 年 4 月 17～21 日，南-北方向。表 6.4.2 是通道 3 的部分观测数据，时间是 2013 年 4 月 17～21 日，西-东方向。

表 6.4.1　通道 2 的 ENPEMF 部分观测数据

4 月 17 日		4 月 18 日		4 月 19 日		4 月 20 日		4 月 21 日	
时间	AH	时间	AH	时间	AH	时间	AH	时间	AH
00:00:01	0	00:02:44	0	00:02:41	0	03:58:31	183	00:02:44	0
00:00:02	257	00:02:45	338	00:02:42	0	03:58:32	0	00:02:45	497
00:00:03	197	00:02:46	174	00:02:43	0	03:58:33	0	00:02:46	0
00:00:04	0	00:02:47	133	00:02:44	211	03:58:34	0	00:02:47	0
00:00:05	170	00:02:48	165	00:02:45	256	03:58:35	210	00:02:48	320
00:00:06	314	00:02:49	231	00:02:46	249	03:58:36	308	00:02:49	287
……	……	……	……	……	……	……	……	……	……
23:59:58	0	23:59:58	0	23:59:58	0	23:59:58	0	23:59:56	18
23:59:59	282	23:59:59	231	23:59:59	212	23:59:59	4	23:59:57	11

表 6.4.2　通道 3 的 ENPEMF 部分观测数据

4 月 17 日		4 月 18 日		4 月 19 日		4 月 20 日		4 月 21 日	
时间	NH	时间	NH	时间	NH	时间	NH	时间	NH
00:05:41	2	00:05:43	135	00:05:10	235	03:18:46	0	00:05:41	0
00:05:42	10	00:05:44	25	00:05:11	387	03:18:46	1	00:05:42	127
00:05:43	9	00:05:45	0	00:05:12	14	03:18:47	5	00:05:43	12
00:05:44	2	00:05:46	135	00:05:13	105	03:18:48	0	00:05:44	36
00:05:45	133	00:05:47	135	00:05:14	186	03:18:49	27	00:05:45	0
00:05:46	20	00:05:48	183	00:05:15	98	03:18:50	56	00:05:46	19
……	……	……	……	……	……	……	……	……	……
23:05:57	15	23:05:58	23	23:05:58	268	23:18:58	1	23:05:58	29
23:05:58	20	23:05:59	168	23:05:59	183	23:18:59	0	23:05:59	0

图 6.4.1 为地球天然脉冲电磁场原始数据的包络图，从图中可以看出，幅值密且乱，无法从中获得有价值的分析信息。

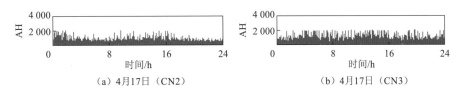

(a) 4 月 17 日（CN2）　　　　　　　(b) 4 月 17 日（CN3）

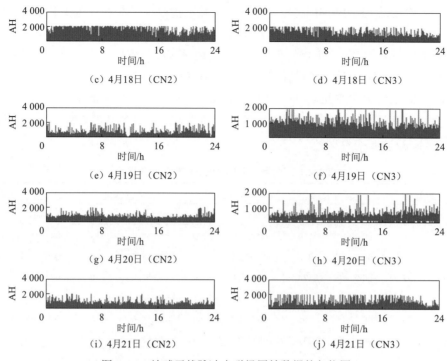

(c) 4月18日（CN2）　　　　　　　　(d) 4月18日（CN3）

(e) 4月19日（CN2）　　　　　　　　(f) 4月19日（CN3）

(g) 4月20日（CN2）　　　　　　　　(h) 4月20日（CN3）

(i) 4月21日（CN2）　　　　　　　　(j) 4月21日（CN3）

图 6.4.1　地球天然脉冲电磁场原始数据的包络图

下面对这些数据进行时频分析，从中找到孕震信息的明显规律。

6.4.2　EEMD-WVD 分解

1. AH 数据 EEMD-WVD 分析

图 6.4.2 中，虽然 17 日通道 3 的数据缺失，但是由这几天的 EEMD-WVD 时频幅度谱可以看出在地震前的 4 天（15 日、16 日、18 日和 19 日）时频幅度谱有大量的异常，出现大量的幅度较高的噪声。但是，地震当天（20 日）和震后（21 日）基本恢复正常。

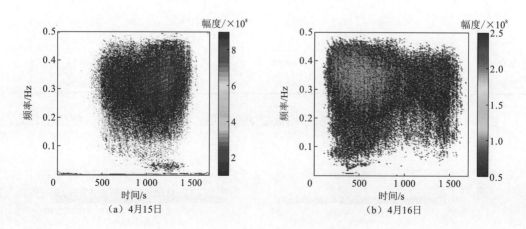

(a) 4月15日　　　　　　　　　　(b) 4月16日

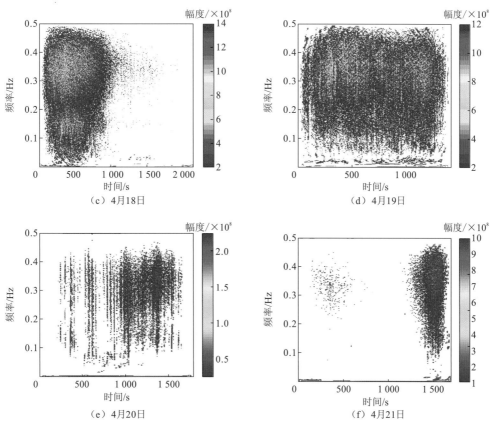

（c）4月18日

（d）4月19日

（e）4月20日

（f）4月21日

图 6.4.2　芦山 $M_s7.0$ 地震通道 3 的 AH 数据 EEMD-WVD 时频幅度谱

缺 17 日数据

2. NH 数据 EEMD-WVD 分析

从图 6.4.3 可以看出，在地震前（15 日）和地震当天（20 日），时频幅度谱出现异常，大量噪声出现，其他几天的异常效果没有 AH 数据的明显。地震后的 21 日基本恢复正常。

EEMD-WVD 方法可以体现出地震之前的地球天然脉冲电磁场时-频-幅度谱的异常，不管是通道 2 还是通道 3 的数据，AH 数据都更能体现出地震之前的大量噪声。基

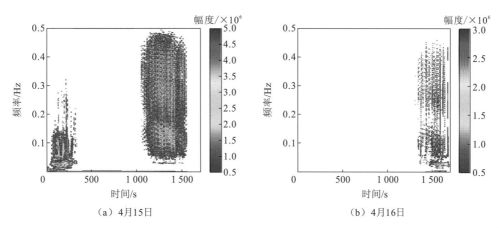

（a）4月15日

（b）4月16日

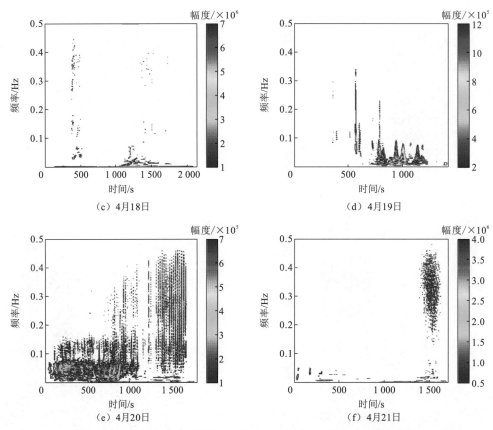

图 6.4.3　芦山 M_s7.0 地震通道 3 的 NH 数据 EEMD-WVD 时频幅度谱

于 EEMD-WVD 算法的二维时频能量谱图比 HHT 的二维时频谱图更加清晰，数据能够很好地观察到，展现出其比 HHT 算法更加出色的分析识别能力。

在基于 EEMD-WVD 方法分析地震前 ENPEMF 信号时发现，AH 数据的孕震信息的特点要好于 NH 数据，通道 2 和通道 3 都有较为一致的异常变化趋势。此种分析方法可以有效地分辨识别出震前的孕震信息。

6.5　DE-DDTFA 方法在震前地球天然脉冲电磁场信号时频特性中的应用

本节提出基于差分进化（differential evolution，DE）的数据驱动时频分析（data-driven time-frequency analysis，DDTFA）方法，简称为 DE-DDTFA 方法，实现自适应数据驱动时频分析，能够较准确地分解 ENPEMF 信号。DE-DDTFA 能有效地解决 EMD 过程中出现的端点效应、模态混叠问题和原 DDTFA 方法中初始相位函数赋值问题，具有自适应性和高鲁棒性。

6.5.1 DE-DDTFA 方法原理

在 DDTFA 方法分解真实信号的过程中,一般对原信号进行傅里叶变换估计相位初值,选取幅度值最大处对应的角频率作为相位初值(张学阳,2012)。这种方法一旦确定相位初值,信号分解结果也就确定了,不能自适应地调整初始相位函数来获得最佳分解结果,对处理含噪声信号和复杂信号的适应性较差。DE 算法是一种迭代优化算法,在迭代初期,具有较强的全局搜索能力;在局部区域收敛的迭代后期,种群差异大大减小,导致 DE 算法具有较强的局部搜索能力。DE 算法的主要步骤包括复制、变异、重组和选择等操作。其主要思想是通过变异操作来获得变异的个体,然后在变异个体的基础上对其进行交叉操作,得到实验个体,最后选择适应度较好的个体进入下一代种群(Zhang et al.,2009)。

DE-DDTFA 方法的主要思想是以信号分解后的残差能量值为目标优化函数,通过 DE 算法自适应地搜索最优分解相位值,并通过该相位值完成信号分解。DE-DDTFA 算法主要步骤如下。

(1)初始化种群,设置 DE 算法的相关参数及迭代终止条件,包括交叉概率 Cr、缩放因子 F 和最大进化代数 D_{max}。

(2)设置初始相位函数范围,首先对原信号进行平滑伪维格纳-维尔分布(smoothing pesudo-Wigner-Ville distribution,SPWVD)变换得到信号的时频分布,则 DE 算法的自变量范围为 $x \in [0, f]$,其中 f 为信号进行 SPWVD 后在时频域上的最大频率值,所以初始相位函数 $\theta_0(t) \in [0, 2\pi ft]$。

(3)根据目标优化函数建立适应度函数:

$$g(x,t) = \|r_i(x,t) - r_{i-1}(x,t)\| \tag{6.5.1}$$

(4)通过优化计算得到最佳初始相位函数 $\theta_0(t) = 2\pi ft$,利用该初始相位函数完成 DDTFA 的分解得到第一个 IMF 分量。

(5)循环步骤(1)~(4),完成原信号的分解,得到其他的分量信号。

图 6.5.1 是用 DE-DDTFA 方法处理仿真信号得到的信号分解结果,并与 EMD-DDTFA 方法做对比,仿真信号函数式(6.5.2)所示。

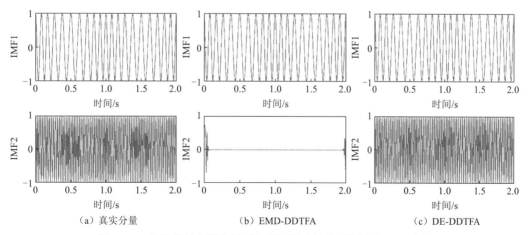

图 6.5.1 仿真信号实际分量图与经不同方法分解得到的 IMF 分量

$$\begin{cases} x_1(t) = \cos(20\pi t + 2\sin(2\pi t)) \\ x_2(t) = \sin(80\pi t + 2\sin(4\pi t)) \\ x_3(t) = x_1(t) + x_2(t) \end{cases} \quad (6.5.2)$$

式（6.5.2）中仿真信号 $x_3(t)$ 的频率成分较复杂，包含两个线性调频分量。由图 6.5.1 的结果可知，DE-DDTFA 算法能够更加准确地获取初始信号相位，据此相位分解得到的信号分量与真实分量相似度较高。经过 EMD-DDTFA 方法分解得到的信号分量中 IMF2 出现分解错误，分解效果不如 DE-DDTFA 好，与真实分量相比有明显失真。显然，DE-DDTFA 算法不仅可以用于信号分解，且其分解效果优于现有的 EMD 方法。

6.5.2 DE-DDTFA 方法仿真

时频聚集度是衡量时频分析方法优劣的重要标准之一，良好的聚集度能够最大限度地刻画信号真实的时间–频率分布。本小节选择由两个调频信号分量组成的仿真信号 $x_6(t)$，添加高斯白噪声，使其信噪比（SNR）为 2 dB，仿真信号构造函数为

$$\begin{cases} x_4(t) = \cos(20\pi t - 4\sin(2\pi t)) \\ x_5(t) = \sin(50\pi t + 2\sin(2\pi t)) \\ x_6(t) = x_4(t) + x_5(t) + n(t) \end{cases} \quad (6.5.3)$$

经过 DE-DDTFA 和 EMD-DDTFA 两种方法的处理，得到仿真信号的 IMF 分量如图 6.5.2 所示。图 6.5.3 为用上述两种方法处理得到的每个 IMF 分量的瞬时频率曲线。对比图 6.5.2 和图 6.5.3 中 $x_6(t)$ 的频率准确性分布，可以看出，本节提出的 DE-DDTFA 方法优于 EMD-DDTFA 方法。

$x_6(t)$ 信号的两种方法的时域波形如图 6.5.2 所示，$x_6(t)$ 信号的时频分析如图 6.5.3 所示。在加噪条件下，图 6.5.2 中，应用 DE-DDTFA 方法的时域波形失真较小，应用 EMD-DDTFA 方法的时域波形失真较大。在图 6.5.3 的时频分析中，DE-DDTFA 分析结果与理想时频分布基本吻合，受噪声影响较小，该方法分解得到的信号 IMF 分量的瞬时

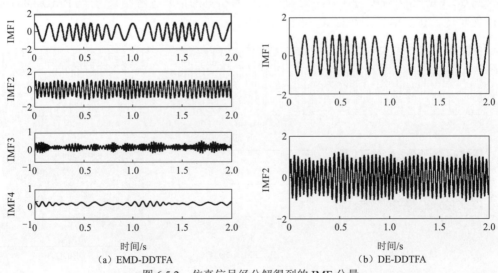

(a) EMD-DDTFA (b) DE-DDTFA

图 6.5.2 仿真信号经分解得到的 IMF 分量

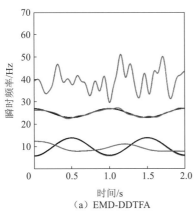 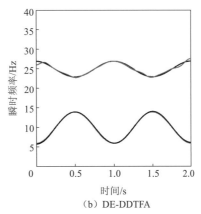

（a）EMD-DDTFA （b）DE-DDTFA

图 6.5.3 IMF 分量的瞬时频率曲线

红色实线代表通过时频分析方法得到的瞬时频率，黑色实线代表信号的真实时间-频率曲线

频率与信号真实的瞬时频率拟合较好。EMD-DDTFA 分解得到的信号 IMF 分量受噪声干扰较大，发生模态混叠现象，产生虚假频率成分，对频率未知的真实信号分析产生错误。

鲁棒性是指系统的健壮性，对时间域或频率域信号而言，算法过程动态特性参数及其变化范围需要有一定的冗余度，算法不需要精确的过程模型但需要一定程度的离线辨识，使算法能够对变化的输入信号具有良好的适应性。6.6.1 小节中已说明本节算法相比EMD-DDTFA 算法的分析结果更加准确。为验证本节方法适合用于分析 ENPEMF 信号，采用均方根误差（root mean square error，RMSE）作为评价 DE-DDTFA 算法鲁棒性能的量化参数，仿真信号使用构造函数 $x_6(t)$，添加不同强度的高斯白噪声，信噪比从 25 dB至-8 dB 依次减小，记录不同信噪比下两个 IMF 分量的 RMSE 值，结果如图 6.5.4 所示。

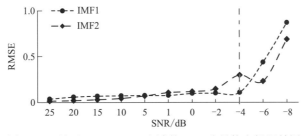

图 6.5.4 基于 DE-DDTFA 方法的 IMF 分量均方根误差图

图 6.5.4 中，随着信噪比减小，信号的 RMSE 值越来越大，当信噪比恶化到-4 dB 以下时，噪声对 DE-DDTFA 信号分解造成的影响开始增加，即 DE-DDTFA 算法具有良好的容错鲁棒性能。信号噪声大于-4 dB 时，DE-DDTFA 对信号的分析结果可以较准确地反映信号的真实瞬时频率。通过上述分析可知，本节提出的 DE-DDTFA 方法适合分析含噪声的非平稳信号，DE-DDTFA 方法具有较强的鲁棒性，可用于分析 ENPEMF 信号。

6.5.3 基于 DE-DDTFA 的震前 ENPEMF 信号的时频特点

地球天然脉冲电磁场是指在地表能够接收到的由天然场源所产生的一次和二次综合电磁场总场，是目前应用于滑坡电磁监测和地下烃类勘探领域的热点研究问题（郝国成等，2015）。各类滑裂型地质灾害前兆及其伴生现象（力学、物理、化学等各类活动）可在地表产生甚低频信号脉冲波动，"微破裂机-电转换"机制和"地壳波导"是上述电磁现象的机理之一（Malyshkov et al.，2009）。ENPEMF 信号携带了大量有价值的电磁异常信息，可反映近地表强地震等地质灾害的剧烈程度和孕育发展趋势（郝国成等，2015）。Gokhberg 等（2009）和 Surkov 等（2003）开展了震前甚低频段（VLF）电磁异常信息与地震震级、方位和深度等方面的关联研究。ENPEMF 信号与平常用来分析地震波信号有所不同，它最大的特色是在 VLF 采集地球表面的磁场信息。Boryssenko（1999）使用该方法进行了浅层地表管道、线缆等其他隐藏物的检测研究。俄罗斯科学院托木斯克分院的 Malyshkov 教授探讨了 ENPEMF 方法应用于地震前兆、地下油气勘探、滑坡电磁风险预警的研究（Malyshkov et al.，2009）。基于此，ENPEMF 信号携带了大量有价值的电磁异常信息，反映出地表地质活动对时空的影响。针对 ENPEMF 信号的非平稳特点，利用强鲁棒高锐化的时频分析方法，研究 ENPEMF 信号在芦山地震发生前的二维时频分布特点，拓展 ENPEMF 信号在孕震信息研究、环境监测、油气烃类矿藏勘探等领域的应用（郝国成 等，2016）。

图 6.5.5 为 2013 年 4 月 20 日芦山地震前后 ENPEMF 信号的时域图，可以看出这些扰动的幅值和频率各不相同，扰动的分布参数及其分布规律随时间变化而发生变化，ENPEMF 信号属于典型的非周期、非平稳信号。为进一步了解 ENPEMF 信号的频率域特点及其时间-频率联合分布的细节特征，使用 DE-DDTFA 算法对芦山地震期间的 ENPEMF 信号进行处理，希望通过分析信号的时频特点来了解 ENPEMF 信号的震前特点。

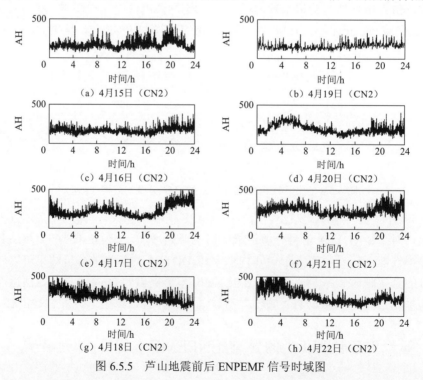

图 6.5.5　芦山地震前后 ENPEMF 信号时域图

对图 6.5.5 中 ENPEMF 时域信号进行采样，得到 ENPEMF 的取样信号，以减少运算数据量。处理芦山地震期间（2013 年 4 月 15～23 日）采集到的每日 ENPEMF 取样信号，将信号分解为 IMF 分量并得到各 IMF 分量的瞬时频率曲线，如图 6.5.6 所示。据 DE-DDTFA 算法处理得到信号的时间–瞬时频率分布可知，在地震期间 ENPEMF 信号瞬时频率分量会经过"增多—小幅减少—急剧增多—减少—平稳"的过程，地震前频率分量会出现大幅增多的趋势，在增多过程中会出现小幅减少的状态。IMF 分量与瞬时频率曲线一一对应，即震前 IMF 分量或瞬时频率分量均呈整体增多的趋势。观察图 6.5.6 可知震前 1 天的频率分量最多。地震当天（4 月 20 日）频率分量依然比平时（4 月 15 日）增多约 2 倍，但是与震前相比减少很多。震后频率分量数目出现波动，整体呈迅速减少的趋势并逐渐趋于平稳的状态。由此可见，在芦山地震前期瞬时频率分量出现大幅度波动预示着地震前夕的能量极度不稳定，在一定程度上表现出地壳的不稳定。

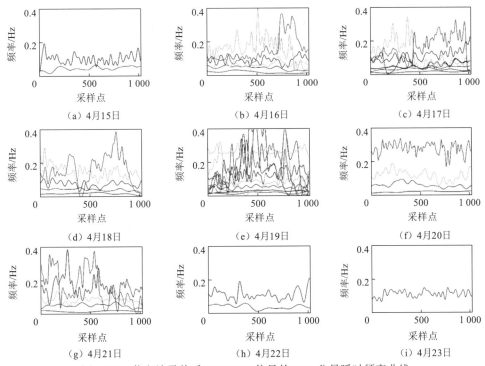

图 6.5.6　芦山地震前后 ENPEMF 信号的 IMF 分量瞬时频率曲线

图 6.5.6 给出了 4 月 15~23 日的 ENPEMF 信号的时频变化规律，为进一步直观说明震前信号特点，绘制了如图 6.5.7 所示的地震前后 ENPEMF 信号的能量变化图。图 6.5.7 中，4 月 16 日之前，即距离地震发生较早时期，ENPEMF 信号处于"平静"或"平稳"状态。震前 4 天左右 ENPEMF 信号能量值突增，且持续高于平时状态，4 月 18 日达到最大值。震前 1 天左右能量值突减，在短时间甚至低于稳定状态，称为震前"静默"状态。地震发生后，能量在波动中逐步恢复稳定。根据图 6.5.7 中震前能量放大趋势图可看出，稳定状态能量值在 2408 附近波动，震前能量骤增至 61 430，约为平时的 25.5 倍，"静默"状态下能量会短时间减小至 388.1，与平稳状态相比约减少至 1/6。在图 6.5.6 和图 6.5.7 中，震前 ENPEMF 信号的 IMF 分量及总能量较平时均呈现整体上升的趋势，即震前一周内大幅度上升而后大幅波动下降，震后能量在波动中逐步恢复平静状态，具有明显的临震异常突变特点。ENPEMF 信号在芦山地震前的时频分布和能量突增、骤减

等表现，对研究震前电磁信号的时间−频率−能量谱的异常变化具有参考意义。

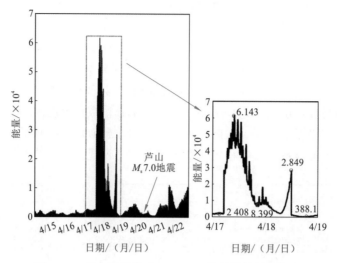

图 6.5.7　芦山地震前后 ENPEMF 信号的能量变化图

第7章 混沌-神经网络在地球物理信号强度预测中的应用

随着当代信息技术理论、人工智能方法及机器学习算法的不断创新发展，电磁信息的预测预警模型逐渐成为前沿热点及难点问题。预测模型通常分为线性回归模型和非线性回归模型。ENPEMF 信号的影响场源较多，具有非平稳信号的特点，很难根据脉冲波形归纳其规律。因而，线性回归模型不能有效描述该信号数据的随机性并对其进行预测。非线性回归模型中采用的神经网络方法，是基于经验风险最大化原则的机器学习算法，其优势是非线性拟合能力较强，可以对采集到的震前 ENPEMF 信号进行建模，并拟合其强度趋势的变化特点。

径向基函数（radial basis function，RBF）神经网络可有效逼近任意的非线性函数，其优点是学习速度快、非线性逼近能力强，具有良好泛化能力，可为 ENPEMF 信号构建非线性预测模型。

本章提出基于混沌参数优化径向基函数神经网络算法的预测模型对 ENPEMF 数据强度趋势进行预测，为数据分析和灾害监测提供支持。首先用混沌理论对实测 ENPEMF 数据进行分析，采用假邻近（false nearest neighbor，FNN）法及自相关函数法分别求得嵌入维数和时间延迟等混沌特征参数；将得到的嵌入维数参数作为径向基函数神经网络输入节点数的判断依据，并优化网络；用参数优化后的径向基函数神经网络对 ENPEMF 数据进行训练，最后采用训练完成的混沌参数优化径向基函数神经网络模型对 ENPEMF 数据进行预测，并与传统径向基函数神经网络进行比较。结果表明，本章算法通过 RBF 神经网络考虑多因素的影响，实现基于混沌理论确定动态系统的混沌特性，可从采集到的震前 ENPEMF 信号强度数据中找到变化态势，预测采集到的芦山强震前 14 天（2013 年 4 月 7~20 日）的 ENPEMF 数据强度趋势，且预测效果及精度均优于传统径向基函数神经网络预测模型。

7.1 混 沌 理 论

由于震前 ENPEMF 信号的产生机理复杂、孕育过程非线性，信号强度数据具有非平稳特点和混沌特性。因此，本节引入混沌理论对其数据内部特征进行挖掘，找到隐藏的混沌特点。假设一段时间内采集的震前 ENPEMF 信号数据为 $\{x(t_j), \quad j=1,2,\cdots,n\}$，其中 n 表示采集的数据点数，通过混沌理论中的假邻近法及自相关函数法对数据进行处理，得到数据变化形式：

$$X(t) = [x(t), x(t+\tau), \cdots, x(t+(m-1)\tau)] \tag{7.1.1}$$

式中：τ 和 m 分别为震前 ENPEMF 信号数据的延迟时间和嵌入维数，用于描述该信号隐藏的混沌特征并为 RBF 神经网络输入节点提供判断依据。

7.1.1 假邻近法

时间序列的本质是将系统高维空间坐标的运动轨迹投影到低维空间。当嵌入维数较小时，系统空间轨道中本来相距很远的相点相互挤压折叠，未能充分展开，这些点称为假邻近点。随着嵌入空间维数的增加，轨道逐渐展开，投影到低维空间的假邻近点随之分离。所有的假邻近点消失时所对应的最小嵌入空间维数即为最佳嵌入维数。给定正整数 m，可构造 m 维重构向量为

$$\boldsymbol{y}_m(n) = (x(n), x(n+\tau), \cdots, x(n+(m-1)\tau))^{\mathrm{T}} \qquad (7.1.2)$$

在 m 维重构空间中，采用欧氏度量来决定 $\boldsymbol{y}_m(n)$ 的紧邻点为

$$\boldsymbol{y}'_m(n) = (x'(n), x'(n+\tau), \cdots, x'(n+(m-1)\tau))^{\mathrm{T}} \qquad (7.1.3)$$

将维数从 1 维增加到 $m+1$ 维。$m+1$ 维空间重构向量为

$$\boldsymbol{y}_{m+1}(n) = (x(n), x(n+\tau), \cdots, x(n+(m-1)\tau), x(n+m\tau))^{\mathrm{T}} \qquad (7.1.4)$$

紧邻点 $\boldsymbol{y}'_{m+1}(n)$ 为

$$\boldsymbol{y}'_{m+1}(n) = (x'(n), x'(n+\tau), \cdots, x'(n+(m-1)\tau), x'(n+m\tau))^{\mathrm{T}} \qquad (7.1.5)$$

在 $m+1$ 维空间中，考察紧邻点 $\boldsymbol{y}'_{m+1}(n)$ 是否与 m 维空间的紧邻点 $\boldsymbol{y}'_m(n)$ 一致。如果一致，则 m 为嵌入维数。在实际计算中，欧氏距离为

$$R_m^2(n) = \sum_{k=0}^{m-1} \left[x(n+k\tau) - x'(n+k\tau)\right]^2 \qquad (7.1.6)$$

给定参数 R_τ，如果满足 $\dfrac{|x(n+m\tau) - x'(n+m\tau)|}{R_m(n)} > R_\tau$，则在 n 处的紧邻点为假邻近点。

由于时间序列中点的个数有限且存在噪声影响，重构向量 $\boldsymbol{y}_m(n)$ 与它的紧邻点 $\boldsymbol{y}'_m(n)$ 相距不近，$R_m(n)$ 与时间序列的线度 R_A（序列的方差）相比，$R_m(n) > R_A$。如果在 m 维嵌入空间中，重构向量 $\boldsymbol{y}_m(n)$ 与其紧邻点 $\boldsymbol{y}'_m(n)$ 的距离 $R_m(n) \geqslant 2R_A$，则 $\boldsymbol{y}'_m(n)$ 为重构向量 $\boldsymbol{y}_m(n)$ 的假邻近点，即判据 1 为

$$\frac{R_m(n)}{R_A} \geqslant 2 \qquad (7.1.7)$$

在 $m+1$ 维嵌入空间中，计算重构向量 $\boldsymbol{y}_{m+1}(n)$ 与其紧邻点 $\boldsymbol{y}'_{m+1}(n)$ 的距离 $[R_{m+1}(n)]$，若满足 $R_{m+1}(n) / R_m(n) \geqslant R_T$，其中 $10 \leqslant R_T \leqslant 50$ 时结果稳定，则 $\boldsymbol{y}'_{m+1}(n)$ 为重构向量 $\boldsymbol{y}_{m+1}(n)$ 的假邻近点，即判据 2 为

$$\frac{R_{m+1}(n)}{R_m(n)} \geqslant R_T \qquad (7.1.8)$$

判据 1 和判据 2 联合使用，可以更有效地找到假邻近点。对所有的重构向量，利用判据找出邻近点中的假邻近点，并记录下所有假邻近点的数目 FN(m)。继续增加维数，当找到一个整数 m_ε 使得 FN(m_ε) = 0 时，m_ε 即为所求嵌入维数。当假邻近点所占比率即假邻近率随着嵌入维数的增加趋于平稳不再降低时，所对应的嵌入维数 m 为最佳嵌入维数。本小节通过统计假邻近率随嵌入维数升高逐渐减小，最后维持不变的情况，确定最

优嵌入维数。仿真实验以 Lorenz 时间序列为例，其方程的表达式为

$$\begin{cases} \mathrm{d}x / \mathrm{d}t = a(y - x) \\ \mathrm{d}y / \mathrm{d}t = cx - xz - y \\ \mathrm{d}z / \mathrm{d}t = xy - bz \end{cases} \qquad (7.1.9)$$

式中：参数的取值 $a = 16$，$b = 4$，$c = 45.92$，初值 $x(0) = -1$，$y(0) = 0$，$z(0) = 1$，积分时间步长 $h = 0.01$。Lorenz 混沌时间序列如图 7.1.1 所示。

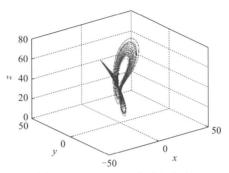

图 7.1.1 Lorenz 混沌时间序列

嵌入维数的取值为[1,8]，阈值的判别门限为[2,15]，时间序列的长度为 3000，采用假邻近法计算 Lorenz 时间序列 x 分量的嵌入维数 m，结果如图 7.1.2 所示。

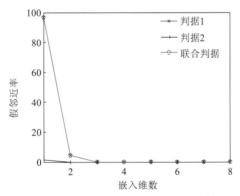

图 7.1.2 采用假邻近法计算嵌入维数

图 7.1.2 所示的仿真结果中，当嵌入维数从 1 增加到 2 时，假邻近率急速下降；当嵌入维数达到 3 时，假邻近率不再发生变化，此时的嵌入维数达到理想值，为所求最佳嵌入维数，即 Lorenz 混沌时间序列的最佳嵌入维数为 3。

7.1.2 自相关函数法

由于实际时间序列长度有限且存在噪声，选取合适的延迟时间至关重要。延迟时间 τ 过小，将使重构的系统因相关性较强而造成相空间的挤压，不能充分展示系统的动力特征；延迟时间 τ 过大，会造成相邻两时刻的动力学形态剧烈变化，即系统中一个时刻的状态及其后一个时刻的状态在因果关系上毫不相关，使构造的相空间比实际空间复杂。

自相关函数法可在降低相关性的同时保证原动力学的系统信息不丢失，使重构相空

间能充分展现系统拓扑性质和几何性质。首先写出时间序列的自相关函数，然后绘出自相关函数随时间变化的函数图，找到自相关函数首次达到零点时对应的时间，即为时间延迟 τ。自相关函数定义为

$$c(\tau) = \lim_{T \to \infty} \frac{1}{T} \int_{-\frac{T}{2}}^{\frac{T}{2}} x(t) x(t+\tau) \mathrm{d}t \tag{7.1.10}$$

自相关函数值随时间变化逐步下降，当其下降到初始值的 $(1-1/\mathrm{e})$ 时所对应的时间即为所求时间延迟。以 Lorenz 混沌时间序列为例，选择 x 分量序列计算延迟时间 τ，仿真结果如图 7.1.3 所示。

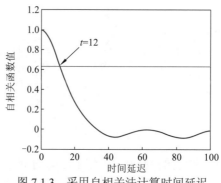

图 7.1.3 采用自相关法计算时间延迟

为确保 Lorenz 混沌时间序列进入混沌区，更有力展示时间序列的混沌特性及内在结构，取后面的 3000 个点进行仿真实验，红线为初始值的 $(1-1/\mathrm{e})$，蓝线为自相关函数曲线。Lorenz 混沌时间系列的自相关函数值随时间变化逐步降低，当其达到红线处初始值的 $(1-1/\mathrm{e})$ 时所对应的时间为 12，因此延迟时间 τ 为 12。

7.2 径向基函数神经网络

径向基函数神经网络是一种包含输入层、隐含层和输出层的三层神经网络。其中，网络的输入层与隐含层之间进行非线性变换，从隐含层到输出层进行线性变换。其拓扑结构如图 7.2.1 所示。

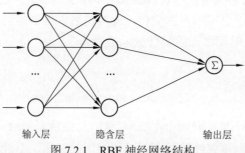

图 7.2.1 RBF 神经网络结构

在 RBF 神经网络中，输入层仅仅作为一个通道，达到传输信号的目的。隐含层中神经元的变换函数采用径向基函数，通过非线性变换可将信号从网络的输入层传递到隐含

层。网络的输出层是对输入信号的响应。RBF 神经网络结构可根据实际的具体问题在训练阶段对函数及参数进行自适应调整，其优点在于学习的速度快、分类的能力强、可有效逼近任意的非线性函数。

在网络中，$\boldsymbol{X} = (x_1, x_2, \cdots, x_n)^{\mathrm{T}}$ 为输入样本，$\boldsymbol{Y} = (y_1, y_2, \cdots, y_n)^{\mathrm{T}}$ 为输出响应。RBF 神经网络算法需要学习径向基函数的中心 C_i、径向基函数的宽度 D_i 及隐含层到输出层的权值 ω_i 三个参数。

RBF 神经网络的训练过程分为两步：首先进行无监督学习，计算输入层与隐含层之间的 C_i 和 D_i，得到隐含层输出为

$$U_i = G\left(\|X - C_i\|\right) = \exp\left(-\frac{\|X - C_i\|^2}{2D_i^2}\right) \tag{7.2.1}$$

式中：$i = 1, 2, \cdots, N$；$\|X - C_i\|$ 为欧氏范数。

然后采用最小二乘法求得网络隐含层与网络输出层之间的权值 ω_i。最终得到 RBF 神经网络的输出为

$$y = \sum_{i=0}^{m} \omega_i \exp\left(-\frac{\|X - C_i\|^2}{2D_i^2}\right) \tag{7.2.2}$$

将经过参数训练的 RBF 神经网络用于预测混沌时间序列。可利用混沌时间序列数据校正上述权值参数，提高神经网络的非线性泛化能力。其中，当输入层节点个数为混沌时间序列的嵌入维数 m 时，预测结果较好。隐含层节点数目根据实验实时调整确定：预先设定 RBF 神经网络的精度值，隐含层节点个数递增，当神经网络达到预设精度时，该节点个数即为神经网络的隐含层节点数。

本节提出的基于混沌参数优化 RBF 神经网络算法的预测模型工作流程如图 7.2.2 所示，主要有以下步骤。

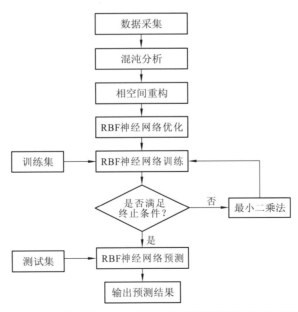

图 7.2.2　混沌理论及 RBF 神经网络算法预测模型工作流程

首先对实测 ENPEMF 数据进行混沌分析，然后采用假邻近法及自相关函数法分别求得所需的嵌入维数和时间延迟等混沌特征参数；再将求得的嵌入维数参数作为 RBF 神经网络的输入节点数的判断依据并优化网络；对参数优化的 RBF 神经网络进行训练，学习其内部混沌特征，最后用训练完成的混沌参数优化 RBF 神经网络模型预测信号的强度趋势。

7.3 基于混沌-径向基函数神经网络的震前地球天然脉冲电磁场强度预测

本节使用俄罗斯科学院托木斯克分院 GR-01 型设备接收 ENPEMF 信号，在武汉九峰地震台安装了三台，接收方向为西-东和北-南，分为 CN1、CN2、CN3 三个通道。设备记录了 ENPEMF 信号的 AH 数据（超过设定阈值的脉冲幅度）及 NH 数据（超过设定阈值的脉冲个数），可表征地球天然磁场的强弱。

数据存储格式为时间-幅度-脉冲数（t-AH-NH）。对采集的 ENPEMF 数据进行混沌特性分析，找到其内部隐藏的混沌特征及趋势变化特点，结合 RBF 神经网络算法对其信号强度进行预测，识别孕震信息。

采用定量分析方法计算实测 ENPEMF 信号数据时间序列的关联维数等混沌特征量来判断其混沌特性。若信号数据的关联维数有限，则混沌。

采用 Grassberger 和 Procaccia 提出的关联维数算法（G-P 算法）求解 ENPEMF 信号的关联维数，可判断信号是否具有混沌特性。对于时间序列 $x(1), x(2), \cdots, x(t)$，其长度为 M，对其进行相空间重构，得到向量 $\boldsymbol{X}(t) = [x(t), x(t+\tau), \cdots, x(t+(m-1)\tau)]$，其中 $t = 1, 2, \cdots, N$，$N = M - (m-1)\tau$。给定正数 ε 足够小，当空间向量间的距离小于 ε 时，向量关联。关联向量的关联积分表达式为

$$C(N, \varepsilon) = \frac{2}{N(N-1)} \sum_{i=1}^{N} \sum_{j=i+1}^{N} \theta\left(\varepsilon - \|x_i - x_j\|\right) \tag{7.3.1}$$

式中：$\theta(\cdot)$ 为 Heaviside 阶跃函数，满足

$$\theta(x) = \begin{cases} 0, & x < 0 \\ 1, & x \geqslant 0 \end{cases} \tag{7.3.2}$$

当时间序列的长度 $N \to \infty$、半径 $\varepsilon \to 0$ 时，关联积分与半径的关系为

$$\lim_{\varepsilon \to 0} C(N, \varepsilon) \propto \varepsilon^D \tag{7.3.3}$$

式中：D 为所求关联维数，变形后得

$$D = \lim_{\varepsilon \to 0} \lim_{N \to \infty} \frac{\ln C(N, \varepsilon)}{\ln \varepsilon} \tag{7.3.4}$$

给定一系列半径 ε 和嵌入维数 m，作半径随嵌入维数变化的关联积分图组，用最小二乘法对图中 $\ln C(N, \varepsilon) \sim \ln \varepsilon$ 最贴近直线的一段拟合最佳直线，该直线斜率即为所求关联维数 D。

本节数据于 2013 年 4 月 20 日在芦山地震期间收集，地震的位置和地震台的位置由图 7.3.1 中的红点和绿点表示。

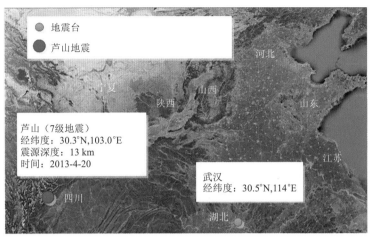

图 7.3.1　芦山地震的位置和地震台的位置

图 7.3.2 为 4 月 10～20 日通道 2 的 AH 数据，箭头指向为 2013 年 4 月 20 日 $M_{\mathrm{S}}7.0$ 芦山地震发生时间。

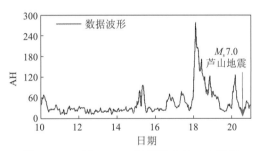

图 7.3.2　4 月 10～20 日通道 2 的 AH 数据

地震发生前的 11 天内，ENPEMF 数据在 14～15 日有较大的峰值变化，在 16 日回落至正常水平。在 17 日和 18 日观测到显著的峰值变化，在 19 日信号又跌落至正常。因此，在地震发生前 ENPEMF 信号脉冲强度会发生剧烈变化。

选择经过平滑及归一化的 20 天（4 月 1～20 日）ENPEMF 数据作为实验数据。其中前 6 天（4 月 1～6 日）数据为模型的训练样本，后 14 天（4 月 7～20 日）数据作为模型的预测样本。利用 G-P 算法计算出 4 月 1～6 日 ENPEMF 信号的关联维数，如图 7.3.3 和图 7.3.4 所示。

图 7.3.3 和图 7.3.4 中，ENPEMF 信号的关联积分组在一定范围内呈近似直线分布；随着嵌入维数的增加，直线斜率增大，且最后关联维数趋于稳定，说明 ENPEMF 信号具有混沌特性。

对所选取的 ENPEMF 信号中前 6 天（4 月 1～6 日）数据进行预处理，采用假邻近法计算嵌入维数 m，采用自相关函数法计算时间延迟 τ，得到图 7.3.5 和图 7.3.6 所示结果，从中了解震前 ENPEMF 信号数据的混沌特性。

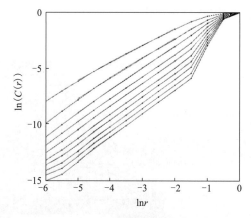

图 7.3.3　ENPEMF 信号的关联积分组

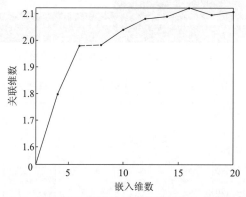

图 7.3.4　ENPEMF 信号的关联维数与嵌入维数的关系

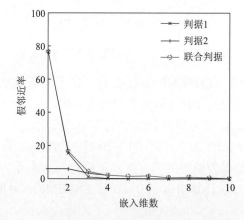

图 7.3.5　采用假邻近法计算 ENPEMF 信号数据的嵌入维数结果

　　采用假邻近法求 ENPEMF 信号数据的嵌入维数 m，如图 7.3.5 所示，随着嵌入维数的增加，假邻近率下降很快，当嵌入维数为 4 时，假邻近率趋于平稳，此时的嵌入维数为理想嵌入维数，即 ENPEMF 信号数据的最佳嵌入维数为 4。采用自相关函数法求 ENPEMF 信号数据的时间延迟，如图 7.3.6 所示，信号自相关函数达到初始值的 $(1-1/e)$ 时，时间延迟 $\tau = 5$，即 ENPEMF 信号数据的时间延迟为 5。

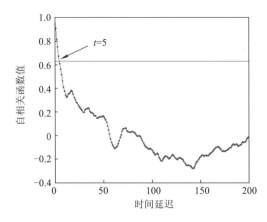

图 7.3.6　采用自相关函数法计算 ENPEMF 信号数据的时间延迟结果

由假邻近法及自相关函数法求得 ENPEMF 信号强度数据的嵌入维数 $m=4$，时间延迟 $\tau=5$，参数充分展现了 ENPEMF 信号强度数据的混沌特性，用得到的参数确定 RBF 神经网络的输入节点个数为 5，进而利用训练样本对优化后的 RBF 神经网络进行训练，最后将训练完成的混沌参数优化 RBF 神经网络用于 ENPEMF 数据预测。

选择 4 月 1～6 日数据为模型的训练样本，训练混沌参数优化 RBF 神经网络，其中模型结构的网络输入层有 4 个节点，输出层有 1 个节点，隐含层有 6 个节点。选择径向基高斯函数作为隐含层神经元传递函数，输出为线性函数。最后，利用训练完成的混沌参数优化 RBF 神经网络预测模型和传统的 RBF 神经网络预测模型，实现对 4 月 7～20 日 ENPEMF 数据的单步预测。图 7.3.7 为混沌参数优化 RBF 神经网络预测模型的结果，图 7.3.8 为传统 RBF 神经网络预测模型结果。

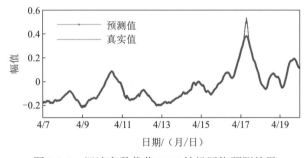

图 7.3.7　混沌参数优化 RBF 神经网络预测结果

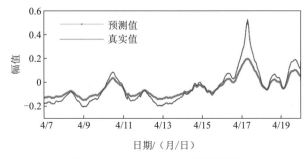

图 7.3.8　传统 RBF 神经网络预测结果

图 7.3.7 和图 7.3.8 中，预测值和真实值变化趋势一致，两种模型均可以模拟出采集到的地震前 14 天（4 月 7～20 日）实际 ENPEMF 信号强度的波动。对于整体数据范围，传统 RBF 神经网络模型不能很好地跟踪实际值的变化，而混沌参数优化 RBF 神经网络预测模型对 ENPEMF 信号波动时刻具有较好的跟踪性能。对于 4 月 17 日的数据剧烈波动时刻，混沌参数优化 RBF 神经网络预测模型相较于传统的 RBF 神经网络预测模型具有更好的预测结果，拟合效果更好，预测精度较高，预测优势明显。为更精确地评估所提预测模型的预测效果，选取绝对误差作为 ENPEMF 数据预测精度评价指标，结果如图 7.3.9 所示。

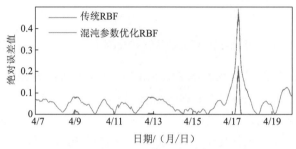

图 7.3.9 两种算法绝对误差值对比

混沌参数优化 RBF 神经网络预测模型仅在 4 月 17 日剧烈波动时段存在预测误差，整体上的预测误差均小于传统 RBF 神经网络预测模型，具有更高的预测精度。为验证混沌参数优化 RBF 算法预测结果的稳健性和可靠性，采用互相关系数分别对两种算法预测结果与实际值之间进行量化测量，公式为

$$r = \frac{\sum_{i=1}^{N}(x(i)-\overline{x})(y(i)-\overline{y})}{\sqrt{\sum_{i=1}^{N}(x(i)-\overline{x})^2}\sqrt{\sum_{i=1}^{N}(y(i)-\overline{y})^2}} \qquad (7.3.5)$$

混沌参数优化 RBF 神经网络模型的互相关系数 $r_1 = 0.800\,4$，略大于传统 RBF 神经网络模型的互相关系数 $r_2 = 0.792\,6$。因此，本节提出的混沌参数优化 RBF 神经网络优化算法的预测效果优于传统 RBF 神经网络算法。

综上，本节提出的混沌参数优化 RBF 神经网络算法预测模型能够较好地反映采集到的强震前 14 天（4 月 7～20 日）ENPEMF 信号强度变化的趋势和规律，可以满足对强震前 ENPEMF 信号强度趋势的预测需要，对地震和地质灾害前的电磁预测发挥积极的作用。

第8章 低秩逼近在地震数据重建中的应用

基于低秩约束的地震数据重建方法原理：同相轴数量有限的完整地震数据经过预变换后可以由低秩矩阵或低秩张量表示，缺失的数据和随机噪声的存在会增加矩阵或高阶张量的秩。因此，地震数据重建的问题可通过矩阵或张量降秩的方法解决。本章将从纹理块张量预变换、非凸低秩逼近及自相似块与低秩结合等方面对地震数据进行重建。

8.1 基 础 知 识

8.1.1 地震数据重建模型

缺失的地震数据 S_{obs} 往往可以建模为原始数据 S 通过某个前向系统（采样）H 再受到随机噪声干扰 E 的数学过程：

$$S_{obs} = H \circ S + E \tag{8.1.1}$$

式中：符号"。"表示 Hadamard 乘积（即对应元素点乘）；采样算子 H 在观测数据未缺失位置元素赋值为 1，缺失位置元素赋值为 0。

由于有限观测数据的不准确性及反问题的欠定性等因素，该模型的求解是线性病态（ill-posed）反问题，求解结果往往具有多解性。通常添加反映地震数据本质特点的先验信息减少多解性，即求解如下优化问题：

$$\arg\min_{S} \frac{1}{2}\|H \circ S - S_{obs}\|^2 + \lambda\Phi(S) \tag{8.1.2}$$

式中：第一项是偏差项，要求重建的数据经 H 作用后能接近观测数据；第二项 $\Phi(S)$ 为代表数据先验信息的正则项；λ 为平衡两项的正则化参数，以便约束重建方法在原始数据附近的合理范围内寻找最终的重建结果。由于地震数据在预变换下具有低秩性，本章将基于低秩性正则化约束项对地震数据进行重建。

8.1.2 矩阵的秩

矩阵 $X \in \mathbf{R}^{m \times n}$ 的秩定义为最大线性独立的列或行的个数，记为 $\mathrm{rank}(X)$。例如：

$$X = \begin{pmatrix} 1 & -3 & 2 \\ 0 & 2 & 5 \\ 0 & 0 & 4 \end{pmatrix}, \quad \mathrm{rank}(X) = 3$$

矩阵的秩可通过奇异值分解得到。

设 $X \in \mathbf{R}^{m \times n}$ 的奇异值分解为 $X = U\Sigma V^{\mathrm{T}}$ ，其中， $U \in \mathbf{R}^{m \times m}$ 、 $V \in \mathbf{R}^{n \times n}$ 分别为左奇异矩阵和右奇异矩阵。 $\Sigma \in \mathbf{R}^{m \times n}$ 为奇异值矩阵，其对角线上的元素为 X 的奇异值，记为 $\sigma_i (1 \leqslant i \leqslant \min(m,n)) \geqslant 0$ ，那么，矩阵的秩为 Σ 中非零奇异值的个数。

rank (X) 是非凸不连续的，其最好的凸近似为核范数，即 X 的所有奇异值的和，记为 $\|X\|_*$ ：

$$\|X\|_r = \sum_{i=r+1}^{\min(m,n)} \sigma_i = \|X\|_* - \sum_{i=1}^{r} \sigma_i \tag{8.1.3}$$

例如， X 的奇异值分解为

$$\begin{pmatrix} 1 & -3 & 2 \\ 0 & 2 & 5 \\ 0 & 0 & 4 \end{pmatrix} = \begin{pmatrix} 0.25 & -0.92 & 0.31 \\ 0.77 & 0.38 & 0.51 \\ 0.56 & -0.12 & -0.80 \end{pmatrix} \cdot \begin{pmatrix} 6.75 & 0 & 0 \\ 0 & 3.65 & 0 \\ 0 & 0 & 0.32 \end{pmatrix} \cdot \begin{pmatrix} 0.037 & -0.25 & 0.97 \\ 0.12 & 0.96 & 0.25 \\ 0.99 & -0.11 & -0.06 \end{pmatrix}^{\mathrm{T}}$$

$$\tag{8.1.4}$$

X 的核范数为

$$\sigma_1 = 6.75, \quad \sigma_2 = 3.65, \quad \sigma_3 = 0.32, \quad \|X\|_* = 10.71 \tag{8.1.5}$$

8.1.3 张量的秩

1. 张量的定义

三维数组及多维数组称为张量，通常用 $X, Y, \cdots$ 来表示。 $x_{i_1 \cdots i_N}$ 是张量 $X \in \mathbf{R}^{I_1 \times \cdots \times I_N}$ 的第 $i_1, \cdots, i_N$ 个元素。张量 X 的 Frobenius 范数定义为 $\|X\|_{\mathrm{F}} = \sqrt{\langle X, X \rangle}$ 。

2. 张量的 Tucker 秩

张量 X 根据不同的分解形式，有不同的秩的定义。本章重点研究 Tucker 秩（由张量模展开矩阵的秩组成）： rank $(X) = ($rank $(X_{(1)}), \cdots,$ rank $(X_{(n)}))$ ，其中 $X_{(1)}, \cdots, X_{(n)}$ 为张量 X 的模展开。张量 $X \in \mathbf{R}^{I_1 \times \cdots \times I_N}$ 的模 n 展开矩阵为 $X_{(n)} \in \mathbf{R}^{I_n \times \Pi_{j \neq n} I_j}$ ，即 $X_{(n)} = \mathrm{unfold}_n(X)$ 。张量模 n 展开的反向操作为折叠，即 $X = \mathrm{fold}_n(X_n)$ 。图 8.1.1 展示了一个三维张量的模 n 展开和折叠（ $n = 3$ ）。

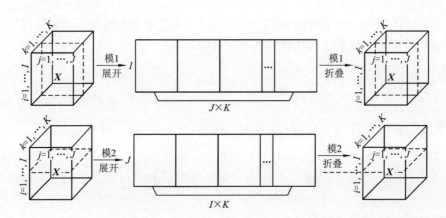

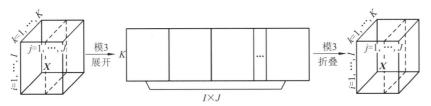

图 8.1.1　三维张量的模展开及折叠示意图

张量 X 的核范数定义为 $\|X\|_* := \dfrac{1}{n}\sum_{i=1}^{n}\|X_{(i)}\|_*$，其中 $\|X_{(i)}\|_*$ 是模 i 展开矩阵 $X_{(i)}$ 的核范数，即 $\|X_{(i)}\|_* = \sum_{i=1}^{m}\sigma_i(X_{(i)})$，$\sigma_i(X_{(i)})$ 是模 i 展开矩阵 $X_{(i)}$ 的第 i 个奇异值。根据张量核范数的定义可知，张量的核范数为所有模展开矩阵的核范数的平均值。

8.2　基于低秩逼近的地震数据重建原理

同相轴数量有限的完整地震数据经过预变换后具有低秩的结构。常见的预变换方法有 Hankel 矩阵预变换和纹理块矩阵预变换。

8.2.1　Hankel 矩阵预变换

Hankel 变换方法对地震数据的频率切片进行 Hankel 变换。根据地震数据的维度不同可以分为 Hankel 矩阵（Hankel matrix）（二维地震数据）、块 Hankel 矩阵（block Hankel matrix）（三维地震数据）和 Hankel 张量（Hankel tensor）（三维地震数据）。本小节将重点介绍 Hankel 矩阵预变换。

设 $S \in \mathbf{R}^{n \times m}$ 是含有 m 道地震记录的二维地震数据，每道记录的采样点数是 n，即

$$S = \begin{bmatrix} S_{11} & S_{12} & \cdots & s_{1m} \\ S_{21} & s_{22} & \cdots & s_{2m} \\ \vdots & \vdots & & \vdots \\ S_{n1} & s_{n2} & \cdots & s_{nm} \end{bmatrix} \qquad (8.2.1)$$

对数据 S 沿时间方向作傅里叶变换，设 $p_\omega = [x_1, x_2, \cdots, x_m]^{\mathrm{T}}$ 是数据 S 在频率切片 ω 上的切片，可在频率切片上构建 Hankel 矩阵。则由 p_ω 构造的 Hankel 矩阵为

$$X = \begin{bmatrix} x_1 & x_2 & \cdots & x_K \\ x_2 & x_3 & \cdots & x_{K+1} \\ \vdots & \vdots & & \vdots \\ x_L & x_{L+1} & \cdots & x_m \end{bmatrix} \qquad (8.2.2)$$

选取参数 $L = \text{floor}\,(m\,/\,2)+1$，$K = m - L + 1$。

事实上，研究者有结论：同相轴数量有限的无缺失地震数据的 X 是低秩的（Sacchi et al., 2011），而且当地震数据含有 k 个同相轴时，其频率切片构成的 Hankel 矩阵的秩为 k。但是，当地震数据随机缺失或受到噪声污染时，X 的秩会增加（Li et al., 2015）。因此，可以采

用低秩逼近的方法实现缺失道数据的重建。Hankel 矩阵的构造过程如图 8.2.1 所示。

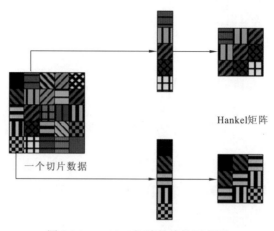

图 8.2.1　Hankel 矩阵的构造示意图

8.2.2　纹理块矩阵预变换

将 S 划分成 $j(j \in [1, nm/p^2])$ 个子矩阵 $\boldsymbol{B}_j \in \mathbf{R}^{p \times p}$，记为

$$\boldsymbol{S} = \begin{bmatrix} \boldsymbol{B}_1 & \boldsymbol{B}_2 & \cdots & \boldsymbol{B}_{m/p} \\ \boldsymbol{B}_{m/p+1} & \boldsymbol{B}_{m/p+2} & \cdots & \boldsymbol{B}_{2m/p} \\ \vdots & \vdots & & \vdots \\ \boldsymbol{B}_{\left(\frac{n}{m}\right)\frac{m}{p}+1} & \boldsymbol{B}_{\left(\frac{n}{m}\right)\frac{m}{p}+2} & \cdots & \boldsymbol{B}_{\frac{nm}{p^2}} \end{bmatrix} \tag{8.2.3}$$

然后将子矩阵 $\boldsymbol{B}_j$ 变换为向量形式 $\boldsymbol{b}_j \in \mathbf{R}^{p^2 \times 1}$ 进行排列，得

$$\boldsymbol{X} := \boldsymbol{P}_{\mathrm{T}}(\boldsymbol{S}) = (\boldsymbol{b}_1, \boldsymbol{b}_2, \cdots, \boldsymbol{b}_j) \in \mathbf{R}^{p^2 \times (nm/p^2)} \tag{8.2.4}$$

式中：纹理块算子 $\boldsymbol{P}_{\mathrm{T}}: \mathbf{R}^{n \times m} \rightarrow \mathbf{R}^{p^2 \times (nm/p^2)}$ 是将原始数据转换为纹理块矩阵。Yang 等（2013）已经证明，相对原始地震数据 $\boldsymbol{S}$，纹理块矩阵 $\boldsymbol{X}$ 是低秩的。纹理块矩阵的构造过程如图 8.2.2 所示。

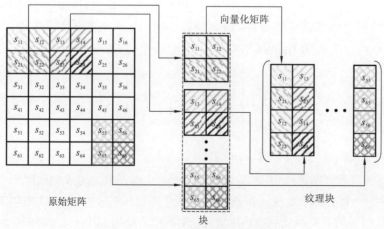

图 8.2.2　纹理块矩阵的构造示意图

8.2.3 地震数据的低秩性

图 8.2.3（a）左图所示为原始的具有 3 个线性同相轴的地震数据，右图为其频切构造的 Hankel 矩阵作奇异值分解的结果，可以清楚地看到有 3 个非零奇异值，说明该切片对应的 Hankel 矩阵秩为 3。图 8.2.3（b）左图所示为随机缺失 50%的地震数据，对其频切构造的 Hankel 矩阵作奇异值分解，结果见图 8.2.3（b）右图。由图可知，地震数据的随机缺失会增加矩阵的秩。因此，随机缺失的地震数据的重建问题就可以用降秩的方法处理。

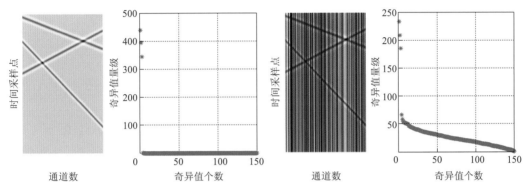

（a）原始线性仿真数据及频率切片的奇异值分解图　　（b）随机缺失50%的数据及频率切片的奇异值分解图

图 8.2.3　原始数据和缺失数据及对应奇异值分解图

8.3　基于纹理块张量预变换的地震重建

传统的纹理块矩阵预变换方法在进行向量化的过程中，破坏了地震数据本身的结构，损失了空间信息。本节提出一种新的可以保留数据空间信息的纹理块张量预变换方法，并采用张量补全进行地震数据重建。

8.3.1 纹理块张量预变换

与 8.2.2 小节中纹理块矩阵预变换不同，纹理块张量预变换对式（8.2.3）中的纹理块 $\{B_j\}\left(j=1,\cdots,\dfrac{nm}{p^2}\right)$ 不进行向量化处理，而是从 B_1 到 B_{nm/p^2} 按顺序排列得到一个三维张量

$X \in \mathbf{R}^{p\times p\times(mn/p^2)}$。类似视频序列的帧，$X(:,:,1)=B_1$，$X(:,:,2)=B_2$，$\cdots$，$X\left(:,:,\dfrac{nm}{p^2}\right)=B_{nm/p^2}$。

纹理块张量预变换的过程为 $X:=P_\mathrm{T}(S)$，其变换过程如图 8.3.1 所示。图 8.3.1 中二维地震数据有 500 个时间采样点和 500 道地震道。将其划分为大小相等的纹理块，从图中可以看到，相邻纹理块之间具有较高的相似性。图 8.3.1 上半部分为纹理块矩阵预变换，对每个纹理块进行向量化，然后排列成一个矩阵。图 8.3.1 下半部分为纹理块张量预变

换，对每个纹理块直接排列成一个张量，能更好地保持空间结构信息。

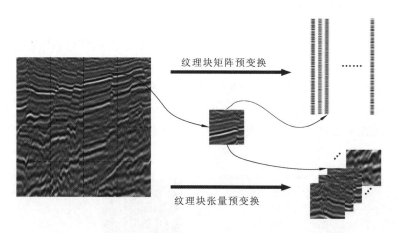

图 8.3.1　纹理块矩阵预变换及纹理块张量预变换对比示意图

通过一个简单的例子来说明纹理块张量的低秩性。

将式（8.3.1）所示矩阵 $I \in \mathbf{R}^{8 \times 8}$ 划分为 2×2 的纹理块，然后构造张量 $I \in \mathbf{R}^{2 \times 2 \times 16}$。该纹理块张量的模展开矩阵如式（8.3.1）右边所示，其中 $(\cdot)^{\mathrm{T}}$ 表示矩阵的转置。由张量秩的定义可知，张量 I 的 Tucker 秩为 $\mathrm{rank}\,(I) = (\mathrm{rank}\,(I_{(1)}),\, \mathrm{rank}\,(I_{(2)}),\, \mathrm{rank}\,(I_{(3)})) = (2, 2, 1)$。原始矩阵 I 的秩为 8，因此该张量可以看作低秩的张量。

$$
I_{8 \times 8} = \begin{bmatrix}
1 & 0 & 0 & 0 & 0 & 0 & 0 & 0 \\
0 & 1 & 0 & 0 & 0 & 0 & 0 & 0 \\
0 & 0 & 1 & 0 & 0 & 0 & 0 & 0 \\
0 & 0 & 0 & 1 & 0 & 0 & 0 & 0 \\
0 & 0 & 0 & 0 & 1 & 0 & 0 & 0 \\
0 & 0 & 0 & 0 & 0 & 1 & 0 & 0 \\
0 & 0 & 0 & 0 & 0 & 0 & 1 & 0 \\
0 & 0 & 0 & 0 & 0 & 0 & 0 & 1
\end{bmatrix}
\Rightarrow I^{2 \times 2 \times 16}
\begin{aligned}
& I^{2 \times 32}_{(1)} = \begin{pmatrix} 10000000000100000000100000000010 \\ 01000000000010000000010000000001 \end{pmatrix} \\[6pt]
& I^{2 \times 32}_{(2)} = \begin{pmatrix} 10000000000100000000100000000010 \\ 01000000000010000000010000000001 \end{pmatrix} \\[6pt]
& I^{16 \times 4}_{(3)} = \begin{pmatrix} 1000010000100001 \\ 0000000000000000 \\ 0000000000000000 \\ 1000010000100001 \end{pmatrix}
\end{aligned}
$$

（8.3.1）

此外，为了进一步说明纹理块张量的低秩性，对实际地震数据进行纹理块张量预变换，如图 8.3.2 所示。图 8.3.2（a）所示为原始完整的地震数据，图 8.3.2（b）为该地震数据进行纹理块张量预变换后的模展开矩阵的奇异值曲线。在图 8.3.2（b）中，绿色、黑色和青色虚线分别代表缺失的观测数据构造的纹理块张量的模 1、模 2 和模 3 展开矩阵的奇异值，而蓝色、黄色和红色实线分别代表原始完整数据构造的纹理块张量的模 1、模 2 和模 3 展开矩阵的奇异值。从图 8.3.2（b）可以看出，原始数据构造的纹理块张量是低秩的，而缺失数据构造的纹理块张量的秩高于原始数据的秩，由此说明，地震道的缺失增加了纹理块张量的秩。因此，可以通过对缺失的观测数据构造纹理块张量，然后降秩来实现地震数据的重建。

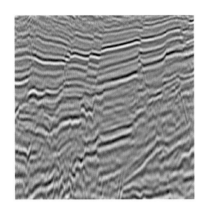

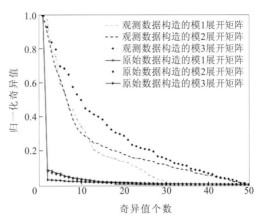

（a）原始完整的地震数据 　　　　　　（b）纹理块张量的模展开矩阵的奇异值曲线

图 8.3.2　地震数据经过纹理块张量变换后的低秩性描述

8.3.2　纹理块张量预变换下地震数据重建模型

观测地震数据 S_{obs} 经过纹理块张量预变换后变成一个三维张量 S_{obs}^{Z}，即 $S_{\mathrm{obs}}^{Z} := P_{\mathrm{T}}(S) \in \mathbf{R}^{p \times p \times (nm/p^2)}$。建立基于张量补全的地震数据重建模型为

$$\min_{X}\{\mathrm{rank}(X)\}, \quad \mathrm{s.t.} P_{\Omega}(X) = P_{\Omega}(S_{\mathrm{obs}}^{Z}), \tag{8.3.2}$$

式中：$P_{\Omega}(\cdot)$ 为张量数据上的投影算子，使观测数据未缺失位置的元素与原始数据对应位置元素保持一致，而观测数据缺失位置的元素记为零，且 $P_{\Omega}(\cdot) = P_{\mathrm{T}}(P_{\Omega}(\cdot))$。将基于张量补全的地震数据重建的基本模型变为一个无约束的优化问题：

$$\min_{X}\{\lambda \cdot \mathrm{rank}(X) + \| P_{\Omega}(X) - P_{\Omega}(S_{\mathrm{obs}}^{Z}) \|_{\mathrm{F}}^{2}\} \tag{8.3.3}$$

式中：λ 为正则化参数。首先通过张量补全从张量 S_{obs}^{Z} 中恢复 X，然后对 X 实施反纹理块张量变换 $S = P_{\mathrm{T}}^{-1}(X)$，得到原始完整数据 S，其中 $P_{\mathrm{T}}^{-1}: \mathbf{R}^{p \times p \times (nm/p^2)} \to \mathbf{R}^{n \times m}$ 为反变换算子。

8.3.3　模型求解

经过纹理块张量预变换后，地震数据重建问题转变为张量补全问题。因此，许多张量补全算法可以被应用于地震数据重建。在基于纹理块矩阵预变换的地震数据重建研究中，主要运用两种经典的矩阵补全算法：加速近端梯度（accelerated proximal gradient，APG）算法（Toh et al.，2010）和低秩矩阵拟合（low-rank matrix fitting，LMaFit）（Wen et al.，2012）算法。APG 算法的张量推广形式为低秩张量补全（low-rank tensor completion，LRTC）算法（Liu et al.，2013），LMaFit 算法的张量推广形式为并行矩阵分解（parallel matrix factorization，TMac）算法（Xu et al.，2017）。因此，选择 LRTC 算法和 TMac 算法来对纹理块张量进行补全。

1. 低秩张量补全算法

与矩阵补全的秩最小化模型类似，式（8.3.3）难以求解，一般将其转化为凸优化模

型。将矩阵补全的核范数最小化模型推广到张量形式，即

$$\min_{X}\left\{\sum_{n=1}^{N}\alpha_n\left\|X_{(n)}\right\|_*\right\}, \quad \text{s.t. } \boldsymbol{P}_{\Omega}(\boldsymbol{X}) = \boldsymbol{P}_{\Omega}(\boldsymbol{S}_{\text{obs}}^{Z}) \tag{8.3.4}$$

式中：参数 $\alpha_n \geqslant 0$；$n = 1, 2, \cdots, N$；$\sum_{n}\alpha_n = 1$。

在 LRTC 算法模型中，引入中间变量 Z_n、Y，模型松弛为

$$\min_{X,Y,Z_n}\left\{\sum_{n=1}^{3}\alpha_n\left\|Z_n\right\|_* + \frac{1}{2}\sum_{n=1}^{3}\beta_n\left\|Z_n - X_{(n)}\right\|_{\text{F}}^{2}\right.$$

$$\left. + \frac{1}{2}\sum_{n=1}^{3}\gamma_n\left\|Z_n - Y_{(n)}\right\|_{\text{F}}^{2}\right\}, \quad \text{s.t. } \boldsymbol{P}_{\Omega}(\boldsymbol{Y}) = \boldsymbol{P}_{\Omega}(\boldsymbol{S}_{\text{obs}}^{Z}) \tag{8.3.5}$$

式中：$\alpha_n, \beta_n, \gamma_n \geqslant 0$，$n = 1, 2, 3$ 是模型权重参数。

对于目标函数式（8.3.5），运用块坐标下降（block coordinate descent，BCD）算法进行求解。LRTC 算法求解过程如算法 8.1 所示。

算法 8.1　　基于纹理块张量补全的 LRTC 算法

输入：$\boldsymbol{P}_{\Omega}$，$\boldsymbol{P}_{\text{T}}$，$Z_n$，观测数据 $\boldsymbol{S}_{\text{obs}}^{Z}$，纹理块尺寸 p，权重参数 $\alpha_n, \beta_n, \gamma_n \geqslant 0, n = 1, 2, 3$，$\sum_{n}\alpha_n = 1$

（1）纹理块张量预变换：$\boldsymbol{P}_{\Omega}(\boldsymbol{S}_{\text{obs}}^{Z}) = \boldsymbol{P}_{\text{T}}(\boldsymbol{P}_{\Omega}(\boldsymbol{S}_{\text{obs}}^{Z}))$；

（2）初始化：$\boldsymbol{P}_{\Omega}(\boldsymbol{Y}) = \boldsymbol{P}_{\Omega}(\boldsymbol{S}_{\text{obs}}^{Z}), \boldsymbol{P}_{\Omega^c}(\boldsymbol{Y}) = 0, \boldsymbol{X} = \boldsymbol{Y}, Z_n = Y_{(n)}$；

（3）while not convergence，do

　　　　For $n = 1$ to 3 do

$$Z_n = D_{\frac{\alpha_n}{\beta_n + \gamma_n}}\left(\frac{\beta_n X_{(n)} + \gamma_n Y_{(n)}}{\beta_n + \gamma_n}\right);$$

　　　　end for

$$\boldsymbol{X} = \frac{\sum_{n=1}^{3}\beta_n, \text{fold}_n(Z_n)}{\sum_{n=1}^{3}\beta_n};$$

$$\boldsymbol{P}_{\Omega}(\boldsymbol{Y}) = \boldsymbol{P}_{\Omega^c}\left(\frac{\sum_{n=1}^{3}\gamma_n \text{fold}_n(Z_n)}{\sum_{n=1}^{3}\gamma_n}\right);$$

　　　end while

（4）$\boldsymbol{X} = \boldsymbol{P}_{\Omega^c}(\boldsymbol{X}) + \boldsymbol{P}_{\Omega}(\boldsymbol{S}_{\text{obs}}^{Z})$；

（5）反纹理块张量变换：$\boldsymbol{S} = \boldsymbol{P}_{\text{T}}^{-1}(\boldsymbol{X})$；

输出：$\boldsymbol{S}$

注：Ω^c 表示 Ω 的补集

2. 并行矩阵分解算法

TMac 算法对张量 $\boldsymbol{S}_{\text{obs}}^{Z}$ 的每个模展开矩阵实行矩阵分解，寻找矩阵 $Y_n \in \mathbf{R}^{I_n \times r_n}$，$Z_n \in \mathbf{R}^{r_n \times \prod_{j \neq n}I_j}$，使 $S_{(n)} \approx Y_n Z_n$，$n = 1, 2, 3$，其中 r_n 是估计的秩。TMac 算法的目标函数为

$$\min_{Y,Z,X}\sum_{n=1}^{3}\frac{\alpha_n}{2}\left\|Y_n Z_n - Z_{(n)}\right\|_{\text{F}}^{2}, \text{s.t. } \boldsymbol{P}_{\Omega}(\boldsymbol{X}) = \boldsymbol{P}_{\Omega}\left(\boldsymbol{S}_{\text{obs}}^{Z}\right) \tag{8.3.6}$$

式中：$\alpha_n \geqslant 0, n=1,2,3, \sum\limits_{n} \alpha_n = 1$。

模型式（8.3.6）可采用交替最小二乘求解。TMac 算法流程如算法 8.2 所示。

算法 8.2　基于纹理块张量补全的 TMac 算法

输入：$\boldsymbol{P}_{\Omega}$，$\boldsymbol{P}_{\mathrm{T}}$，观测数据 $\boldsymbol{S}_{\mathrm{obs}}^Z$，纹理块尺寸 p，$\alpha_n \geqslant 0, n=1,2,3$，$\sum\limits_{n} \alpha_n = 1$，估计的秩 r_n.

（1）纹理块张量预变换：$\boldsymbol{P}_{\Omega}(\boldsymbol{S}_{\mathrm{obs}}^Z) = \boldsymbol{P}_{\mathrm{T}}(\boldsymbol{P}_{\Omega}(\boldsymbol{S}_{\mathrm{obs}}^Z))$；

（2）初始化：$\boldsymbol{Y}^0, \boldsymbol{Z}^0, \boldsymbol{X}^0$ with $\boldsymbol{P}_{\Omega}(X^0) = \boldsymbol{P}_{\Omega}(\boldsymbol{S}_{\mathrm{obs}}^Z)$；

（3）for $k=0,1,\cdots,$ do

$$\boldsymbol{Y}^{k+1} \leftarrow \boldsymbol{Y}_n^{k+1} = \boldsymbol{X}_{(n)}^k (\boldsymbol{Z}_n^k)^{\mathrm{T}}, \quad \boldsymbol{Z}^{k+1} \leftarrow \boldsymbol{Z}_n^{k+1} = ((\boldsymbol{Y}_n^{k+1})^{\mathrm{T}} \boldsymbol{Y}_n^{k+1})^{\dagger} (\boldsymbol{Y}_n^{k+1})^{\mathrm{T}} \boldsymbol{X}_{(n)}^k ;$$

$$\boldsymbol{X}^{k+1} \leftarrow \boldsymbol{X}^{k+1} = \boldsymbol{P}_{\Omega^c} \left(\sum_{n=1}^{3} \mathrm{fold}_n (\boldsymbol{Y}_n^{k+1} \boldsymbol{Z}_n^{k+1}) \right) + \boldsymbol{P}_{\Omega}(\boldsymbol{S}_{\mathrm{obs}}^Z) ;$$

if 满足迭代停止条件

　　输出 $\boldsymbol{Y}^{k+1}, \boldsymbol{Z}^{k+1}, \boldsymbol{X}^{k+1}$；

（4）反纹理块张量预变换：$\boldsymbol{S} = \boldsymbol{P}_{\mathrm{T}}^{-1}(\boldsymbol{X}^{k+1})$；

输出：$\boldsymbol{S}$

8.3.4　数值实验

通过仿真数据和实际叠后数据重建实验来验证本节提出方法的有效性。本小节使用的算法为 LRTC 算法和 TMac 算法，对比算法为 APG 算法和 LMaFit 算法。地震数据重建质量衡量指标为信噪比（SNR），其定义为

$$\mathrm{SNR} = 10\lg \frac{\|\boldsymbol{S}\|_{\mathrm{F}}^2}{\|\boldsymbol{S} - \boldsymbol{S}^*\|_{\mathrm{F}}^2} \tag{8.3.7}$$

式中：$\boldsymbol{S}$ 和 $\boldsymbol{S}^*$ 分别为原始数据和重建数据。

1. 仿真数据实验

图 8.3.3（a）为原始数据，数据大小为 128×128。图 8.3.3（b）为随机缺失 50%地震道的数据。图 8.3.3（c）和图 8.3.3（d）为 APG 和 LMaFit 算法重建结果，信噪比分别为 25.76 dB 和 28.32 dB，重建时间分别为 0.95 s 和 0.03 s。图 8.3.3（e）和图 8.3.3（f）

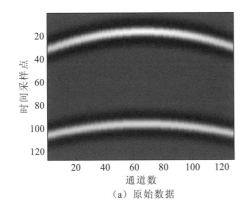

（a）原始数据

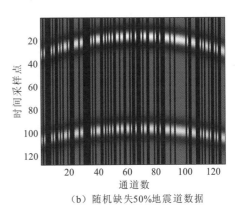

（b）随机缺失50%地震道数据

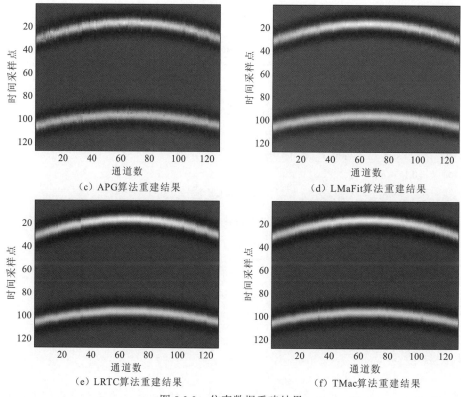

（c）APG算法重建结果 （d）LMaFit算法重建结果

（e）LRTC算法重建结果 （f）TMac算法重建结果

图 8.3.3　仿真数据重建结果

分别是 LRTC 算法和 TMac 算法重建结果，LRTC 算法重建信噪比为 31.78 dB，重建时间为 0.11 s。TMac 算法重建信噪比和重建时间分别为 32.13 dB 和 0.31 s。实验中纹理块矩阵变换和纹理块张量变换的纹理块大小均选取为 8×8。

　　为了更清楚地展示地震数据的重建效果，图 8.3.4 是原始数据和重建数据的第 9 地震道对比图。图 8.3.4（a）～（d）分别为 APG、LMaFit、LRTC 和 TMac 算法的重建单道图。从图 8.3.4 中可以看出，基于纹理块张量预变换的算法重建更精确。

　　图 8.3.5 为图 8.3.3 中各数据对应的频率波数图。从图 8.3.5（b）中可以看出，由于地震道的缺失，频率波数图中出现了频散现象。基于纹理块张量变换的 LRTC 算法和 TMac 算法的频率波数图更接近原始数据的频率波数图。图 8.3.6（a）所示为不同采样率

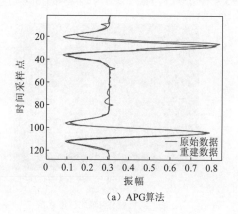

（a）APG算法

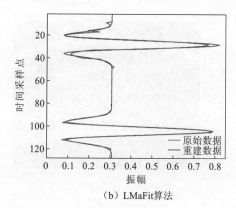

（b）LMaFit算法

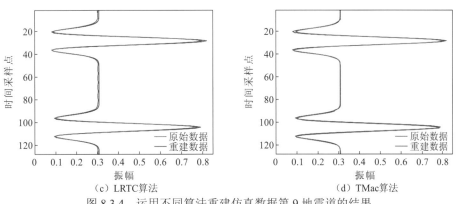

（c）LRTC算法　　　　　　　　　　　　　（d）TMac算法

图 8.3.4　运用不同算法重建仿真数据第 9 地震道的结果

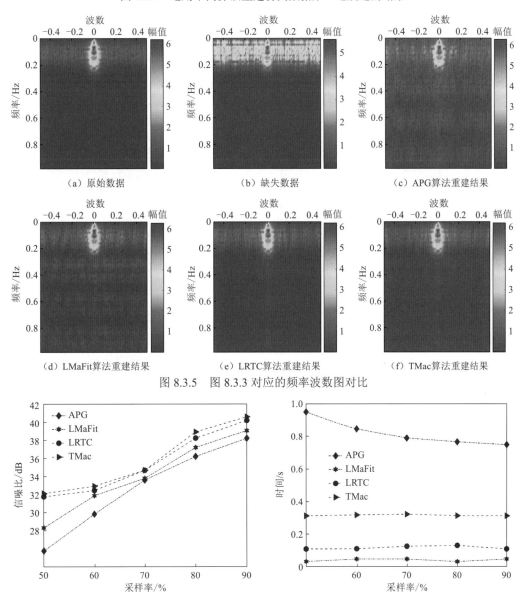

（a）原始数据　　　　　　　（b）缺失数据　　　　　　（c）APG算法重建结果

（d）LMaFit算法重建结果　　　（e）LRTC算法重建结果　　　（f）TMac算法重建结果

图 8.3.5　图 8.3.3 对应的频率波数图对比

（a）重建信噪比　　　　　　　　　　　　　（b）重建时间

图 8.3.6　不同采样率下 4 种算法重建信噪比及重建时间曲线

下 4 种算法对地震数据重建的信噪比，图 8.3.6（b）所示为不同采样率下不同算法重建时间。从图 8.3.6（a）中可以看出，基于纹理块张量预变换的方法重建的信噪比更高。图 8.3.6（b）说明，尽管本节的方法的时间消耗不是一直都优于传统方法，但也十分高效、耗时较短。

2. 实际数据实验

图 8.3.7（a）为原始完整的叠后数据，数据大小为 512×512，共有 512 个时间采样点及 512 道地震数据。图 8.3.7（b）为随机缺失 50%地震道的数据。本实验中纹理块大小均选取16×16。4 种算法重建的时间分别为 2.07 s、0.55 s、1.97 s 和 1.46 s。图 8.3.8 展示了叠后数据第 58 地震道的重建结果。图 8.3.8（a）、图 8.3.8（c）、图 8.3.8（e）和图 8.3.8（g）分别为 APG、LMaFit、LRTC 和 TMac 算法的重建结果，图 8.3.8（b）、图 8.3.8（d）、图 8.3.8（f）和图 8.3.8（h）为对应的原始数据第 58 地震道和重建数据第 58 地震道之间的残差。从图 8.3.8 中可以看到，基于纹理块张量预变换的算法重建的残差更小，说明重建效果更好。

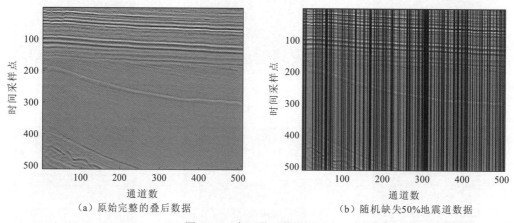

（a）原始完整的叠后数据　　　　　　　　（b）随机缺失50%地震道数据

图 8.3.7　实际叠后数据重建

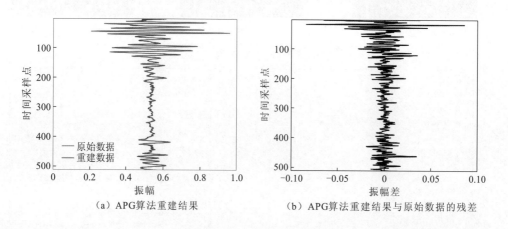

（a）APG算法重建结果　　　　　　　　（b）APG算法重建结果与原始数据的残差

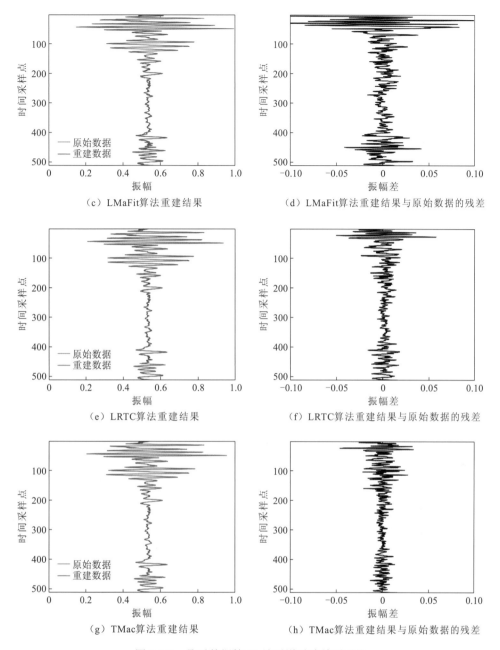

（c）LMaFit算法重建结果

（d）LMaFit算法重建结果与原始数据的残差

（e）LRTC算法重建结果

（f）LRTC算法重建结果与原始数据的残差

（g）TMac算法重建结果

（h）TMac算法重建结果与原始数据的残差

图 8.3.8　叠后数据第 58 地震道重建结果对比

　　图 8.3.9 为叠后数据重建结果的对比频率波数图。图 8.3.10（a）为不同采样率下 4 种算法重建信噪比曲线，从图中可以看出基于纹理块张量预变换的算法重建信噪比更高。图 8.3.10（b）为第 58 道地震数据的幅度谱图，原始数据的幅度谱为黑色虚线，基于纹理块矩阵预变换的 LMaFit 算法重建的幅度谱为红色曲线，基于纹理块张量预变换的 TMac 算法重建的幅度谱为蓝色曲线，可以看到蓝色曲线与黑色曲线一致性较高，而红色曲线与黑色曲线某些地方幅值差异过大，进一步说明了方法的有效性。

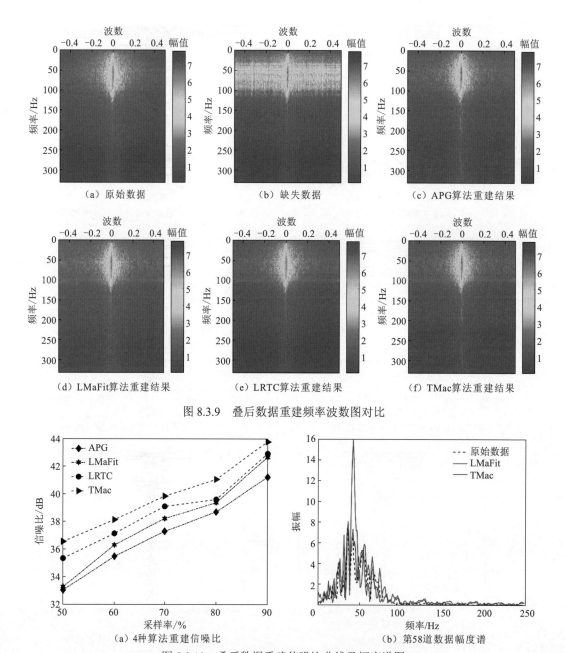

（a）原始数据　　　　　　　（b）缺失数据　　　　　　　（c）APG算法重建结果

（d）LMaFit算法重建结果　　　（e）LRTC算法重建结果　　　（f）TMac算法重建结果

图 8.3.9　叠后数据重建频率波数图对比

（a）4种算法重建信噪比　　　　　　　（b）第58道数据幅度谱

图 8.3.10　叠后数据重建信噪比曲线及幅度谱图

8.4　基于 log-sum 函数的地震数据重建

　　传统的低秩方法一般采用秩函数的凸松弛——核范数替代求解，但是，基于凸松弛理论得到的解并不能保证低秩性，求出的最优解往往只是原始秩最小化问题的一个次优解。因此，本节选择更加逼近秩的 log-sum 函数代替核范数对缺失的二维地震数据进行重建。本节将在式（8.2.2）构造的 Hankel 矩阵 X 上进行降秩重建。

8.4.1 基于核范数的地震数据重建方法

基于核范数最小化的地震数据重建目标函数为

$$\min_{X} \lambda \cdot \|X\|_* + \|Ax - b\|_2^2 \qquad (8.4.1)$$

式中：$A \in \mathbf{R}^{mn \times mn}$ 为矩阵形式的采样算子；$x \in \mathbf{R}^{mn \times 1}$ 为 X 的向量形式；b 为向量化的观测数据；λ 为正则化参数。

8.4.2 基于log-sum函数的地震数据重建方法

1. log-sum 函数
log-sum 函数表达式为

$$\sum_i \log(|y_i| + \varepsilon), \quad i \in 1, \cdots, n \qquad (8.4.2)$$

式中：log 表示以 10 为底数，下同；$y = (y_1, \cdots, y_n)^{\mathrm{T}} \in \mathbf{C}$，$\mathbf{C}$ 是凸集。由于该函数的最小值可以通过局部最小化得到，该函数被成功地应用于图像补全（Fazel，2001）。

为了清楚地说明 log-sum 函数的特点，图 8.4.1 给出了秩为 1 情况下不同 ε 值的 log-sum 函数的变化曲线，以及随着奇异值改变，log-sum 函数与核范数和真实秩的比较。图 8.4.1 中横坐标是奇异值，纵坐标是秩，星号线表示真实的秩，圈线表示核范数，其余线则是不同 ε 值下 log-sum 函数。通过图 8.4.1 可以看出，随着奇异值大小发生变化，log-sum 函数对奇异值的敏感性比核范数低，且更接近真实秩。

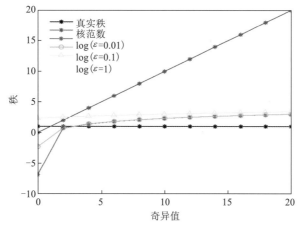

图 8.4.1 不同 ε 值的 log-sum 函数在奇异值增加情况下与核范数和真实秩的比较

2. 基于 log-sum 函数的重建模型及求解
运用 log-sum 函数代替核范数，得到如下目标函数：

$$\min_{x} \lambda \sum_{i=1}^{n} \log(\sigma_i(X) + \varepsilon) + \|Ax - b\|_2^2 \qquad (8.4.3)$$

根据凹函数 $\log(\sigma_i(X)+\varepsilon)$ 超梯度的定义，即在第 k 次迭代时，有

$$\log(\sigma_i(X)+\varepsilon) \leqslant \log(\sigma_i(X^{(k)})+\varepsilon) + \frac{1}{\sigma_i(X^{(k)})+\varepsilon}(\sigma_i(X)-\sigma_i(X^{(k)})) \qquad (8.4.4)$$

最大最小化（majorize-minimization，MM）算法的核心是在迭代时找到比原始函数处处都大、但更容易最小化的目标函数，通过式（8.4.4）可以将目标函数转换为

$$\underset{X}{\text{argmin}}\, \lambda \sum_{i=1}^{\min(m,n)} \log(\sigma_i(X^{(k)})+\varepsilon) + \frac{\sigma_i(X)-\sigma_i(X^{(k)})}{\sigma_i(X^{(k)})+\varepsilon} + \|Ax-b\|_2^2$$

$$= \underset{X}{\text{argmin}}\, \lambda \sum_{i=1}^{\min(m,n)} \frac{\sigma_i(X)}{\sigma_i(X^{(k)})+\varepsilon} + \|Ax-b\|_2^2 \qquad (8.4.5)$$

式中：$\sigma_i(X^{(k)})$ 与 X 更新无关，因此可以去除 $\log(\sigma_i(X^{(k)})+\varepsilon)$ 和 $\dfrac{-\sigma_i(X^{(k)})}{\sigma_i(X^{(k)})+\varepsilon}$。

令 $\omega_i^{(k)} = \dfrac{1}{\sigma_i(X^{(k)})+\varepsilon}$，式（8.4.5）可以转换为

$$G(x) = \lambda \sum_{i=1}^{\min(m,n)} \omega_i^{(k)}\sigma_i(X) + \|Ax-b\|_2^2 \qquad (8.4.6)$$

再一次运用 MM 算法，找到第 k 次迭代时的 $L_k(x)$ 替代 $G(x)$，即当 $x=x_k$ 时，$G(x)=\min L_k(x)$，

$$L_k(x) = \lambda \sum_{i=1}^{\min(m,n)} \omega_i^{(k)}\sigma_i(X) + \|Ax-b\|_2^2 + (x-x_k)^{\mathrm{T}}(\alpha I - A^{\mathrm{T}}A)(x-x_k)$$

$$= \lambda \omega^{\mathrm{T}}\sigma + \|Ax-b\|_2^2 + (x-x_k)^{\mathrm{T}}(\alpha I - A^{\mathrm{T}}A)(x-x_k) \qquad (8.4.7)$$

式中：$\omega = (\omega_1^{(k)}, \omega_2^{(k)}, \cdots, \omega_{\min(m,n)}^{(k)})^{\mathrm{T}}$；$\sigma = (\sigma_1(X), \sigma_2(X), \cdots, \sigma_{\min(m,n)}(X))^{\mathrm{T}}$；$I$ 为单位矩阵。只要 $L_k(x) \geqslant G(x)$，即满足 MM 算法要求的目标函数，这样，就只需要 $(x-x_k)^{\mathrm{T}}(\alpha I - A^{\mathrm{T}}A)$ $(x-x_k)$ 在所有的 x 上是非负的。参数 α 必须满足 $\alpha \geqslant \max \text{eig} A^{\mathrm{T}}A$ 的要求，因此选择 $\alpha = 1.1\max \text{eig} A^{\mathrm{T}}A$，使 $\alpha I - A^{\mathrm{T}}A$ 为半正定矩阵，即有 $(x-x_k)^{\mathrm{T}}(\alpha I - A^{\mathrm{T}}A)(x-x_k) \geqslant 0$。当 $x=x_k$ 时 $L_k(x)=G(x)$，进而可以证明利用 $L_k(x)$ 更容易求解，式（8.4.7）可以写成

$$L_k(x) = b^{\mathrm{T}}b + x_k^{\mathrm{T}}(\alpha I - A^{\mathrm{T}}A)x_k + \lambda \omega^{\mathrm{T}}\sigma + \alpha\|x-p_k\|_2^2 - \alpha p_k^{\mathrm{T}}p_k \qquad (8.4.8)$$

式中：$p_k = x_k + \alpha^{-1}A^{\mathrm{T}}(Ax_k-b)$。舍去与未知数无关的项后，目标函数转化为

$$\min_x L_k(x) = \min_x \alpha\|x-p_k\|_2^2 + \lambda \omega^{\mathrm{T}}\sigma \qquad (8.4.9)$$

根据奇异值的性质

$$\|X_{m\times n}\|_F^2 = \|x_{mn\times 1}\|_2^2 = \sum_{i=1}^{\min(m,n)} \sigma_i^2 = \|\sigma\|_2^2 \qquad (8.4.10)$$

式（8.4.10）可以写为

$$\min_\sigma \alpha\|\sigma - \sigma_{P_k}\|_2^2 + \lambda \omega^{\mathrm{T}}\sigma$$

$$= \min_\sigma \alpha \sum_{i=1}^{\min(m,n)} (\sigma_i - (\sigma_{P_k})_i)^2 + \lambda \sum_{i=1}^{\min(m,n)} \omega_i^{(k)}\sigma_i \qquad (8.4.11)$$

式中：$P_k \in \mathbf{R}^{m\times n}$ 是 p_k 的矩阵形式，式（8.4.11）通过求导得

$$\frac{\partial}{\partial \sigma_i}\left(\alpha \sum_{i=1}^{\min(m,n)}(\sigma_i-(\sigma_{P_k})_i)^2+\lambda\sum_{i=1}^{\min(m,n)}\omega_i^{(k)}\sigma_i\right)=0 \tag{8.4.12}$$

简化后得

$$2\alpha(\sigma_i-(\sigma_{P_k})_i)+\lambda\omega_i \Rightarrow \sigma_i=(\sigma_{P_k})_i-\frac{\lambda}{2\alpha}\omega_i \tag{8.4.13}$$

因此，式（8.4.3）的解为

$$X^{k+1}=S_\lambda^\omega\left(M\left(x^k+\frac{1}{\alpha}A^{\mathrm{T}}(Ax^k-b)\right)\right) \tag{8.4.14}$$

式中：M 为矩阵化算子，$S_\lambda^\omega(\cdot)=U\sum_\lambda^\omega V^{\mathrm{T}}$，$U$ 和 V 分别为 X^{k+1} 的左奇异矩阵和右奇异矩阵，$\sum_\lambda^\omega=\mathrm{diag}\left(\max\left(\sigma_1(\cdot)-\frac{\lambda}{2\alpha}\omega_j\right),\cdots,\max\left(\sigma_{\mathrm{rank}(\cdot)}(\cdot)-\frac{\lambda}{2\alpha}\omega_j\right)\right)$。

算法 8.3 为基于 log-sum 函数与 MM 算法（以下简称 LSMM 算法）的地震数据重建算法。在实验中，基于 log-sum 函数与 MM 算法的地震数据重建算法的参数设置为：$\alpha=1.1$，$\mathrm{tol}=10^{-3}$，$\mathrm{decfac}=0.9$，$\varepsilon\in[0.001,0.01,0.1]$。$m$ 取值比较灵活，根据数据类型和缺失程度的不同，其取值也会发生适当变化。

算法 8.3　基于 log-sum 函数与 MM 算法的地震数据重建算法

输入：观测地震数据 S_{obs} 频切上构造的 Hankel 矩阵 X，A，α，tol，decfac，ε，m

初始化：X^0，$b=A(X)$，$\omega^0=\sigma(A^{\mathrm{T}}b)$，$\lambda^0=m*\|b\|_\infty$

循环以下步骤：

（1）$Z^k=X^k+(1/\alpha)*A^{\mathrm{T}}(AX^k-b)$

（2）更新 $X^{k+1}=S_\lambda^w\left(M\left(x^k+\frac{1}{\alpha}A^{\mathrm{T}}(Ax^k-b)\right)\right)$

（3）若 $\|X^{k-1}-X^k\|_2/\|X^k\|_2<\mathrm{tol}$，结束

（4）更新 $\lambda^{k+1}=\mathrm{decfac}*\lambda^k$，$\omega^k=1/(\sigma_i(X^k)+\varepsilon)$

结束循环

输出：X^{k+1}

8.4.3　数值实验

本节通过仿真数据和真实数据对奇异值收缩（singular value thresholding，SVT）、加权最邻近（weighted nearest neighbor，WNN）算法与本节所提的 LSMM 算法进行对比实验。衡量指标为信噪比。

1. 仿真数据实验

实验选择仿真线性数据，共有 128 个地震道，每道 128 个采样点。图 8.4.2 给出原始数据和随机缺失 50%数据的图像，图 8.4.3 为分别用 SVT、WNN 和 LSMM 三种方法对随机缺失 50%数据下仿真地震重建结果及残差图。其中图 8.4.3（a）～图 8.4.3（c）是 SVT、WNN 和 LSMM 算法的重建结果图，图中黑色线框是对比较明显的部分，相应的

SNR 分别为 32.360 1 dB、33.179 1 dB、43.571 3 dB。图 8.4.3（d）～图 8.4.3（f）是重建结果对应的残差图，图中红色线框表示差别比较明显的位置。通过信噪比和重建结果图可以得出，LSMM 算法的重建效果优于 SVT 和 WNN 算法。并进一步给出第 59 地震道在三种方法下的重建效果，图 8.4.4（a）、图 8.4.4（c）、图 8.4.4（e）是 SVT、WNN和 LSMM 算法的单道重建结果图，图 8.4.4（b）、图 8.4.4（d）、图 8.4.4（f）是单道对应的残差图，通过单道的残差图可以看出 LSMM 算法的重建效果优于另外两种算法。通过图 8.4.3 和图 8.4.4 中的结果图与残差图可以看出，在 50% 数据缺失情况下，LSMM 方法比另外两种方法重建结果更接近原始数据。

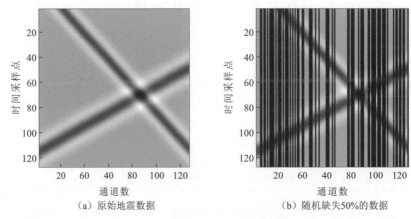

(a) 原始地震数据 (b) 随机缺失50%的数据

图 8.4.2　原始数据与随机缺失数据的图像

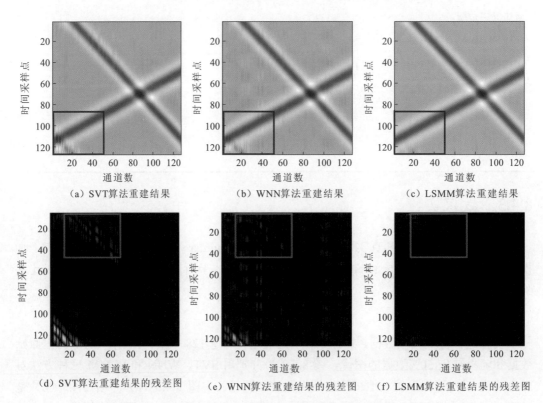

（a）SVT算法重建结果　　（b）WNN算法重建结果　　（c）LSMM算法重建结果

（d）SVT算法重建结果的残差图　（e）WNN算法重建结果的残差图　（f）LSMM算法重建结果的残差图

图 8.4.3　随机缺失 50% 数据的仿真地震重建结果及残差图

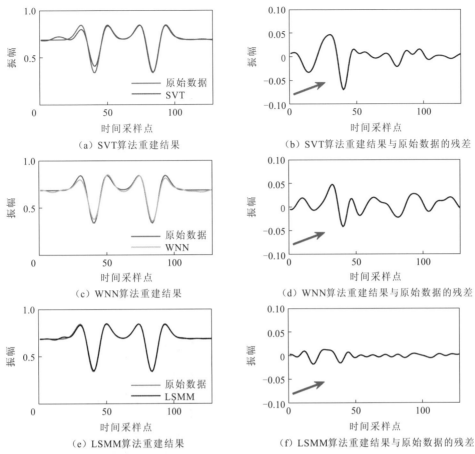

（a）SVT算法重建结果

（b）SVT算法重建结果与原始数据的残差

（c）WNN算法重建结果

（d）WNN算法重建结果与原始数据的残差

（e）LSMM算法重建结果

（f）LSMM算法重建结果与原始数据的残差

图 8.4.4　第 59 地震道重建地震数据与原始数据对比以及对应的残差图

（a）（c）（e）中红线、蓝线、绿线和黑线分别为原始数据、SVT 算法、WNN 算法和 LSMM 算法
重建的第 59 道地震数据；（b）（d）（f）为对应的残差图（图中红色箭头指出对比较明显的部分）

　　为了更好地显示 SNR 变化对三种算法的影响，图 8.4.5 给出了图 8.4.2（a）的数据在 20%～80%缺失率下三种算法重建数据的信噪比。通过图 8.4.5 可以看出，随着缺失率

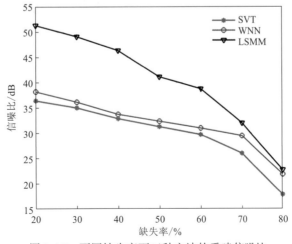

图 8.4.5　不同缺失率下三种方法的重建信噪比

的改变，LSMM 算法的重建信噪比高于其他两种方法，进一步得出 LSMM 算法对仿真线性数据的重建效果较好，且缺失率较小时效果更加明显。

2. 真实数据实验

实验选取的是真实叠后数据，其道集为 60 道，采样间隔为 2 ms，采样点数为 1 502，如图 8.4.6（a）所示，图 8.4.6（b）是随机缺失 30%的数据，图 8.4.6（c）和图 8.4.6（d）是图 8.4.6（a）和图 8.4.6（b）分别对应的 f-k 谱图。运用 SVT、WNN 及 LSMM 算法对其进行重建，图 8.4.7 是分别用三种算法对 30%缺失下地震数据重建效果及对应的 f-k 谱图。图 8.4.7（a）～图 8.4.7（c）是 SVT、WNN 和 LSMM 算法的重建结果图，SVT 算法重建的信噪比为 24.532 6 dB，WNN 算法重建的信噪比为 25.969 4 dB，而 LSMM 算法重建的信噪比为 26.783 6 dB。通过信噪比可以看出，LSMM 算法重建的信噪比比另外两种算法高。图 8.4.7（d）～图 8.4.7（f）是重建结果对应的 f-k 谱图（图中红色框是对比结果比较明显的部分），从图中可以明显看出，LSMM 算法重建结果对应的 f-k 谱图与原

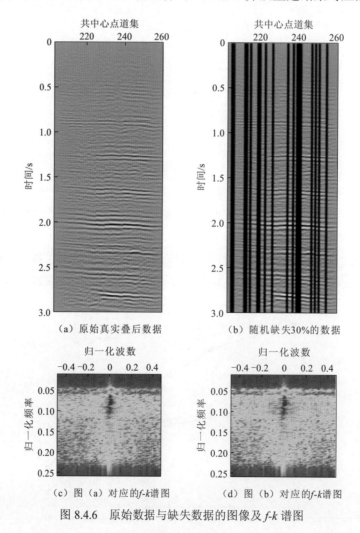

（a）原始真实叠后数据   （b）随机缺失30%的数据

（c）图（a）对应的 f-k 谱图   （d）图（b）对应的 f-k 谱图

图 8.4.6　原始数据与缺失数据的图像及 f-k 谱图

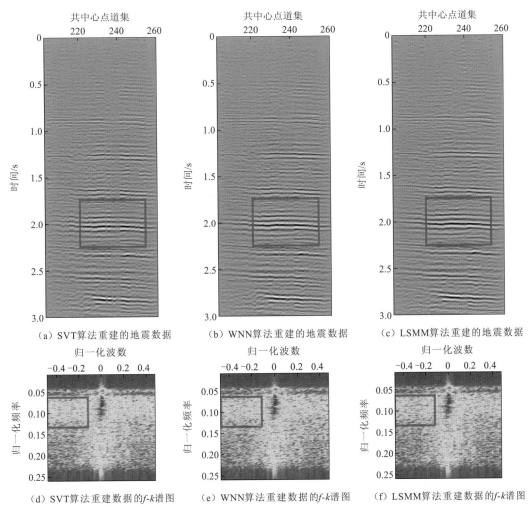

(a) SVT算法重建的地震数据　　(b) WNN算法重建的地震数据　　(c) LSMM算法重建的地震数据

(d) SVT算法重建数据的 *f-k* 谱图　(e) WNN算法重建数据的 *f-k* 谱图　(f) LSMM算法重建数据的 *f-k* 谱图

图 8.4.7　随机缺失 30%数据的重建结果及对应的 *f-k* 谱图

始数据的 *f-k* 谱图更相近。因此无论是从信噪比还是 *f-k* 谱图都可以说明，LSMM 算法的重建效果优于 SVT 算法和 WNN 算法，且解决频散的效果较好。

8.5　基于自相似性和低秩先验的地震数据随机噪声压制

本节提出基于自相似性和低秩先验的地震数据去噪方法，通过块匹配算法搜索地震数据的自相似块，然后以自相似块组为单元，利用低秩约束进行随机噪声压制。

8.5.1　自相似块匹配

基于自相似块的地震数据去噪流程如下。

（1）将含噪地震数据 $S_{obs} \in \mathbf{R}^{n \times m}$ 分割为若干个 $q \times q$ 的小块 s_i，步长为 $\mathrm{floor}\left(\dfrac{q}{2}-1\right)$。

（2）每个小块 s_i 搜索 H 个相似块，记为 $\{s_{i,h}\}_{h=1}^{H}$；然后，将相似块向量化后排列为 $S_i = [\mathbf{vect}\,(s_{i,1}),\mathbf{vect}\,(s_{i,2}),\cdots,\mathbf{vect}\,(s_{i,H})] \in \mathbf{R}^{q^2 \times H}$（ $\mathbf{vect}(\cdot)$ 表示矩阵的向量化），对该矩阵进行低秩去噪，得到去噪后的 s_i。图 8.5.1 为自相似块匹配与去噪示意图。

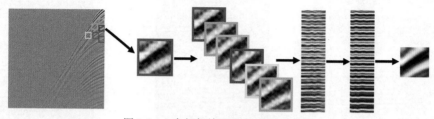

图 8.5.1　自相似块匹配与去噪示意图

（3）去噪后的 s_i 拼接（重复地方按照重数取均值）即可得到去噪后的地震数据。相似度定义为欧氏距离：

$$d_{i,j} = \left\| s_i - s_j \right\|_2^2 \tag{8.5.1}$$

式中：s_i 和 s_j 分别为目标块和搜索的相似块，$d_{i,j}$ 越小，则 s_i 和 s_j 越相似。由于地震数据数量较大，在全局搜索相似块计算较为耗时。为此，设置大小为 $Q \times Q$ 的搜索窗，在搜索窗内按照式（8.5.1）所示的相似性度量寻找相似块。相似块大小 Q、相似块个数 H 及搜索窗 Q 是相似块匹配中较为重要的参数。实验中可以通过多次试误调节，在计算复杂度和去噪效果等方面折中选择最佳的参数。

考虑由相似块组成的自相似块矩阵在无噪情况下应是低秩的，因此，可以通过对自相似块矩阵进行降秩达到去噪的目的。基于相似块矩阵形式的去噪模型：

$$\hat{X}_i = \underset{X_i}{\mathrm{argmin}}\ \mathrm{rank}(X_i) + \frac{\lambda}{2}\left\| X_i - S_i \right\|_F^2 \tag{8.5.2}$$

截断核范数正则化（truncated nuclear norm regularization，TNNR）更好地逼近秩函数（Hu et al.，2013），接下来采用截断核范数正则化作为约束条件。

8.5.2　基于截断核范数的低秩模型

截断核范数定义为 $\|X\|_r = \sum\limits_{i=r+1}^{\min(m,n)} \sigma_i(X)$，表示较小尾部 $[\min(m,n)-r]$ 个奇异值的和，m,n 为矩阵的尺度，r 为矩阵的秩。基于截断核范数低秩模型为

$$\hat{X}_i = \arg\min_{X_i}\|X_i\|_r + \frac{\lambda}{2}\left\| X_i - S_i \right\|_F^2 \tag{8.5.3}$$

式（8.5.3）是非凸的，根据定理 8.1 对目标函数进行转换，然后再利用加速近端梯度（accelerated proximal gradient line，APGL）算法求解。

定理 8.1（Hu et al.，2013）：已知矩阵 $X \in \mathbf{R}^{m \times n}$，存在矩阵 $A \in \mathbf{R}^{r \times m}$，$B \in \mathbf{R}^{r \times n}$，满足 $AA^{\mathrm{T}} = I_{r \times r}$，$BB^{\mathrm{T}} = I_{r \times r}$，对任意非负整数 r（ $r \leqslant \min(m,n)$ ），有

$$\mathrm{Tr}\left(\boldsymbol{A}\boldsymbol{X}\boldsymbol{B}^{\mathrm{T}}\right) \leqslant \sum_{i=1}^{r} \sigma_i(\boldsymbol{X}) \tag{8.5.4}$$

式中：Tr 表示矩阵的迹，若 $\boldsymbol{X}=(x_{ij})m\cdot n$，则 $\mathrm{Tr}\left(\boldsymbol{X}\right) = \sum_{i=1}^{\min(m,n)} x_{ij}$；特别地，当 $\boldsymbol{A}$、$\boldsymbol{B}$ 分别为 $\boldsymbol{X}$ 前 r 个奇异值对应的左、右奇异值矩阵时，等号成立。

即对 $\boldsymbol{X}$ 进行奇异值分解（singular value decomposition，SVD）：$\boldsymbol{X}=\boldsymbol{U}\boldsymbol{\Sigma}\boldsymbol{V}^{\mathrm{T}}$，$\boldsymbol{U}=(u_1,u_2,\cdots,u_m)\in\mathbf{R}^{m\times m}$，$\boldsymbol{\Sigma}\in\mathbf{R}^{m\times n}$，$\boldsymbol{V}=(v_1,v_2,\cdots,v_n)\in\mathbf{R}^{n\times n}$。当 $\boldsymbol{A}=(u_1,u_2,\cdots,u_r)^{\mathrm{T}}$，$\boldsymbol{B}=(v_1,v_2,\cdots,v_r)^{\mathrm{T}}$ 时，式（8.5.4）等号成立。

这样有

$$\max_{\boldsymbol{A}\boldsymbol{A}^{\mathrm{T}}=\boldsymbol{I},\boldsymbol{B}\boldsymbol{B}^{\mathrm{T}}=\boldsymbol{I}} \mathrm{Tr}(\boldsymbol{A}\boldsymbol{X}\boldsymbol{B}^{\mathrm{T}}) = \sum_{i=1}^{r} \sigma_i(\boldsymbol{X}) \tag{8.5.5}$$

于是

$$\begin{aligned}
\|\boldsymbol{X}\|_r &= \sum_{i=r+1}^{\min(m,n)} \sigma_i(\boldsymbol{X}) \\
&= \sum_{i=1}^{\min(m,n)} \sigma_i(\boldsymbol{X}) - \sum_{i=1}^{r} \sigma_i(\boldsymbol{X}) \\
&= \|X\|_* - \max_{\boldsymbol{A}\boldsymbol{A}^{\mathrm{T}}=\boldsymbol{I},\boldsymbol{B}\boldsymbol{B}^{\mathrm{T}}=\boldsymbol{I}} \mathrm{Tr}(\boldsymbol{A}\boldsymbol{X}\boldsymbol{B}^{\mathrm{T}})
\end{aligned} \tag{8.5.6}$$

对式（8.5.6）进行迭代求解。

令 $\boldsymbol{X}_1=\boldsymbol{M}$，第 l 次迭代时，对 $\boldsymbol{X}_l$ 进行 SVD 得到 $\boldsymbol{A}_l$、$\boldsymbol{B}_l$；然后固定 $\boldsymbol{A}_l$、$\boldsymbol{B}_l$，更新 $\boldsymbol{X}_{l+1}$。即目标函数式（8.5.3）可转化为如下优化问题：

$$\hat{\boldsymbol{X}}_i = \arg\min_{\boldsymbol{X}_i} \|\boldsymbol{X}_i\|_* - \mathrm{Tr}(\boldsymbol{A}_{i,l}\boldsymbol{X}_i\boldsymbol{B}_{i,l}^{\mathrm{T}}) + \frac{\lambda}{2}\|\boldsymbol{X}_i - \boldsymbol{S}_i\|_{\mathrm{F}}^2 \tag{8.5.7}$$

因此，可采用凸优化方法求解。APGL 算法是经典的凸优化方法，其优势为收敛速度快，收敛速度为 $O\left(\dfrac{1}{k^2}\right)$，$k$ 为迭代次数，对噪声具有较强的鲁棒性（Beck et al.，2009）。因此，采用 APGL 算法优化求解。

8.5.3 APGL优化求解

APGL 算法是一种有效稳定的凸优化方法，可以解决如下无约束的非光滑凸问题：

$$\min_{\boldsymbol{X}} F(\boldsymbol{X}) = g(\boldsymbol{X}) + f(\boldsymbol{X}) \tag{8.5.8}$$

式中：g 为闭凸函数；f 为可微凸函数。

APGL 算法将式（8.5.8）写成如下 $F(\boldsymbol{X})$ 在某一定点 $\boldsymbol{Y}$ 处的近似形式：

$$G(\boldsymbol{X},\boldsymbol{Y}) = f(\boldsymbol{Y}) + \langle \boldsymbol{X}-\boldsymbol{Y},\nabla f(\boldsymbol{Y})\rangle + \frac{1}{2t}\|\boldsymbol{X}-\boldsymbol{Y}\|_{\mathrm{F}}^2 + g(\boldsymbol{X}) \tag{8.5.9}$$

对任意 $t>0$，迭代更新 $\boldsymbol{X}$、$\boldsymbol{Y}$，t 优化式（8.5.9）。在第 k 迭代中，通过最小化 $G(\boldsymbol{X},\boldsymbol{Y}_k)$ 更新 $\boldsymbol{X}_{k+1}$：

$$X_{k+1} = \arg\min_{X} G(X, Y_k)$$
$$= \arg\min_{X} g(X) + \frac{1}{2t_k} \left\| X - (Y_k - t_k \nabla f(Y_k)) \right\|_{\mathrm{F}}^2 \qquad (8.5.10)$$

对于目标函数式（8.5.7），令 $g(X) = \left\| X_i \right\|_*$，$f(X) = -\mathrm{Tr}\,(A_{i,l} X_{i,l} B_{i,l}^{\mathrm{T}}) + \frac{\lambda}{2} \left\| X_i - M_i \right\|_{\mathrm{F}}^2$，则

$$X_{i,k+1} = \arg\min_{X_i} g(X_i) + \frac{1}{2t_{i,k}} \left\| X_i - (Y_{i,k} - t_{i,k} \nabla f(Y_{i,k})) \right\|_{\mathrm{F}}^2 \qquad (8.5.11)$$

对矩阵 $X \in \mathbf{R}^{m \times n}$ 进行SVD：

$$X = U \Sigma V^{\mathrm{T}}, \quad \Sigma = \mathrm{diag}(\{\sigma_i\}_{1 \leq i \leq \min(m,n)}) \qquad (8.5.12)$$

矩阵奇异值收缩算子 D_τ 定义：

$$D_\tau(X) = U D_\tau(\Sigma) V^{\mathrm{T}}, \quad D_\tau(\Sigma) = \mathrm{diag}(\max(\sigma_i - \tau, 0)) \qquad (8.5.13)$$

由 Cai 等（2010）可知，对任意 $\tau > 0$，$Y \in \mathbf{R}^{m \times n}$，有

$$D_\tau(Y) = \arg\min_{X} \frac{1}{2} \left\| X - Y \right\|_{\mathrm{F}}^2 + \tau \left\| X \right\|_* \qquad (8.5.14)$$

因此，式（8.5.11）可转化为

$$X_{k+1} = D_{t_{i,k}}(Y_{i,k} - t_{i,k} \nabla f(Y_{i,k}))$$
$$= D_{t_{i,k}}(Y_{i,k} + t_{i,k}(A_{i,l}^{\mathrm{T}} B_{i,l} - \lambda(Y_{i,k} - S_i))) \qquad (8.5.15)$$

接着，更新 $t_{i,k+1}$ 和 $Y_{i,k+1}$：

$$t_{i,k+1} = \frac{1 + \sqrt{1 + 4t_{i,k}^2}}{2} \qquad (8.5.16)$$

$$Y_{i,k+1} = X_{i,k+1} + \frac{t_{i,k} - 1}{t_{i,k+1}}(X_{i,k+1} - X_{i,k}) \qquad (8.5.17)$$

基于自相似性先验和截断核范数正则化（self-similarity prior-truncated nuclear norm regularization，SP-TNNR）的地震数据随机噪声压制算法见算法8.4。

算法8.4　基于SP-TNNR算法的地震数据随机噪声压制算法（SP-TNNR）

输入：S_{obs}，tol，insweep，ε_0，ε_1
初始化：$t_1=1$，$X_1=S_{\mathrm{obs}}$，$Y_1=X_1$
for $s_i \in S_{\mathrm{obs}}$
　　搜索 s_i 的相似块组成相似块矩阵 S_i
　　for $l = 1 : \mathrm{tol}$
　　　　计算 $A_{i,l}$，$B_{i,l}$
　　　　for $k = 1 : \mathrm{insweep}$
　　　　　　利用式（8.5.15）更新 $X_{i,k+1}$
　　　　　　利用式（8.5.16）更新 $t_{i,k+1}$
　　　　　　利用式（8.5.17）更新 $Y_{i,k+1}$
　　　　　　if $\left\| X_{i,k+1} - X_{i,k} \right\|_{\mathrm{F}} / \left\| X_{i,k} \right\|_{\mathrm{F}} \leq \varepsilon_0$　结束
　　　　end
　　　　if $\left\| X_{i,l+1} - X_{i,l} \right\|_{\mathrm{F}} / \left\| X_{i,l} \right\|_{\mathrm{F}} \leq \varepsilon_1$　结束

```
      end
      得到估计的 $X_i$
end
将得到的 $X_i$ 重构为 $X$
输出：$X$
```

8.5.4　数值实验

用仿真和实际地震数据验证 SP-TNNR 算法性能，并与传统的 Curvelet 变换、F-X 反褶积、TNNR 及基于自相似块匹配的核范数最小化（self-similarity prior-nuclear norm minimization，SP-NNM）算法对比，用信噪比（SNR）评价算法性能。

1. 仿真数据实验

仿真数据实验选取的地震数据共 256 道，每道 256 个时间采样点，采样间隔为 2 ms。在综合考虑了算法时间复杂度、计算复杂度及去噪效果等因素的基础上，设置搜索窗 $Q = 30$，相似块大小 $q = 8$，相似块个数 $H = 150$，超参数 $\lambda = 0.95$。F-X 反褶积频带为 1～100 Hz，滤波长度为 12。TNNR 算法中秩取 15。在仿真和实际数据实验中 Curvelet 变换尺度参数均为 5，阈值大小取决于去噪数据的信噪比。SP-NNM 算法中搜索窗、相似块大小及相似块个数均设置与 SP-TNNR 算法一致。图 8.5.2（a）为原始仿真叠前地震数据，图 8.5.2（b）为加入了随机噪声（均值为 0、标准差为 50 的高斯白噪声）的仿真叠前地震数据（信噪比为 5.1 dB）。图 8.5.3 和图 8.5.4 分别为 5 种算法去噪结果及对应的残差图。Curvelet 变换、F-X 反褶积、TNNR、SP-NNM 及 SP-TNNR 算法去噪后的信噪比分别为 23.0 dB、20.2 dB、12.5 dB、26.3 dB、27.5 dB。从去噪图和残差图中可以看出，Curvelet 变换去除了绝大部分噪声，但同相轴有模糊现象且同相轴附近还残留部分噪声。F-X 反褶积算法去噪结果中仍然可以明显看到噪声残留。TNNR 算法去噪图中同相轴附近残留噪声湮没了有效信息，去噪效果较差。SP-NNM 算法和 SP-TNNR 算法去噪后噪声基本消除，但 SP-NNM 算法去噪后同相轴周围边缘过于光滑，在去噪的同时去掉了部分有效信号，而 SP-TNNR 算法去噪结果更干净，去噪后同相轴十分清晰细腻，去噪效果最佳。

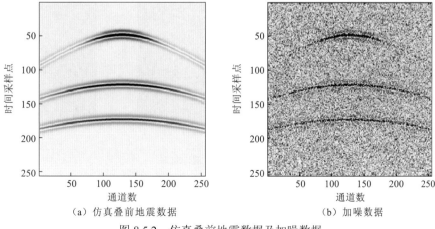

（a）仿真叠前地震数据　　　　　　　　（b）加噪数据

图 8.5.2　仿真叠前地震数据及加噪数据

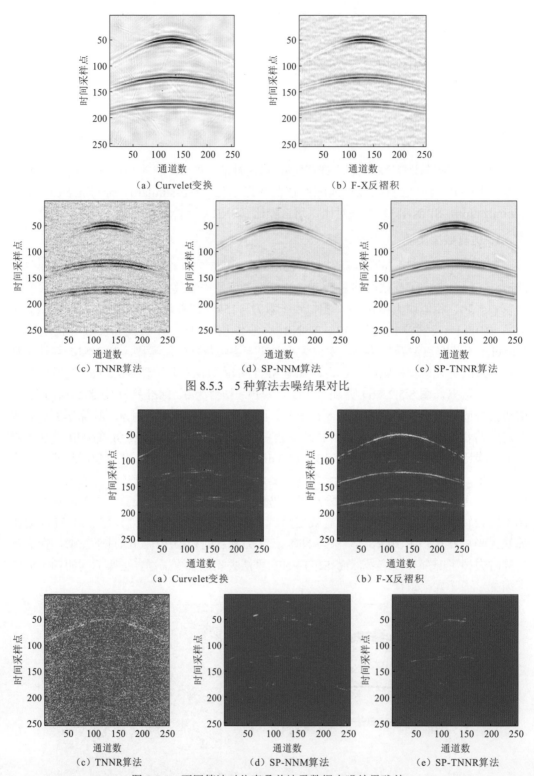

（a）Curvelet变换　　　　　　　　　（b）F-X反褶积

（c）TNNR算法　　　　（d）SP-NNM算法　　　　（e）SP-TNNR算法

图 8.5.3　5种算法去噪结果对比

（a）Curvelet变换　　　　　　　　　（b）F-X反褶积

（c）TNNR算法　　　　（d）SP-NNM算法　　　　（e）SP-TNNR算法

图 8.5.4　不同算法对仿真叠前地震数据去噪结果残差

2. 真实数据实验

图 8.5.5（a）中包含 256 道，每道 256 个时间采样点。加入随机噪声（均值为 0、标

准差为 50 的高斯白噪声）的结果见图 8.5.6（b）（信噪比为 9.0 dB），可以看出加噪数据的同相轴边缘信息模糊。经过多次试误调节，实验中搜索窗 $Q = 30$，相似块大小 $q = 9$，相似块个数 $H = 150$，$\lambda = 0.95$。F-X 反褶积频带为 1～100 Hz，滤波长度为 14。TNNR 算法中秩取 18。图 8.5.6 给出实际叠后地震数据去噪结果。图 8.5.6（a）为 Curvelet 变换去噪，该方法去掉了大部分噪声，但是同相轴过于光滑，不能保留有效信号；图 8.5.6（b）为 F-X 反褶积去噪，其将有效信号和噪声同时去掉得较多；图 8.5.6（c）为 TNNR 算法去噪，效果极差；图 8.5.6（d）为 SP-NNM 算法去噪，去掉大部分噪声的同时也将部分有效信号去掉；图 8.5.6（e）为 SP-TNNR 算法去噪，可以看出噪声被去掉，同相轴清晰

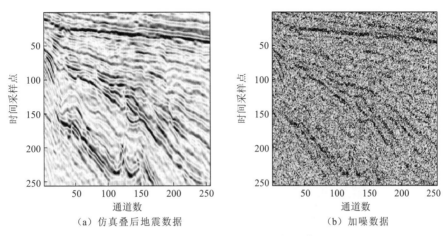

（a）仿真叠后地震数据　　　　　　　　　（b）加噪数据

图 8.5.5　实际叠后地震数据及加噪数据

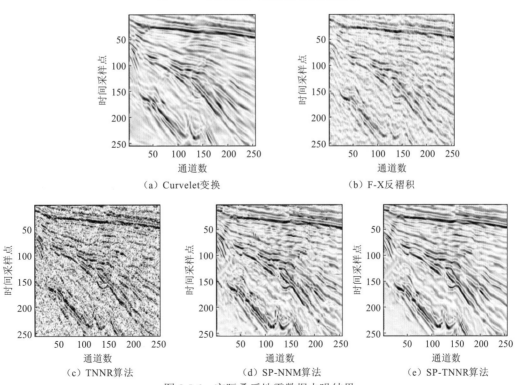

（a）Curvelet变换　　　　　　　　　　（b）F-X反褶积

（c）TNNR算法　　　　　（d）SP-NNM算法　　　　　（e）SP-TNNR算法

图 8.5.6　实际叠后地震数据去噪结果

可见且连续性较好，具有较高的保真度。5 种方法去噪后的信噪比依次为 19.8 dB、18.9 dB、13.1 dB、20.7 dB、21.9 dB。图 8.5.7 为对应的频率波数图。从频率波数图可以看出 SP-TNNR 算法去噪后的频率比较集中，其他 4 种方法去噪后依然存在频散现象。

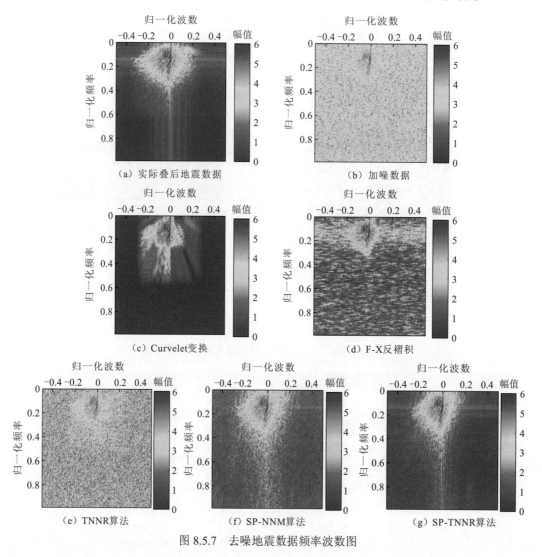

图 8.5.7　去噪地震数据频率波数图

第9章　深度学习在地震数据重建中的应用

深度学习是机器学习领域新的研究方向，通过海量的数据自动学习样本数据的内在规律和表示层次，已经成功应用于图像、视频、自然语言处理等领域。本章首先介绍深度学习的发展及在地震数据重建中的现状，然后阐述卷积神经网络的基本组成部分，并引出地震数据重建中常用的网络框架，最后给出三个用于地震数据插值和去噪的深度神经网络算法。

9.1　深度学习概述

深度学习（deep learning，DL）是近几年机器学习领域的一个飞速发展的新兴技术，在计算机视觉、自然语言处理、语音识别、医学图像等许多领域都取得了突破性的进展。深度学习是数据驱动的方法，无须先验约束，通过构建深度神经网络可以从大量数据中自动地挖掘特征拟合复杂的实际问题。此外，训练好的网络在测试时不需要人工调节参数，具有高效、自动的优点。深度学习方法已成为各种跨学科交叉领域的研究热点。在地震勘探领域，越来越多的专家学者尝试将深度学习的方法应用于地震信号的处理与解释中。

9.1.1　深度学习的起源与发展

深度学习起源于人工神经元网络，是对生物大脑神经元连接模式的一种模拟。在生物系统中，神经元之间互相连接，当神经元被激活时会向周围传递信息。McCulloch 等（1990）对这种生物神经元的信息传递过程进行建模，提出了神经元的第一个数学模型[麦卡洛克-皮特斯（McCulloch-Pitts，MP）模型]。在 MP 模型中，每个神经元接收来自其他神经元的信号，通过加权处理进行传播，神经元的激活和抑制使用阈值操作或非线性激活函数建模。早期的神经网络由两层神经元组成，称为感知机（Rosenblatt，1958）。然而由于结构简单，感知机只能处理一些简单的分类问题，无法解决稍复杂的问题（如"异或"问题），这使得神经网络的发展在很长一段时间停滞不前。直到误差反向传播（error back propagation，简称BP）算法和多层感知机模型的提出（Rumelhart et al.，1986），解决了单层感知机无法解决的"异或"问题。

深度学习模型就是深度的神经网络。当网络的隐含层数量增加时模型的复杂度提高，学习能力更强，但同时网络的参数也会增多，训练会更加困难。使用 BP 算法训练网络参数时，往往会发生梯度爆炸或梯度消失的问题，使深层网络训练困难。Hinton 等（2006）提出了"预训练+微调"的模式，将隐含层数量推动到了 7 层，揭开了深度学习的热潮，此后神经网络也逐渐向着更深的方向发展。

在深度学习中，卷积神经网络（convolutional neural networks，CNN）是目前计算机视觉领域最流行的网络结构。Krizhevsky等（2012）使用卷积神经网络 AlexNet 在 ImageNet 大规模视觉识别挑战赛中一举夺冠，使得 CNN 吸引了众多研究者的注意。CNN 的灵感来源于人视觉系统中感受野的概念，它摒弃了多层感知器中两层神经元之间全连接的模式，使用局部连接和权值共享的策略，大大降低了参数量和训练开销。而循环神经网络是一类专用于处理序列数据的神经网络，它通过特殊的隐含层结构来获取序列数据的长期依赖关系，在语音识别、语言模型、机器翻译及时序分析等自然语言处理领域应用广泛。

9.1.2 深度学习应用于地震数据重建的研究现状

近年来，多种深度学习方法被应用于地震资料的插值和去噪中，其中，使用最多的是卷积神经网络。针对规则缺失问题，Wang 等（2019）使用残差网络对三次样条预插值结果进行优化，重建结果优于传统的 *f-x* 方法，同时指出了该方法的局限性，即与训练数据相似度不高的数据的重建效果受限。Wang 等（2020）应用卷积自编码网络对随机缺失的地震数据进行插值。针对连续多道缺失问题，Oliveira 等（2018）评估了条件生成对抗网络的性能，并通过建立"网络池"处理不同 gap 宽度的数据。对于去噪问题，使用得最多的是去噪卷积神经网络（denoising concolutional nerual network，DnCNN）。DnCNN 最初被用于去除图像中的高斯白噪声（Zhang et al.，2017）。该网络采用残差学习框架，输出噪声而不是去噪数据，具有良好的去噪性能。在地震数据的去噪问题中，DnCNN 及其变体已广泛应用于高斯白噪声（Zhang et al.，2018）、线性噪声（Yu et al.，2019）、面波（Li et al.，2018）和沙漠地震数据低频噪声（Zhao et al.，2018）去除问题中。其他如自编码器 CNN（Saad et al.，2020）、残差 CNN（Liu et al.，2018）、生成对抗性 CNN（Yuan et al.，2020）也被用于随机或相干噪声去除问题中。

9.2 卷积神经网络

CNN 是目前计算机视觉领域最成功的网络之一，也是地震数据插值和去噪问题中应用最广泛的网络。CNN 摒弃了神经元之间的全连接模式，采用局部连接和权值共享的网络架构极大地减少了网络参数量。通过多层的卷积、激活、池化等操作，CNN 可以逐步将初始的"低层"特征表示转化为"高层"特征表示，进而完成复杂的学习任务。本节首先介绍 CNN 构建中常用的层结构，然后介绍地震数据插值和去噪中常用的 CNN 模型。

9.2.1 卷积神经网络的基本组成部分

1. 卷积层

卷积层是 CNN 的核心结构，其设计理念是局部感知和权值共享。CNN 通过堆叠多个卷积层，逐步提取数据不同等级的特征。图 9.2.1 给出了一个卷积层的例子。图中输入的特征图大小为2×5×5，其中，2为通道数，5×5为特征图的行数和列数。首先，在卷积之前通常会对特征图进行补零操作以控制卷积输出的尺寸，即图中所示的浅蓝色操作。记补零后特征图为 x，大小为2×7×7。使用大小为2×3×3的卷积核 w 对其进行卷积。卷积后加上偏置得到输出的一个特征图。卷积的过程可表示为

$$y_{i,j} = \sum_{C=1}^{C} \sum_{s=-r_a}^{r_a} \sum_{t=-r_b}^{r_b} w_{C,s,t} x_{C,i+s,j+t} + b \tag{9.2.1}$$

式中：$y_{i,j}$ 为卷积输出在第 i 行第 j 列的值；C 为输入通道数（在图9.2.1的示例中 $C=2$）；r_a 和 r_b 为卷积滤波器 w 的半径（在图9.2.1的示例中 $r_a=r_b=1$），b 为偏置。

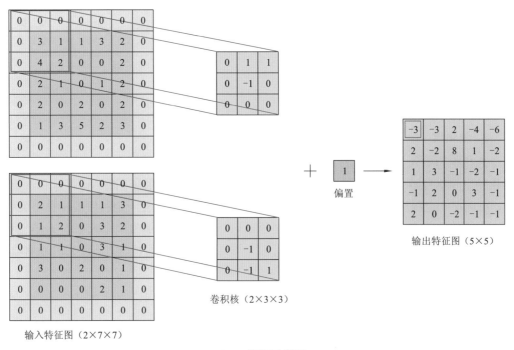

9.2.1 卷积示意图

2. 激活函数

卷积层对输入数据进行线性变换，如果网络仅有卷积层，那么它只能拟合线性函数。为了使网络能拟合复杂的非线性函数，通常在卷积层后添加激活函数层，如 Sigmoid 函数、Tanh 函数及 ReLU 函数等。在 CNN 中，一般使用 ReLU 函数作为激活函数。

图 9.2.2 所示为三种激活函数及它们的导数。Sigmoid 函数 $f(x)=1/(1+e^{-x})$ 在早期的多层感知机中十分常用，它将输出映射到（0，1），单调连续、优化稳定且容易求导。但由于导数在（0，1），Sigmoid 函数在多层神经网络中容易造成梯度消失的问题。Tanh 函数 $f(x)=(e^x-e^{-x})/(e^x+e^{-x})$ 与 Sigmoid 函数类似，它的收敛速度比 Sigmoid 函数更快，其输出以 0 为中心，但同样也会造成梯度消失问题。ReLU 函数在深层的 CNN 中使用最为广泛。ReLU 激活函数是对生物脑神经元接收信号的模拟。它是一个分段线性函数，对特征进行单侧抑制，提供了网络稀疏表达的能力。ReLU 函数的收敛速度快，当 $x>0$ 时导数为 1，可以缓解梯度消失的问题。

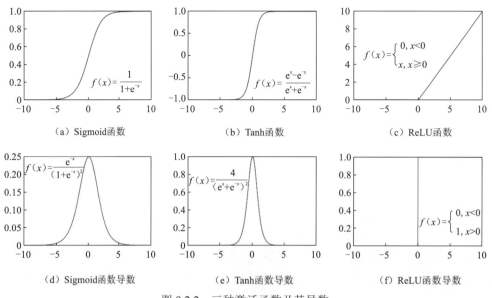

（a）Sigmoid函数　　　　　　　（b）Tanh函数　　　　　　　（c）ReLU函数

（d）Sigmoid函数导数　　　　（e）Tanh函数导数　　　　（f）ReLU函数导数

图 9.2.2　三种激活函数及其导数

3. 池化层

池化层的引入是仿照人的视觉系统进行降维和抽象，聚合特征映射的响应。池化后卷积的空间感受野变得更大，有利于提取高层次的特征，同时也缩减了计算量和参数个数，可以在一定程度上防止过拟合。另外，池化操作使网络具有一定程度的平移不变性。

常见的池化方法有最大值池化和平均值池化。图 9.2.3 所示为一个大小为 2×2，步长取 2 的最大值池化和平均值池化例子。最大值池化即是对每一个 2×2 的池化区域取最大值，同理，平均值池化就是取平均值。

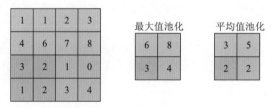

图 9.2.3　2×2 池化示意图

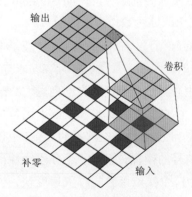

图 9.2.4　转置卷积示意图

4. 转置卷积

在某些任务中可能需要对降维后的特征图进行升维，如图像分割、去噪及超分辨等任务。转置卷积允许网络学习一种最优的上采样方式。图 9.2.4 为一种转置卷积过程的示意图，图中输入特征图大小为 3×3，首先对其添加空洞及额外地补零，然后使用 3×3 大小的卷积核进行卷积，卷积后输出特征图大小为 5×5。

5. 批标准化层

深层神经网络的训练是复杂的，在训练过程中，每一层的输入分布随着前一层的参数变化而变化，导致通常需要小的学习率训练网络并且网络的收敛速度慢。批标准化（batch normalization，BN）层是一种解决方法，可以用于加速网络的收敛（Ioffe et al.，2015）。BN 层以最小批次为单位，对每一层的输入进行标准化。记最小批次的层输入为 $B = \{x_i\}_{i=1}^{M}$，首先求出批均值 μ_B 和批方差 σ_B^2：

$$\mu_B = \frac{1}{M}\sum_{i=1}^{M} x_i \tag{9.2.2}$$

$$\sigma_B^2 = \frac{1}{M}\sum_{i=1}^{M}(x_i - \mu_B)^2 \tag{9.2.3}$$

然后使用批均值和方差对层输入进行标准化：

$$\hat{x}_i = \frac{x_i - \mu_B}{\sqrt{\sigma_B^2 + \varepsilon}} \tag{9.2.4}$$

最后，BN 层还对标准化后的特征 $\hat{x}_i$ 进行了一个可学习的尺度和平移变换：

$$y_i = \gamma \hat{x}_i + \beta \tag{9.2.5}$$

式中：γ 和 β 通过学习得到。

需要注意的是，在测试阶段 BN 层中使用的均值和方差并不是对测试数据重新计算，而是训练时所有批次的均值和方差的期望值。

9.2.2　地震数据重建中常用的 CNN 模型

1. DnCNN

CNN 由不同的层结构按一定顺序重复堆叠而成。在地震数据的重建问题中，使用最多的网络主要有 DnCNN 和 U-net。DnCNN 在去噪问题中应用广泛，它是由卷积层（Conv）、BN 层及 ReLU 激活函数层重复堆叠组成的多层网络结构。DnCNN 的网络结构如图 9.2.5 所示，输入层为"Conv+ReLU"，输出层为卷积层，中间的隐含层则为多个"Conv+BN+ReLU"模块的堆叠（图中蓝色矩形，对于高斯噪声一般取 17 层左右）。在去噪问题中，DnCNN 采用残差学习，即网络的输入为含噪数据，而网络的输出为噪声。

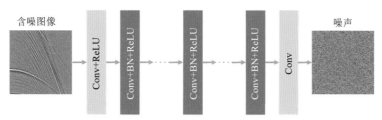

图 9.2.5　DnCNN 结构图

2. U-net

U-net 是 Ronneberger 等在 2014 年国际生物医学影像学会比赛中提出的一种网络结构，最初用来解决医学图像分割（或边缘检测）问题（Ronneberger et al.，2015）。由于U-net 具有简单的结构和良好的性能，它被广泛应用于图像分割、目标检测、图像转换、图像修复及生成对抗网络的生成器等像素到像素的预测问题。在地震数据的重建问题中，

U-net 也是一种十分常用的网络结构。

    图 9.2.6 所示的 U-net 结构主要由左侧的下采样部分和右侧的上采样部分组成,因其形状类似于"U"被称为 U-net。网络共包含 4 次下采样和 4 次上采样。下采样过程使用最大值池化,如图中黑色向下箭头所示。池化大小为 2×2,步长为 2,经过池化后特征图宽和高减小为原来的一半,而通道个数不变。上采样过程使用转置卷积,见图中白色向上箭头,卷积核大小为 2×2,步长为 2,输出的通道数取原来的一半。因此转置卷积后,特征图的宽和高变为原来的两倍,通道数减半。U-net 网络最大的特点是"跳过连接"的结构,将虚线框所示的下采样过程中的特征图直接与对应的上采样特征图拼接。这个结构可以避免编码解码中产生的信息丢失。

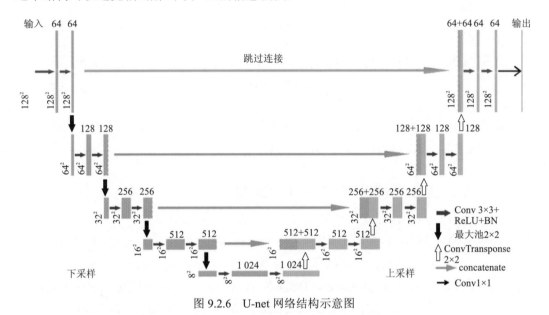

图 9.2.6　U-net 网络结构示意图

    以 128×128 大小的输入数据为例,经过两次卷积依次得到两个 128×128×64 的特征图,分别如图 9.2.6 中第一层实线框和虚线框所示。每次卷积使用 ReLU 激活函数增加非线性表达并通过 BN 层进行归一化。两次卷积后使用最大值池化完成下采样。如此通过反复的卷积和池化对输入数据进行编码,在底层获得 8×8×1 024 大小的特征图,然后通过解卷积、卷积和跳过连接解码特征图。网络的最后一层使用 1×1 大小的卷积得到最后的输出。

9.3　带纹理约束的深度神经网络在地震数据插值中的应用

    深度学习的方法利用复杂的非线性网络模型从缺失数据中提取有意义的特征,进而实现地震数据的重建。考虑地震数据具有丰富的纹理信息,在使用 U-net 作为骨架网络的基础上,提出一种纹理约束,强化网络对地震数据纹理结构的学习,可以改善重建的效果。

9.3.1 算法模型

地震数据的重建问题可以用公式 $S_{obs} = H \circ S$ 表示，其中 S_{obs} 表示观测的缺失数据，S 为完整数据，H 为采样矩阵。地震数据重建就是从观测数据 S_{obs} 中恢复出完整数据 S。

在传统的 U-net 基础上添加纹理损失，提出基于 U-net 地震插值器（seismic U-net interpolator，SUIT）算法。如图 9.3.1 所示，算法由两个 U-net 网络（F 和 G）串联组成，其中 F 网络用来重建地震数据，损失函数为网络的输出与标签的 L_1 范数，记为 L_r；G 网络称为纹理提取器，用来提取地震数据的纹理信息，在最终的训练过程中参数固定，提取纹理产生纹理损失 L_t 并辅助优化 F 网络。首先使用 k 均值聚类算法提取地震数据的纹理特征，然后使用这些纹理特征作为标签训练纹理提取器 G。如图中虚线框所示，G 网络在训练好后参数固定，在此处仅用作提取纹理产生纹理损失 L_t 辅助优化 F 网络。

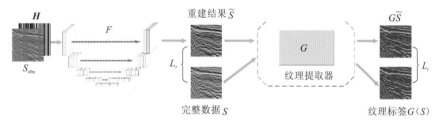

图 9.3.1 SUIT 算法框架

网络 F 用来重建数据，G 用来提取纹理特征

1. 纹理分割

根据地震同相轴的特点，地震数据的纹理可以定义为波峰、波谷等极值区域，反映不同层位信息。为提取波峰和波谷这两个极值区域，利用简单的图像分割算法（k 均值聚类算法）进行。选择三个聚类中心，得到三通道分割图，使用 RGB 三通道彩色图像显示结果，如图 9.3.2 所示，绿色为波峰区域，蓝色为波谷区域，红色则表示背景。

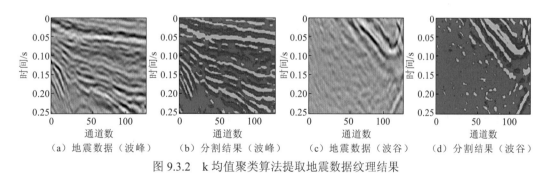

（a）地震数据（波峰）　　（b）分割结果（波峰）　　（c）地震数据（波谷）　　（d）分割结果（波谷）

图 9.3.2 k 均值聚类算法提取地震数据纹理结果

为了使纹理信息参与训练，利用 k 均值聚类算法的结果作为数据集训练纹理提取器 G，如图 9.3.3 所示。损失函数选用输出结果与标签的交叉熵损失，即

$$\theta_G = \arg \min_{\theta_G} \left\{ -\sum_{x \in \Omega} \log(G_{l(x)}^x(S_{gt}, \theta_G)) \right\} \tag{9.3.1}$$

式中：θ_G 为 G 网络参数，$x \in \Omega$，$\Omega \subset \mathbf{Z}^2$ 表示二维数据的位置坐标。函数 $l: \Omega \to \{1, 2, \cdots, K\}$

表示每个位置数据点 x 的真实类别。$G_{l(x)}^x(S_{gt}, \theta_G) \in (0,1)$ 为网络输出（softmax 函数将输出表示为分类概率），表示 x 处数据点属于第 k 类的概率。优化 θ_G，目标使网络预测 x 处数据点属于真实类别 $l(x)$ 的概率接近于 1。

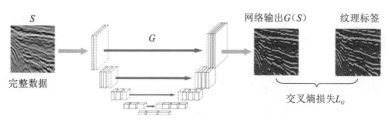

图 9.3.3　纹理提取器 G 的训练

2. 重建网络 F 的训练

重建网络 F 用于重建任务。如图 9.3.1 所示，F 的输入为缺失信号与掩模算子在通道上的拼接，输出为重建信号。使用公式 $\tilde{S} = F(S_{obs}, H, \theta_F)$ 表示。其中，$\tilde{S}$ 为重建结果，θ_F 为网络参数。重建网络 F 的目标是同时保证每个像素点的重建精度及纹理的一致性，因此损失函数由重建损失 L_r 和纹理损失 L_t 两部分组成。

重建损失 L_r 定义为网络输出结果 $F(S_{input}, \theta_F)$ 与标签 S_{gt} 之间的 L₁ 范数：

$$L_r(\theta_F) = \left\| F(S_{input}, \theta_F) - S_{gt} \right\|_1 \qquad (9.3.2)$$

即约束网络输出与标签的一致性。其中，S_{input} 为输入的缺失的地震数据，S_{gt} 为标签，θ_F 为 F 网络的参数，$F(S_{input}, \theta_F)$ 为 F 网络的输出结果。

然而，仅仅使用重建误差作为损失可能是不够的。在图像修复领域，通常会根据图像的特点给网络增加多种约束，如：语义损失是对语义一致性的约束；全变分损失是对图像平滑性的约束；风格损失是对图像风格的约束等。添加的损失函数可以帮助网络进行推断以获得更为真实可靠的结果。受此启发，同时考虑地震数据具有丰富的纹理信息，设计一种纹理损失 L_t，对重建区域的特征属性进行约束，以实现更为准确的重建结果。首先使用 k 均值聚类算法进行图像分割，获取地震数据的纹理标签；然后训练一个 U-net 作为纹理提取器 G；最后，如图 9.3.1 所示，将 G 与 F 串联，同时使用 L_r 和 L_t 训练 F，即要求重建结果不仅具有良好的重构精度，同时也具有较为准确的纹理信息。

纹理损失 L_t 表示重建结果与标签在纹理上的差异，表达式见式（9.3.3）。

$$L_t(S_{input}, S_{gt}, \theta_G, \theta_F) = \left\| G(S_{gt}, \theta_G) - G(F(S_{input}, \theta_F), \theta_G) \right\|_1 \qquad (9.3.3)$$

$$L(S_{input}, S_{gt}, \theta_F) = L_r(S_{input}, \theta_F) + \lambda L_t(S_{input}, S_{gt}, \theta_G, \theta_F) \qquad (9.3.4)$$

$$\theta_F = \arg\min_{\theta_F} L(S_{input}, S_{gt}, \theta_G, \theta_F) \qquad (9.3.5)$$

最终损失如式（9.3.4）所示，为 L_r 与 L_t 的加权和。其中 λ 表示权重，λ 值越大则 L_t 权重越大。其中，θ_G 为已知参数，通过求解优化问题式（9.3.5）优化模型参数 θ_F。

SUIT 算法步骤见算法 9.1。

输入：用于训练的缺失数据 S_{obs} 及完整数据 S，采样矩阵 H，用于测试的缺失数据 Y，网络 F 和 G 的随机初始化参数 θ_F、θ_G（其中 S_{obs}、S 和 Y 均通过最大最小值方法归一化到 0～1）

1. 训练阶段

（1）通过 k-means 算法获得纹理标签 $l(S)$。

（2）使用数据 $(S, l(S))$，通过优化 $\theta_G = \arg\min\limits_{\theta_G} L_G(\theta_G)$ 训练纹理提取器 $G(S, \theta_G)$。

（3）使用数据 (S_{obs}, H, S)，通过优化 $\theta_F = \arg\min\limits_{\theta_F} L_F(\theta_F, \theta_G)$ 训练重建网络 $F(S_{obs}, M, \theta_F)$。

2. 测试阶段

（1）将缺失的测试数据 Y 及采样矩阵 H 输入网络，获得输出 $Y_1 = F(Y, H, \theta_F)$。

（2）获得重建结果 $Y_2 = Y \times H + Y_1 \times (1 - H)$。

（3）将 Y_2 恢复到原有振幅并获得最终输出 $\tilde{Y}$。

输出：$\tilde{Y}$

9.3.2 实验分析

1. 数据集的准备

训练数据集包括一个真实的叠后数据和一个仿真的叠前数据。如图 9.3.4（a）所示，真实叠后数据共有 2 501 道，每一道包含 1 011 个时间采样点。通过 50% 重叠的滑动窗口及随机采样的方式从数据中截取 900 个 128×128 大小的小块，其中 800 个用于训练，100 个用于验证。仿真叠前数据使用 Marmousi 模型数据，如图 9.3.4（b）所示。该数据共包含 240 个炮记录，每个炮有 96 个接收器，共 724 个时间采样点，采样间隔为 4 ms，空间采样间隔为 25 m。从前 100 炮中截取 800 个小块作为训练集，第 101 到 200 炮中截取 100 个小块作为验证集。

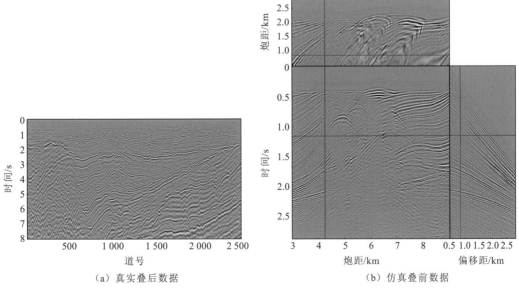

（a）真实叠后数据   （b）仿真叠前数据

图 9.3.4   网络训练数据集

可使用一些数据增广的策略防止过拟合。首先，使用水平方向的随机翻转来增加样本多样性。除此之外，每个训练数据在每次迭代中随机缺失 50%的地震道，以保证每个样本在每次迭代中作为输入数据都会略有不同。每个数据通过最大最小值方法归一化到 0～1。训练的优化算法选用 Adam 优化算法（Kingma et al.，2015），权重正则化参数为 0.000 1，每一批有 14 个数据，初始学习率设为 0.001，每训练 45 轮学习率下降为原来的 0.1，共训练 150 轮。通过重建信号与原始信号之间的信噪比（SNR）评估网络性能，信噪比公式为

$$SNR = 10\lg \frac{\|S\|_2^2}{\|S - \tilde{S}\|_2^2} \qquad (9.3.6)$$

式中：S 为标签；$\tilde{S}$ 为重建结果。如图 9.3.5 所示，每完成一轮训练后计算验证集上平均信噪比。图中虚线表示没有纹理损失的普通 U-net 重建信噪比，实线为本章提出的 SUIT 算法重建信噪比。可以看出，随着迭代的进行，两种算法的信噪比逐渐增加，并且在经过 100 轮后趋于稳定。选择具有最高信噪比的模型作为最终模型，并使用它来完成本章后续所有的测试。验证集上 U-net 模型的最高信噪比为 27.15 dB，而 SUIT 算法的信噪比为 28.93 dB。

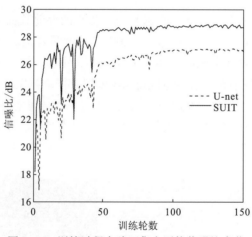

图 9.3.5　训练过程中验证集上平均信噪比变化

在训练完成后，使用测试数据集评估训练好的网络的性能。使用训练好的网络对 Marmousi 模型的第 230 个炮进行重建。首先通过最大最小值方法将测试数据归一化到 0～1，然后将其输入网络中获得重建结果，最后将重建结果反归一化还原到原始振幅，重建结果如图 9.3.6 所示。图 9.3.6（a）为原始的完整数据，图 9.3.6（d）为 50%随机缺失的数据。SUIT 算法和 U-net 模型的重建信噪比分别为 10.61 dB 和 8.82 dB。与 U-net 相比，SUIT 算法在信噪比和同相轴的空间连续性方面有一些提高。从图 9.3.6 中红色矩形框所示区域可以看出，即使在连续多道缺失的情况下，SUIT 算法表现良好，但是，如蓝色框所示，它无法很好地重建微弱的信号。

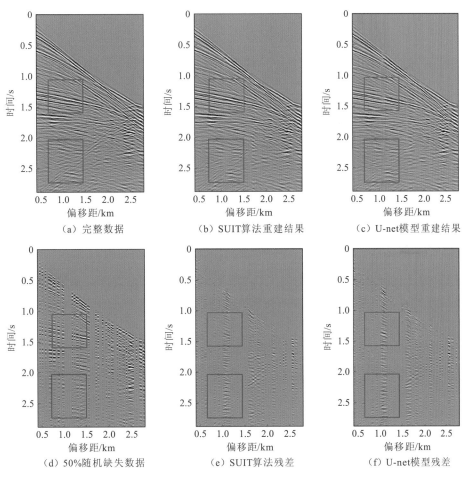

（a）完整数据　　　　　　　　（b）SUIT算法重建结果　　　　　　（c）U-net模型重建结果

（d）50%随机缺失数据　　　　　　（e）SUIT算法残差　　　　　　　（f）U-net模型残差

图 9.3.6　Marmousi 模型第 230 炮测试结果

为了更好地进行比较，图 9.3.7 显示了 *f-k* 频谱的结果。图 9.3.7（a）～图 9.3.7（d）分别为原始完整数据、50%随机缺失数据、SUIT 算法重建结果和 U-net 模型重建结果的 *f-k* 谱图。可以看到两种方法的重建结果与原始完整数据的 *f-k* 谱图十分接近，而 SUIT 算法的结果更好。

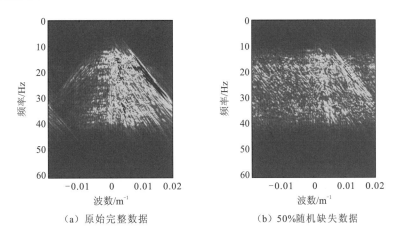

（a）原始完整数据　　　　　　　　　（b）50%随机缺失数据

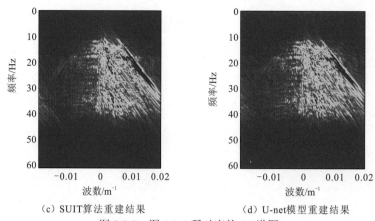

（c）SUIT算法重建结果　　　　　　　　（d）U-net模型重建结果

图 9.3.7　图 9.3.6 所对应的 f-k 谱图

2. 参数 λ 的选取

SUIT 算法的损失函数由重建损失 L_r 和纹理损失 L_t 两部分组成。参数 λ 用于平衡两个损失函数，因此，λ 的选取将影响网络的性能。首先分析不同的 λ 值对结果的影响，再给出一种经验选取 λ 的方法。

在集合 {0,0.005,0.05,0.5,5,50} 中选取不同的 λ 值，训练过程中验证集上的平均信噪比如图 9.3.8 所示，可得出如下结论。

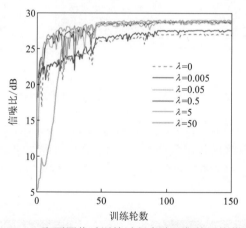

图 9.3.8　λ 取不同值时训练过程中验证集的平均信噪比

（1）随着迭代次数的增加，信噪比曲线以波动的方式上升。

（2）当 λ 取 0.005 时（图中红色曲线），信噪比曲线与 U-net 结果接近（即 $\lambda = 0$，图中蓝色虚线），此时纹理损失 L_t 起到的作用较小。

（3）当 λ 选择 0.05、0.5、5 和 50 时，最终验证集上的信噪比得到了提高，表明纹理损失 L_t 可以提高网络的重建性能。

（4）当 λ 较大时（$\lambda = 5$ 或 50），第一轮的信噪比下降明显，这表明纹理损失的影响可能过大。

使用简单的仿真数据测试，进一步展示 λ 对重建结果的影响，结果如图 9.3.9 所示。

图 9.3.9（a）为原始完整数据，图 9.3.9（b）为具有三个不同间隙（15、5 和 10）的缺失数据。图 9.3.9（c）～图 9.3.9（f）分别为 $\lambda=0$、$\lambda=0.005$、$\lambda=0.5$ 和 $\lambda=50$ 时的重建结果，信噪比分别为 14.58 dB、15.16 dB、20.35 dB 和 19.33 dB。λ 取值对重建结果的影响可以从缺失间隙较大（图中标注处）的区域看出。当 λ 取值过小 [$\lambda=0.005$，图 9.3.9（d）] 时重建结果较差，而当 λ 取值过大 [$\lambda=50$，图 9.3.9（f）] 时，较大间隙的重建结果存在类似噪声的现象。在训练的前几轮，类似的现象可以在验证集上观察到，这可以帮助判断 λ 的取值是否过大。

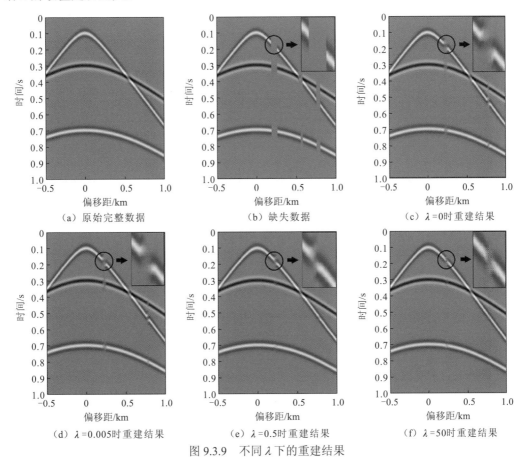

图 9.3.9　不同 λ 下的重建结果

因此，λ 的经验选取方法为：在集合 $\{\sim,0.005,0.05,0.5,5,50,\sim\}$ 中以 10 为公比逐渐增大地选取 λ 训练网络，直到前几轮的信噪比显著下降或在验证集上观察到较大缺失间隙存在噪声填充现象。实验最终选取 λ 为 0.5。

3. 叠后数据重建

应用训练好的网络对真实叠后数据重建，并与 U-net 模型和 LMaFit 算法对比，结果如图 9.3.10 所示。图 9.3.10（a）为原始完整数据，该数据包含 512 个地震道，每道 512 个时间采样点。图 9.3.10（b）为 50%随机缺失数据，图 9.3.10（c）～图 9.3.10（h）为 SUIT 算法、U-net 模型和 LMaFit 算法的重建结果及相应的残差图。其中 SUIT 算法重建结果的信噪比为 17.44 dB，而 U-net 模型和 LMaFit 算法重建结果的信噪比分别为 15.24 dB 和 8.67 dB。从残差图可以看出，深度学习方法的重建结果信号泄露较少。此外，红色框区域显示了 SUIT 算法比其他两种方法更准确地重建纹理细节，可以更好地恢复地震数据的结构。

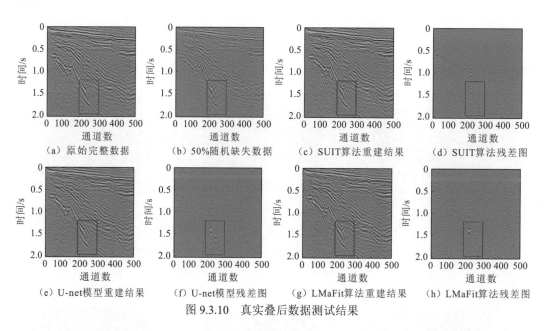

（a）原始完整数据　　（b）50%随机缺失数据　　（c）SUIT算法重建结果　　（d）SUIT算法残差图

（e）U-net模型重建结果　　（f）U-net模型残差图　　（g）LMaFit算法重建结果　　（h）LMaFit算法残差图

图 9.3.10　真实叠后数据测试结果

为了进一步评估重建结果，图 9.3.11 为第 244 道的单道重建结果。图 9.3.11（a）～

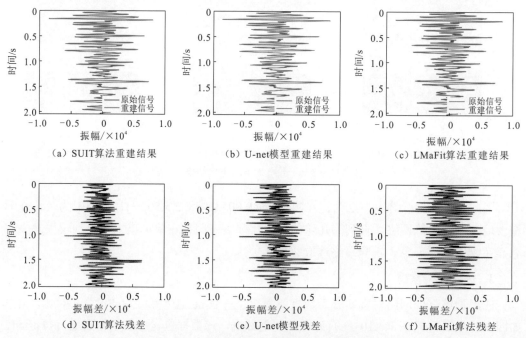

（a）SUIT算法重建结果　　（b）U-net模型重建结果　　（c）LMaFit算法重建结果

（d）SUIT算法残差　　（e）U-net模型残差　　（f）LMaFit算法残差

图 9.3.11　叠后数据第 244 道单道重建结果

蓝线表示原始地震道，红线表示重建地震道，黑线表示残差

图 9.3.11（f）为 SUIT 算法训练好的 F 网络、训练好的 U-net 网络及 LMaFit 的重构结果和残差图。从图中可以看出 SUIT 算法很好地拟合了单道，重建误差最小。

4. 叠前数据重建

使用 SUIT 算法训练好的网络 F 对真实叠前地震数据重建。该数据共包含 1 001 炮，每炮有 120 个接收器，每道有 1 500 个时间采样点。为了更好地展示重建结果，使用第一炮中的前 512 个时间采样点来测试，结果如图 9.3.12 所示。SUIT 算法、U-net 模型和 LMaFit 算法的重建结果的信噪比分别为 12.53 dB、9.62 dB 和 8.90 dB。如图 9.3.12 所示，当训练数据集不同且受限制时，SUIT 算法在真实的叠前数据上可获得更好的重建结果。当出现多个地震道连续缺失的情况时（如红色框所示），U-net 模型具有较大的误差；此外对于弱信号，其表现较差（如蓝色框所示）。如图 9.3.12（d）和图 9.3.12（h）中的蓝色框所示，LMaFit 算法对线性同相轴重建结果较好，但对红色框所示的弯曲同相轴，重建结果缺乏连续性。

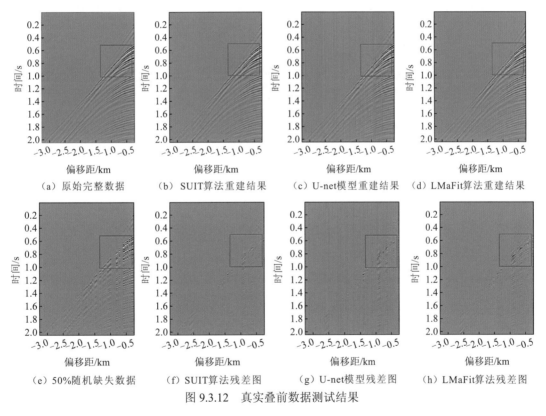

图 9.3.12　真实叠前数据测试结果

图 9.3.13 进一步给出了图 9.3.12 对应的 f-k 谱图。可以看出 SUIT 算法的重建结果与原始数据一致，进一步说明了该算法的有效性。

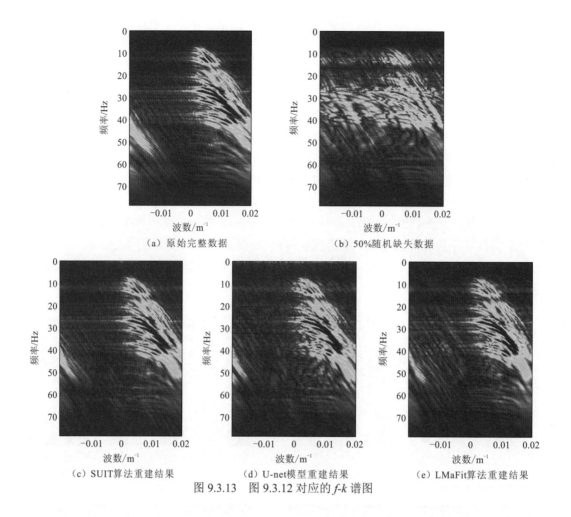

（a）原始完整数据

（b）50%随机缺失数据

（c）SUIT算法重建结果

（d）U-net模型重建结果

（e）LMaFit算法重建结果

图 9.3.13　图 9.3.12 对应的 f-k 谱图

9.4　基于深度先验的地震数据插值

目前基于深度学习的地震数据重建方法都是基于"训练-验证-测试"的模式，需要大量训练数据，不足之处在于训练数据的规模较大，且获取困难。本节从另一个角度出发，不需要遵循传统的"训练-验证-测试"模式，无需大量训练样本，而是通过深度学习中特定的卷积神经网络结构来提取地震数据的隐藏信息，称为深度地震先验（deep seismic prior，DSPR）。通过网络学习的参数来表征地震数据，由于卷积滤波器的权重参数局部共享特性，卷积结构可以作为正则化算子来指导网络学习。在网络学习迭代过程中，最小化网络输出与观测数据之间的均方误差，从而实现地震数据的缺失重建。该方法不受采样类型限制，既可以重建随机缺失数据，也可以处理规则缺失数据。

9.4.1　基础知识

1. 使用卷积生成器来表达问题

在地震数据重建问题中，$S_{\text{obs}} \in \mathbf{R}^{m \times n}$ 表示观测到的未充分采样的地震数据，$S \in \mathbf{R}^{m \times n}$

表示原始完整的地震数据。对于重建任务，目标是从 S_{obs} 重建 S，网络只重建缺失的地震道，而未缺失的地震道保持不变。因此，利用卷积生成器确定损失函数为

$$\theta^* = \arg\min_{\theta} \left\| P_{\Omega}(f_{\theta}(Z)) - P_{\Omega}(S_{obs}) \right\|_{F}^{2} \tag{9.4.1}$$

式中：f_{θ} 为设计的带有参数 θ 的 CNN，参数包括网络层数、每个网络层的卷积核个数、每个核的权值和偏置；Z 表示一个固定的输入(随机噪声)，它服从一些常见的分布，例如高斯分布或均匀分布；$P_{\Omega} : \mathbf{R}^{m \times n} \to \mathbf{R}^{m \times n}$ 表示采样算子，定义为

$$[P_{\Omega}(S)]_{ij} = \begin{cases} S_{ij}, & (i,j) \in \Omega \\ 0, & \text{其他} \end{cases} \tag{9.4.2}$$

式中：Ω 为观测项对应的索引子集；P_{Ω} 为在观测数据上的投影，保持输入在缺失地震道为 0；$\|\cdot\|_{F}^{2}$ 为 Frobenius 范数，定义为 $\|S\|_{F}^{2} = \left(\sum_{ij} |S_{ij}|^2 \right)^{1/2}$；$\theta^*$ 为通过减小式(9.4.1)中的损失函数得到的网络(局部)最优参数。

卷积生成器网络的目的是建立一个从噪声 Z 中生成目标数据 S 的模型

$$S = f_{\theta^*}(Z), \quad \text{s.t.} \ P_{\Omega}(S) = P_{\Omega}(S_{obs}) \tag{9.4.3}$$

图 9.4.1 显示了地震数据重建的卷积生成器网络的结构。生成网络包括编码器和解码器两部分。编码器将输入转换为表示该输入的编码，并调优解码器以通过最小化损失函数从该编码中重构输入。

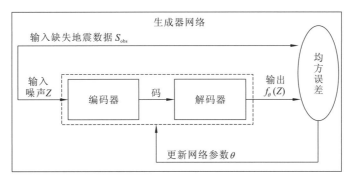

图 9.4.1　地震数据重建的卷积生成器网络结构示意图

地震数据主要由类纹理结构组成（Liu et al.，2018），有相同反射同相轴的纹理块具有相似性，这保证了生成器网络能够产生的单个地震数据的纹理块有一定程度的自相似性。利用网络结构函数作为指导重建模型学习的先验，重构后的地震数据可以通过网络参数来表示。

2. U-net 结构改造

图 9.4.1 所示的地震数据重建的卷积生成器，网络的 U-net 结构如图 9.4.2 所示。U-net 因其在许多计算机视觉任务中的优异性能而被选择为重构网络。此外，它是一个完全卷积的网络，只需要很少的训练集就可以得到准确的结果。图 9.4.2 的左半部分和右半部分分别对应图 9.4.1 中的编码器和解码器。

图 9.4.2 所示的 U-net 与图 9.2.6 中整体相似，但在每一层具体的通道数、下采样及

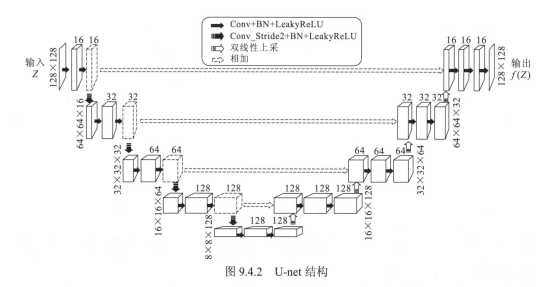

图 9.4.2　U-net 结构

上采样方式等细节上略有不同。此外，此处的跳过连接（虚线的白色右箭头）使用加法而非图 9.2.6 中所示的通道拼接方式。跳过连接有利于较深网络的梯度反向传播，提高了非常深网络的学习能力，能够产生较高的重构精度。下采样层使用跳过连接来连接相应的上采样层，这个操作有助于从输入数据中保留更高级别的细节。

需要注意的是，输入的高度和宽度可以根据需要随机选择。在拟合网络时，采用基于噪声的正则化方法。在每次迭代时，使用加性噪声对输入 Z 进行扰动。这种正则化有助于更好地拟合网络，并达到预期的目标。实验中使用了 Adam 优化器作为一种快速收敛优化器，该优化器通过梯度下降来调整网络参数，以保证输出与观测结果匹配。

3. 深度地震先验

图 9.4.3 展示了不同迭代次数下网络对随机缺失的实际叠后数据的重建结果。图 9.4.3（a）为网络输入的随机噪声，图 9.4.3（b）～图 9.4.3（l）为随着迭代次数增加网络输出的结

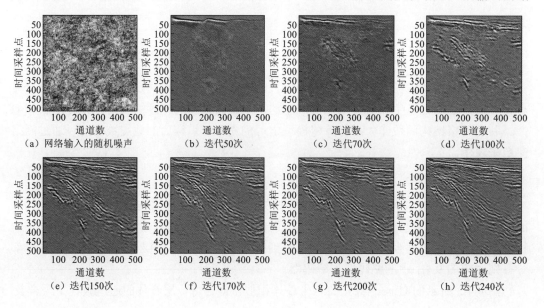

（a）网络输入的随机噪声　　（b）迭代50次　　（c）迭代70次　　（d）迭代100次

（e）迭代150次　　（f）迭代170次　　（g）迭代200次　　（h）迭代240次

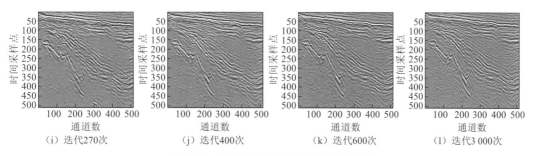

图 9.4.3　不同迭代次数下网络输出结果

果。从图中可以看出，卷积神经网络充当生成器的作用。当迭代次数达到 170 次时，地震数据的地质特征结构开始显现。随着迭代次数增加，网络的输出越来越接近原始数据，地震数据的同相轴等信息特征越来越清晰。

为了进一步说明卷积网络学到的特征，图 9.4.4 为 3 000 次迭代后 U-net 不同层的特征图。从图中看到，深度地震先验知识在下采样层被编码，然后在上采样层被解码。图 9.4.5 展示了不同迭代次数下卷积网络不同层的第 3 个特征图，可以看到在不同迭代次数下，浅层网络特征几乎没有变化或变化不大，而随着迭代次数增加，深层特征提取得越来越好，能够较好地表征原始数据。

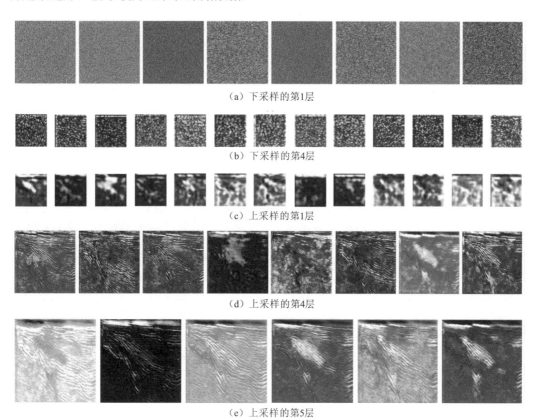

图 9.4.4　3 000 次迭代后 U-net 不同层的特征图

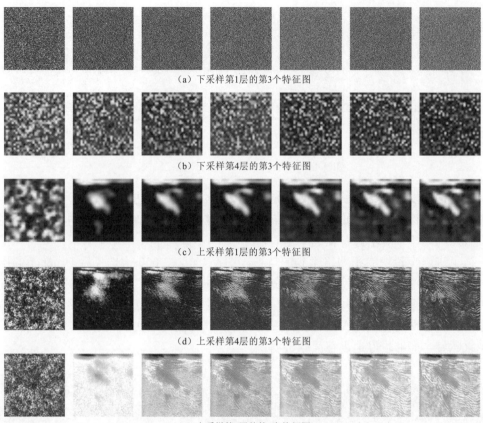

（a）下采样第1层的第3个特征图

（b）下采样第4层的第3个特征图

（c）上采样第1层的第3个特征图

（d）上采样第4层的第3个特征图

（e）上采样第5层的第3个特征图

图 9.4.5　不同迭代次数下对应的图 9.4.4 中每一层的第 3 个特征图
迭代次数分别为 0、70、270、400、1000、2000、3000

4. 实现细节

　　给定一个缺失地震数据，将噪声 $\bm{Z}$ 输入 U-net。在实验中，使用 min-max 归一化方法将地震数据归一化到 0～1。输入噪声 $\bm{Z}$ 为服从均匀分布的随机矩阵，数值范围为 0～0.1，其尺寸与观测数据 $\bm{X}$ 一致。重构网络 f 以 $\bm{Z}$ 为输入，$f_{\theta}(\bm{Z})$ 为网络输出。在迭代过程中，通过最小化输出 $f_{\theta}(\bm{Z})$ 和观测数据 $\bm{S}_{\mathrm{obs}}$ 之间的均方误差，得到了网络的局部最优参数 θ^{*} 和输出 $f_{\theta^{*}}(\bm{Z})$。将采样算子 P_{Ω} 作用于输出 $f_{\theta^{*}}(\bm{Z})$，使未缺失位置数据与观测到的地震数据 $\bm{M}$ 保持一致。实验使用图形计算显卡 NVIDIA GTX 1080-Ti，并且在每次迭代时，输入 $\bm{Z}$ 都额外地受到方差为 0.03 的高斯噪声干扰。对不规则缺失地震道的重建实验，将结果与经典的地震数据重建方法奇异谱分析（singular spectrum analysis，SSA）进行比较。在规则缺失的重建实验中，将结果与 De-aliased Cadzow 方法的结果进行比较。重建过程如算法 9.2 所示。

算法 9.2　基于 DSPRecon 方法的地震数据重建

输入：观测数据 $\bm{S}_{\mathrm{obs}}$；采样算子 P_{Ω}；随机噪声 $\bm{Z}$；迭代次数 N_{iter}
1. 随机初始化网络参数 θ；
2. for　$i=1,\cdots,N_{\mathrm{iter}}$
3.　　　将噪声 $\bm{Z}$ 输入网络得到 $f_{\theta}(Z)$；

---

4. 将采样算子 P_Ω 作用在网络输出 $f_\theta(Z)$ 上；

5. 计算损失函数 $\left\| P_\Omega(f_\theta(Z)) - P_\Omega(S_{\mathrm{obs}}) \right\|_{\mathrm{F}}^2$；

6. 使用梯度下降法更新网络参数 θ；

7. end

8. 获得训练后的网络参数 $\theta^* = \min\limits_\theta \left\| P_\Omega(f_\theta(Z)) - P_\Omega(S_{\mathrm{obs}}) \right\|_{\mathrm{F}}^2$；

9. 得到重建结果 $S = f_{\theta^*}(Z)$，并保留未缺失位置的数值为观测值 $P_\Omega(f_{\theta^*}(Z)) = P_\Omega(S_{\mathrm{obs}})$；

输出： 重建结果 S

9.4.2 实验分析

1. 规则地震数据重建

规则缺失重建实验采用合成海洋地震数据集，如图 9.4.6（a）所示。时间采样间隔为 0.006 s，道间距为 12.5 m。如图 9.4.6（c）和图 9.4.6（e）所示，DSPRecon 方法恢复信噪比为 21.48 dB，De-aliased Cadzow 方法恢复信噪比为 17.04 dB。DSPRecon 方法的学习率为 0.001，迭代次数为 8 000，De-aliased Cadzow 方法的秩取 80。图 9.4.6（d）和图 9.4.6（f）分别为 DSPRecon 和 De-aliased Cadzow 方法重建的结果和原始数据之间的残差，可以看出 DSPRecon 方法重建的结果残差较小，与原始数据一致性较高，而 De-aliased Cadzow 方法在近偏移距部分地震道恢复效果较差。图 9.4.7 为图 9.4.6 对应数据的频率波数图。由于规则缺失，出现空间假频现象，如图 9.4.7（b）所示。从频率波数图可以看出，DSPRecon 方法基本消除了空间假频，其重建结果的频率波数图与原始数据的频率波数图基本一致。而 De-aliased Cadzow 方法重建的结果的频率波数图还存在部分假频，未完全消除空间假频现象。

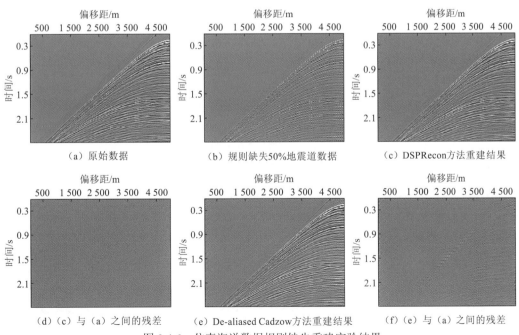

（a）原始数据　　　　（b）规则缺失50%地震道数据　　　　（c）DSPRecon方法重建结果

（d）（c）与（a）之间的残差　　（e）De-aliased Cadzow方法重建结果　　（f）（e）与（a）之间的残差

图 9.4.6　仿真海洋数据规则缺失重建实验结果

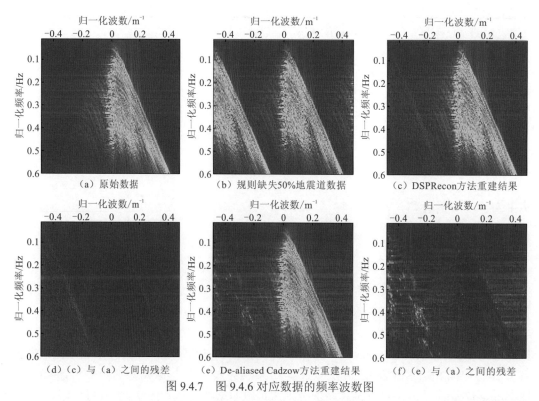

图 9.4.7　图 9.4.6 对应数据的频率波数图

（a）原始数据　（b）规则缺失50%地震道数据　（c）DSPRecon方法重建结果
（d）（c）与（a）之间的残差　（e）De-aliased Cadzow方法重建结果　（f）（e）与（a）之间的残差

　　图 9.4.8 展示了仿真弯曲同相轴数据规则缺失重建实验的结果。图 9.4.8（a）为原始数据，时间采样间隔为 0.004 s，道间距为 10 m。由于该仿真数据结构较为简单，为了增加数据的真实度，人为添加带宽随机高斯噪声，如图 9.4.8（b）所示，含噪数据的信噪比为 8.60 dB。图 9.4.8（c）所示为将图 9.4.8（b）的含噪数据进行规则缺失 50%地震道数据，缺失数据信噪比为 2.44 dB。图 9.4.8（d）为 DSPRecon 方法重建结果，重建信噪比为 13.20 dB。实验中学习率为 0.001，迭代次数为 800。图 9.4.8（e）为图 9.4.8（d）与图 9.4.8（b）之间的残差。从图中可以看到，DSPRecon 方法在恢复缺失地震道的同时，可以有效压制噪声。图 9.4.9 为图 9.4.8 中数据对应的频率波数图。图 9.4.9（e）为图 9.4.9（b）与图 9.4.9（d）之间的残差，可以看到有效地去除了空间假频和噪声。

　　图 9.4.10 为对图 9.4.6 所示的合成海洋数据进行重构后得到的不同迭代次数下的信噪比和均方误差损失。从图 9.4.10（a）可以看出，重构信噪比在 5 000 次迭代时趋于稳定。结合图 9.4.10（b）中的损耗曲线，在约 2 000 次迭代时，损失函数基本保持不变，达到收敛状态。此外，要注意的是不同数据的重建实验，迭代次数的选择可能不同。

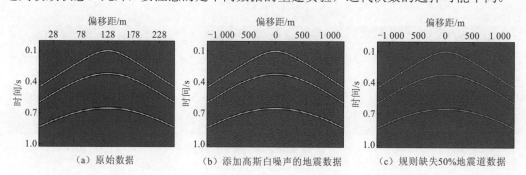

（a）原始数据　（b）添加高斯白噪声的地震数据　（c）规则缺失50%地震道数据

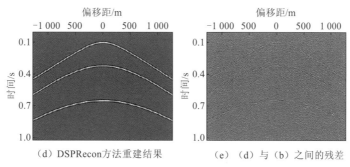

（d）DSPRecon方法重建结果　　　　　（e）（d）与（b）之间的残差

图 9.4.8　仿真弯曲同相轴数据规则缺失 50%地震道重建实验结果

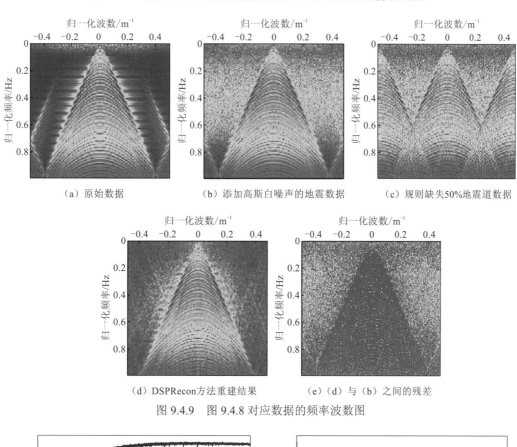

（a）原始数据　　　　　（b）添加高斯白噪声的地震数据　　　　　（c）规则缺失50%地震道数据

（d）DSPRecon方法重建结果　　　　　（e）（d）与（b）之间的残差

图 9.4.9　图 9.4.8 对应数据的频率波数图

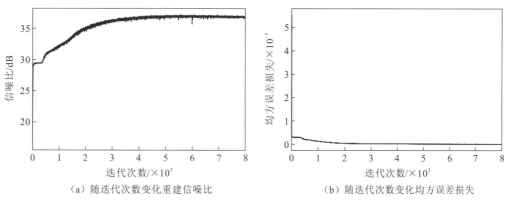

（a）随迭代次数变化重建信噪比　　　　　（b）随迭代次数变化均方误差损失

图 9.4.10　图 9.4.6 中仿真海洋数据规则缺失重建的信噪比和均方误差损失变化曲线

2. 不规则地震数据重建

通过叠后数据随机缺失重建实验来验证提出的 DSPRecon 方法的有效性，并与 SSA 方法进行对比，如图 9.4.11 所示。图 9.4.11（a）为原始叠后数据，时间采样间隔为 0.004 s，道间距为 5 m。图 9.4.11（b）为随机缺失 50% 地震道数据，信噪比为 4.26 dB。图 9.4.11（c）和图 9.4.11（e）分别为采用 DSPRecon 和 SSA 方法重建数据的结果，两种方法恢复的信噪比分别为 17.06 dB 和 8.24 dB。DSPRecon 方法的学习率为 0.01，迭代次数为 3 000，SSA 方法的秩为 25。图 9.4.11（d）显示了图 9.4.11（a）与图 9.4.11（c）之间的残差，表明 DSPRecon 方法重建的结果残差小，对原始数据拟合良好；而图 9.4.11（f）是图 9.4.11（a）和图 9.4.11（e）之间的残差，其误差比图 9.4.11（d）大。图 9.4.12 为图 9.4.11 对应的 DSPRecon 方法和 SSA 方法的频率波数图。由于随机缺失，在图 9.4.12（b）中出现频散现象。由图 9.4.12（c）和图 9.4.12（d）可知，DSPRecon 方法有效地去除了空间假频。而由图 9.4.12（e）和图 9.4.12（f）可知，使用 SSA 方法重建的数据仍存在部分假频。

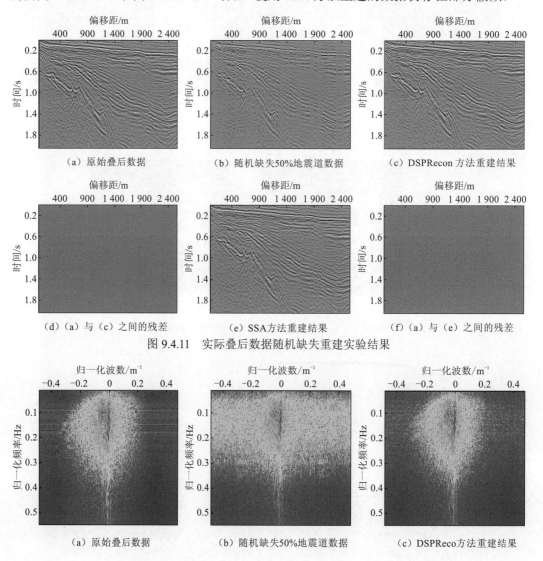

图 9.4.11　实际叠后数据随机缺失重建实验结果

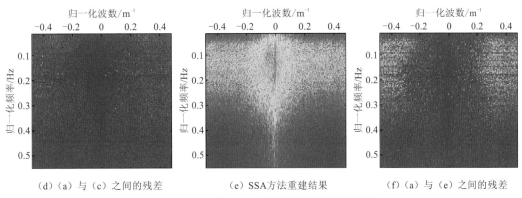

（d）（a）与（c）之间的残差 （e）SSA方法重建结果 （f）（a）与（e）之间的残差

图 9.4.12 图 9.4.11 对应数据的频率波数图

  为了进一步验证 DSPRecon 方法的有效性，对实际叠前海洋数据进行随机缺失重建实验，如图 9.4.13 所示。图 9.4.13（a）为原始叠前数据，时间采样间隔为 0.004 s，道间距为 1 m。图 9.4.13（b）为随机缺失 40%地震道数据，同时，为了模拟在近偏移距 Gap 缺失，将前五道数据也进行缺失。图 9.4.13（c）为 DSPRecon 方法重建结果，重建信噪比为 10.01 dB。实验中，学习率设置为 0.001，迭代次数设置为 8 000。图 9.4.13（d）为图 9.4.13（a）与图 9.4.13（c）之间的残差，可以看到 DSPRecon 方法很好地保留了有效信号。图 9.4.14 为图 9.4.13 对应数据的频率波数图。图 9.4.14 表明 DSPRecon 方法可以有效地去除空间假频。

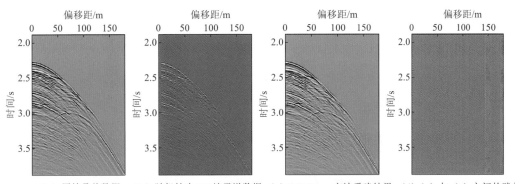

（a）原始叠前数据 （b）随机缺失40%地震道数据 （c）DSPRecon方法重建结果 （d）（a）与（c）之间的残差

图 9.4.13 实际叠前海洋数据随机缺失重建实验结果

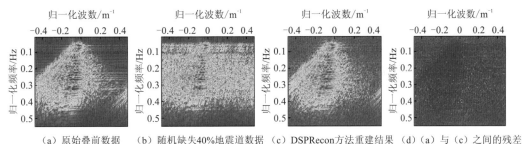

（a）原始叠前数据 （b）随机缺失40%地震道数据 （c）DSPRecon方法重建结果 （d）（a）与（c）之间的残差

图 9.4.14 图 9.4.13 对应数据的频率波数图

9.5 基于卷积神经网络的地震数据去噪

面向地震数据的去噪问题，本节将提出带噪声先验的深度神经网络（convolution neural network with learning noise prior，CNN-NP）。该框架主要由噪声提取器和去噪器两部分组成。噪声提取器利用 CNN 学习噪声信息；去噪器的主要作用是将带噪地震数据和噪声提取器提取到的噪声数据联合输入网络对地震数据中噪声进行进一步压制。

9.5.1 CNN-NP 结构

CNN-NP 的主体部分包含噪声提取器 F_E 和去噪器 F_D，如图 9.5.1 所示。将输入数据通过 F_E 得到噪声估计；然后，将估计出的噪声与原始含噪数据通过 concat 操作，即两个数据组成双通道数据输入去噪器 F_D 中。噪声提取器 F_E 采用多卷积层的结构，能够有效地学习地震数据噪声信息；去噪器 F_D 使用类似 U-net 结构，在编码、解码架构基础上通过 concat 操作融合多尺度特征，提高去噪性能。与其他网络框架相比，带噪声先验的深度神经网络对噪声学习更加深入，去噪效果更好。

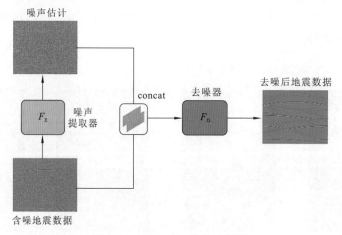

图 9.5.1 CNN-NP 结构示意图

根据地震数据特点对噪声提取器及去噪器进行设计，图 9.5.2 展示噪声提取器的网络结构，主要由 8 层全卷积层组成，其中每一层都不含池化和 BN 操作，每一层的卷积核大小为 3×3，特征通道数为 32，为使网络更具鲁棒性，在每一卷积层后都使用 ReLU 函数作为激活函数。去噪器与 U-net 结构相似，由 24 个卷积核大小为 3×3 的卷积层组成，其中在前 6 层中每 3 个卷积层后进行一次下采样操作，在后 6 层中每 3 个卷积层后进行一次反卷积实现上采样操作，跳转和复制操作在前 6 层中每 3 层后，不仅可以保持通道数一致，而且能够进一步学习之前的有效信息，每一层的通道数及具体网络结构如图 9.5.3 所示。

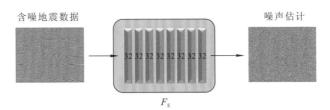

图 9.5.2　噪声提取器网络结构图

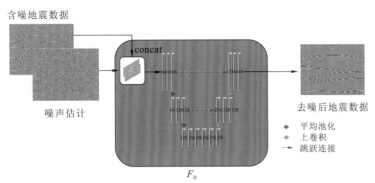

图 9.5.3　去噪器网络结构图

为便于分析，将含噪地震数据表示为 $S_{obs} = S + E$，其中 S_{obs} 表示含噪声的地震数据，S 表示干净有效的地震数据，E 表示地震数据中的噪声。CNN-NP 的去噪可以看作映射过程，其中噪声提取器 F_E 过程表示为 $\hat{E} = F_E(S_{obs}; W_E)$，去噪器 F_D 过程表示为 $\hat{S} = F_D(S_{obs}, \hat{E}; W_D)$，其中 $\hat{E}$、$\hat{S}$、W_E、W_D 分别表示估计噪声、去噪数据、噪声提取器参数、去噪器参数。

CNN-NP 的损失函数由噪声提取器 F_E 的非对称损失函数 L_{asymm}、全变分（total variation，TV）约束项 L_{TV} 及去噪器 F_D 的重建误差 L_{rec} 组成：

$$L = L_{rec} + \lambda_1 L_{asymm} + \lambda_2 L_{TV} \tag{9.5.1}$$

式中：λ_1 和 λ_2 分别为非对称损失和 TV 约束项的权衡参数。因非盲去噪对噪声过低估计较为敏感，但过高估计具有鲁棒性，利用这一特点，非对称损失函数 L_{asymm} 调整估计噪声的大小，获取更好的去噪效果。同时，为使估计噪声更加平滑，引入 TV 约束项 L_{TV}。重建误差 L_{rec} 的作用是提高一致性，获取更好的去噪效果。噪声提取器 F_E 的非对称损失函数的表达式为

$$L_{asymm} = \sum_i \left| \alpha - g(\hat{\sigma}(S_{obs}^i) - \sigma(S_{obs}^i)) \right| \cdot (\hat{\sigma}(S_{obs}^i) - \sigma(S_{obs}^i))^2 \tag{9.5.2}$$

式中：$\sigma(S_{obs}^i)$ 为每个像素点 i 处的真实噪声大小；$\hat{\sigma}(S_{obs}^i)$ 为每个像素点 i 处的估计噪声大小；函数 $g(\cdot)$ 为估计噪声水平大小，其表达式为

$$g(x) = \begin{cases} 1, & x < 0 \\ 0, & x \geq 0 \end{cases} \tag{9.5.3}$$

通过设置 $0 < \alpha < 0.5$ 的大小，可以对低估噪声误差施加更大的惩罚，使网络能够更好地估计地震噪声。TV 约束项的表达式为

$$L_{TV} = \left\| \nabla_h \hat{\sigma}(S_{obs}) \right\|_2^2 + \left\| \nabla_v \hat{\sigma}(S_{obs}) \right\|_2^2 \tag{9.5.4}$$

式中：∇_h 和 ∇_v 分别为水平和垂直方向的梯度算子。

去噪器 F_D 的重建误差表达式为

$$L_{rec} = \left\| \hat{S} - S \right\|_2^2 \tag{9.5.5}$$

式中：S 为不含噪声数据；$\hat{S}$ 为 CNN-NP 去噪结果。

参数选择为 $\alpha = 0.3$、$\lambda_1 = 0.5$ 和 $\lambda_2 = 0.05$，衡量去噪效果为信噪比，公式如下：

$$SNR = 10 \lg \left(\frac{\sum_{i=1}^{N}\sum_{j=1}^{M}(X(i,j) - \bar{X})^2}{\sum_{i=1}^{N}\sum_{j=1}^{M}(\hat{Y}(i,j) - X(i,j))^2} \right) \tag{9.5.6}$$

式中：X 为干净的数据；$\bar{X}$ 为 X 的均值；$\hat{Y}$ 为去噪处理后的数据；M 和 N 分别为通道数和采样点数。

本节所有数值算例均在 Pytorch 平台进行。输入数据大小选择为 50×50×1，即将数据分割成大小为 50×50 的小块，并将位移步长设为 10，使相邻纹理块重叠。采取学习率衰减策略和基于动量的随机梯度下降法训练网络。

9.5.2 随机噪声去除

在仿真和真实数据上验证 CNN-NP 的有效性，并与小波、F-X 滤波、字典学习及 DnCNN 方法进行对比。仿真数据集使用 ricker 波、零相位波和混合相位波构建。数据集分为训练集、验证集和测试集三个部分。利用训练集对设计的网络框架进行训练，训练过程中利用验证集评估网络性能并挑选最优模型，最后在测试集上测试训练后网络的有效性。

仿真地震波包含 ricker 波、零相位波和混合相位波，其表达式分别为

$$f(t) = A[1 - 2 \times (\pi f_0(t - t_0))^2] \times e^{-[\pi f_0(t - t_0)]^2} \tag{9.5.7}$$

$$f(t) = A\cos[2\pi f_0(t - t_0)] \times e^{-\left[\frac{2\pi f_0(t - t_0)}{r_1}\right]^2} \tag{9.5.8}$$

$$f(t) = A\sin[2\pi f_0(t - t_0)] \times e^{-\left[\frac{2\pi f_0(t - t_0)}{r_2}\right]^2} \tag{9.5.9}$$

式中：A 为振幅；t_0 为初始时间；f_0 为中心频率；r_1 和 r_2 分别为零相位波和混合相位波的波形参数。选取不同的参数构造仿真数据集，参数范围如表 9.5.1 所示。

表 9.5.1 仿真数据参数设置

子波	中心频率/Hz	道间距/m	速度/(m/s)	r_1/r_2
ricker 波	15~30	20	600~4 000	—
零相位波	15~30	20	600~4 000	2~6
混合相位波	15~30	20	600~4 000	2~6

图 9.5.4 为一个仿真数据示例，该数据包含 200 个通道和 1 500 个时间采样点，采样间隔为 1 ms。数据共有 12 个同相轴，分别由 4 个 ricker 波、4 个零相位波和 4 个混合相位波生成。

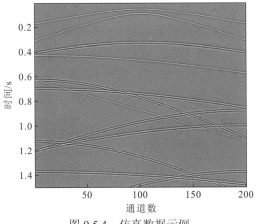

图 9.5.4 仿真数据示例

在 40 个仿真数据中，随机选择 30 个作为训练集，10 个作为验证集，使用大小为 50×50、步长为 10 的滑动窗口从数据集中截取 70 080 个纹理块作为训练集，23 360 个纹理块作为验证集。对干净的数据人为添加不同噪声水平的高斯噪声。网络训练基于带动量的随机梯度下降算法，其中批量大小设置为 128，动量参数设置为 0.9，正则化加权参数设置为 0.000 1。实验训练迭代次数为 40 轮，学习率最初设置为 10^{-3}，20 轮后学习率降为 5×10^{-4}。训练完成后在测试数据上测试网络性能。

仿真地震数据去噪结果如图 9.5.5 所示。图 9.5.5（a）为干净数据，包含 ricker 波、

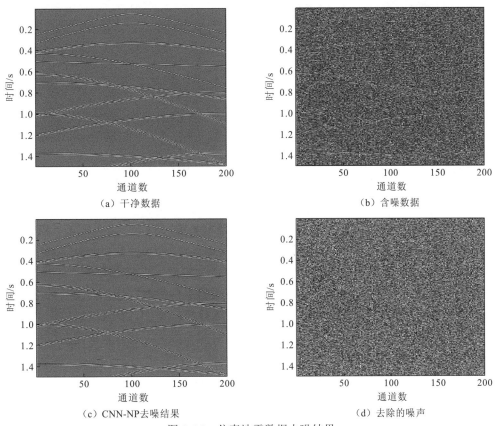

图 9.5.5 仿真地震数据去噪结果

零相位波和混合相位波。图 9.5.5（b）为含噪数据，其信噪比为−7.284 2 dB。使用训练好的 CNN-NP 对图 9.5.5（b）中的数据进行处理，去噪结果如图 9.5.5（c）所示，图 9.5.5（d）为 CNN-NP 所去除的噪声。从图 9.5.5（c）和图 9.5.5（d）中可以看出，CNN-NP 能在对噪声进行有效压制的同时保护有效信息。图 9.5.6 为图 9.5.5 对应数据的频率波数图，同样验证 CNN-NP 可以很好地把有效信息和噪声分离。

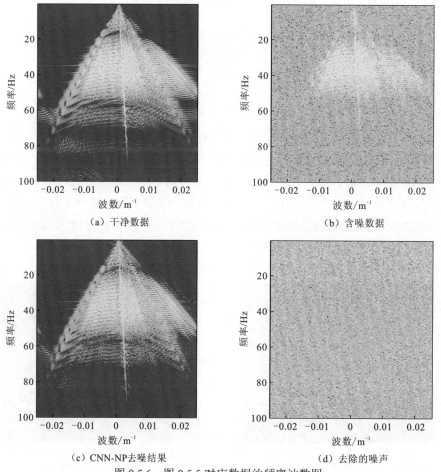

（a）干净数据　　　　　　　　　　　　　　（b）含噪数据

（c）CNN-NP去噪结果　　　　　　　　　　　（d）去除的噪声

图 9.5.6　图 9.5.5 对应数据的频率波数图

　　为进一步验证所提出方法的优势，将 CNN-NP 与小波、*F-X* 滤波、字典学习和 DnCNN 方法进行对比。图 9.5.7（a）～图 9.5.7（e）分别展示小波、*F-X* 滤波、字典学习、DnCNN 及 CNN-NP 方法的去噪结果。可以看出小波方法的去噪结果中依旧存在大量随机噪声；*F-X* 滤波对有效信息的损伤较大；字典学习对有效信息保留效果好且去噪效果优于小波去噪；DnCNN 方法不仅在随机噪声压制方面表现得好，而且对有效信息也能更好地保留；CNN-NP 方法较传统方法及 DnCNN 方法都有明显提升，对有效信息的保留同样能达到较好的水平。5 种方法的信噪比如表 9.5.2 所示。

表 9.5.2　不同方法的仿真地震数据去噪信噪比　　　　　　（单位：dB）

参数	含噪数据	小波	*F-X* 滤波	字典学习	DnCNN	CNN-NP
SNR	−7.284 2	1.255 9	2.090 0	4.656 0	12.951 7	13.992 7

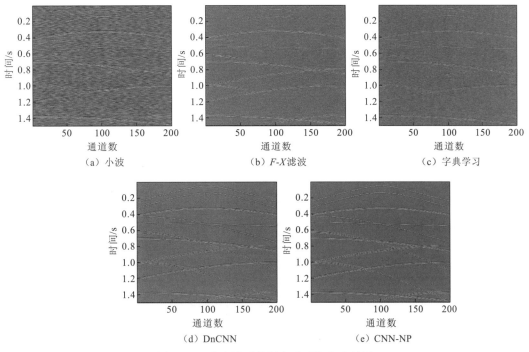

（a）小波　　　　　　　　　　（b）F-X滤波　　　　　　　　　　（c）字典学习

（d）DnCNN　　　　　　　　　（e）CNN-NP

图 9.5.7　仿真地震数据去噪对比实验结果

9.5.3　面波去除

为了进一步验证方法对真实数据的去噪能力，使用 CNN-NP 对二维陆地数据的面波噪声进行去除。真实数据的去噪存在两个难点：同一工区数据特征相似导致样本多样性较差；高质量的标签难以获取。对于第一个难点，采用数据扩增的策略，根据真实地震数据特点生成多炮仿真数据，将仿真数据与真实数据一同作为训练集，训练网络。对于第二个难点，先采用局部时频变换（local time-frequency transform，LTFT）方法（Liu et al.，2013）对真实地震数据去噪，并获取面波噪声，然后将传统方法获取的噪声数据作为标签，先训练噪声提取器，再利用去噪后的地震数据作为标签训练去噪器，同时对噪声提取器的参数进行微调。

实验数据使用国际勘探地球物理学家学会（Society of Exploration Geophysicists，SEG）公开数据集中的二维陆地真实地震数据，该数据共有 251 炮，单炮数据包含 282 个接收器，接收器间隔 25 m，每道数据有 1 501 个时间样本，时间间隔为 2 ms，对其进行下采样处理，即每道数据有 750 个时间样本，时间间隔为 4 ms。训练集包括 20 炮真实数据及 10 炮仿真数据，验证集由 8 炮真实数据组成，其中为了提高训练数据的多样性，训练数据选取间隔为 10 炮。与仿真实验类似，使用步长为 25、大小为 50×50 的滑动窗口将数据切割成 patch，其中训练集 51 072 个，验证集 17 024 个。网络训练的参数设置与仿真实验略有不同，其中批量大小设置为 64，动量参数设置为 0.9，正则化加权参数设置为 0.000 1。实验训练迭代次数为 30 轮，学习率最初设置为 10^{-3}，15 轮后学习率降为 5×10^{-4}。

为了定性地展示 CNN-NP 方法去噪性能，图 9.5.8 给出第 250 炮去噪结果。图 9.5.8（b）

展示利用 LTFT 方法对真实地震数据处理结果，可以看出红色箭头所示的面波噪声被较好地压制，但是绿色箭头所示的随机噪声并未得到有效压制。图 9.5.8（c）为 LTFT 方法获取的面波噪声。图 9.5.8（d）和图 9.5.8（e）分别为不使用数据增广和使用数据增广两种策略下 CNN-NP 的去噪结果。可以发现因为数据集数据较为单一，图 9.5.8（d）中对绿色箭头所示的随机噪声有去噪效果，面波噪声强度虽然有一定的减小，但有效信息的保留效果差。图 9.5.8（e）表明数据增广策略可以提高网络的性能，不仅可以进一步压制面波噪声，对地震数据中的有效信息也能很好地保留。图 9.5.9 为图 9.5.8 对应数据的频率波数图。

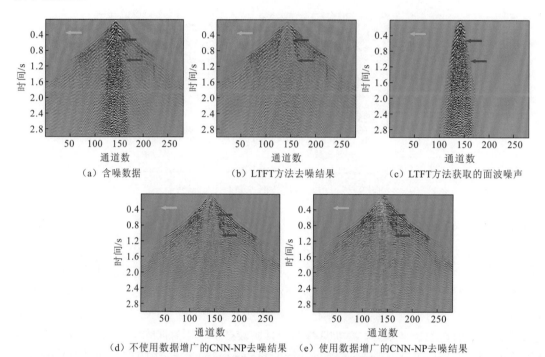

（a）含噪数据　　　　　（b）LTFT方法去噪结果　　　　（c）LTFT方法获取的面波噪声

（d）不使用数据增广的CNN-NP去噪结果　　（e）使用数据增广的CNN-NP去噪结果

图 9.5.8　真实地震数据（第 250 炮）去噪结果

（a）含噪数据　　　　　（b）LTFT方法去噪结果　　　　（c）LTFT方案获取的面波噪声

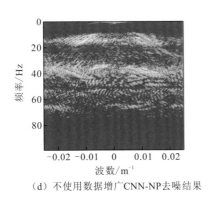 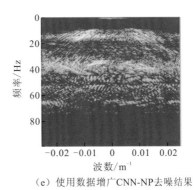

（d）不使用数据增广CNN-NP去噪结果　　　　（e）使用数据增广CNN-NP去噪结果

图 9.5.9　图 9.5.8 对应数据的频率波数图

参 考 文 献

柴玉璞, 贾继军, 1998. 偏移抽样理论在磁异常化极中的应用. 石油地球物理勘探, 33(4): 486-495.

陈建国, 肖凡, 常韬, 2011. 基于二维经验模态分解的重磁异常分离. 地球科学(中国地质大学学报), 36(2): 327-335.

程文婷, 方文倩, 付丽华, 2020. 基于自相似性和低秩先验的地震数据随机噪声压制. 石油物探, 59(6): 880-889.

付丽华, 杨文采, 2018. 谱矩方法在磁源体深度反演中的应用研究. 地球物理学报, 61(7): 3044-3054.

付丽华, 阮曙芬, 李宏伟, 等, 2017. 基于谱矩的地学特征因子提取方法及其应用. 地质论评, 63(1): 246-255.

付丽华, 曾诚, 杨文采, 等, 2020. 用于地壳弧形构造信息提取的四阶谱矩分析. 石油地球物理勘探, 55(4): 923-930.

管志宁, 2005. 地磁场与磁力勘探. 北京: 地质出版社.

郭华, 于长春, 吴燕冈, 2009. 改进的斜导数方法及应用. 物探与化探, 33(2): 212-216.

郝国成, 龚婷, 董浩斌, 等, 2015. 基于聚类经验模态分解的地球天然脉冲电磁场时频与能量谱分析: 以芦山 $M_S7.0$ 地震为例. 地学前缘, 22(5): 231-238.

郝国成, 陈忠昌, 赵娟, 等, 2016. 基于 NSTFT-WVD 变换的芦山 $M_S7.0$ 级地震前后地球天然脉冲电磁场信号时频分析. 地学前缘(中国地质大学(北京);北京大学), 23(1): 276-286.

侯遵泽, 杨文采, 2011. 塔里木盆地多尺度重力场反演与密度结构. 中国科学(D 辑), 41(1): 29-39.

黄逸云, 1984. 三维随机表面形貌的识别. 浙江大学学报, 18(2): 138-148.

雷林源, 1981. 论位场垂向二阶偏导数的几何意义与物理实质. 桂林冶金地质学院学报(2): 17-24.

李成贵, 李行善, 2002. 三维表面粗糙度的均方根波长评定. 北京航空航天大学学报, 28(2): 190-193.

李媛媛, 杨宇山, 2009. 位场梯度的归一化标准差方法在地质体边界定位问题中的应用. 地质科技情报, 28(5): 138-142.

李泽林, 2014. 强剩磁条件下磁数据三维反演研究. 北京: 中国地质大学(北京).

李泽林, 姚长利, 郑元满, 等, 2015. 数据空间磁异常模量三维反演. 地球物理学报, 58(10): 3804-3814.

刘金兰, 李庆春, 赵斌, 2007. 位场场源边界识别新技术及其在山西古构造带与断裂探测中的应用研究. 工程地质学报, 15(4): 569-574.

刘天佑, 2007. 位场勘探数据处理新方法. 北京: 科学出版社.

刘银萍, 王祝文, 杜晓娟, 等, 2012. 边界识别技术及其在虎林盆地中的应用. 吉林大学学报(地球科学版), 42(S3): 271-278.

欧洋, 刘天佑, 冯杰, 等, 2013. 磁异常总梯度模量反演. 地球物理学进展, 28(5): 2680-2687.

瞿辰, 杨文采, 于常青, 2013. 塔里木盆地地震波速扰动及泊松比成像. 地学前缘(中国地质大学(北京); 北京大学), 20(5): 196-206.

史辉, 刘天佑, GHABOUSH D M, 2005. 利用欧拉反褶积法估计二度磁性体深度与位置. 物探与化探, 29(3): 230-233.

孙艳云, 杨文采, 2014. 从重力场识别与提取地壳变形带信息的方法研究. 地球物理学报, 57(5): 1578-1587.

谭晓迪, 黄大年, 李丽丽, 等, 2018. 小波结合幂次变换方法在边界识别中的应用. 吉林大学学报(地球科学版), 48(2): 420-432.

王林飞, 郭灿灿, 薛典军, 2016. 磁梯度张量解析信号分析法及其在场源位置识别中的应用. 地球物理学进展, 31(3): 1164-1172.

王明, 骆遥, 罗峰, 等, 2012. 欧拉反褶积在重磁位场中应用与发展. 物探与化探, 36(5): 834-841.

王想, 李桐林, 2004. Tilt 梯度及其水平导数提取重磁源边界位置. 地球物理学进展, 19(3): 625-630.

吴伯荣, 张玉芳, 吴永信, 1993. 甘肃省及邻区 M_s4.0 以上地震前的电磁波异常特征. 西北地震学报, 15(4): 36-44.

谢汝宽, 王平, 刘浩军, 2016. 基于最小反演拟合差的重磁场源深度计算方法. 地球物理学报, 59(2): 711-720.

许惠平, HAAGMANS R H N, BRUIJNE A J T, 等, 2001. 地球重力模型及中国大陆重力场的计算. 长春科技大学学报, 31(1): 84-88.

杨涛, 刘庆生, 付媛媛, 等, 2004. 震磁效应研究及进展. 地震地磁观测与研究, 25(6): 63-71.

杨文采, 王家林, 钟慧智, 等, 2012. 塔里木盆地航磁场分析与磁源体结构. 地球物理学报, 55(4): 1278-1287.

杨文采, 孙艳云, 侯遵泽, 等, 2015a. 用于区域重力场定量解释的多尺度刻痕分析方法. 地球物理学报, 58(2): 520-531.

杨文采, 孙艳云, 于常青, 等, 2015b. 重力场多尺度刻痕分析与满加尔拗陷深层构造. 地质学报, 89(2): 211-221.

杨文采, 徐义贤, 张罗磊, 等, 2015c. 塔里木地体大地电磁调查和岩石圈三维结构. 地质学报, 89(7): 1151-1161.

杨文采, 张罗磊, 徐义贤, 等, 2015d. 塔里木盆地的三维电阻率结构. 地质学报, 89(12): 1235-1245.

杨文采, 孙艳云, 侯遵泽, 等, 2017. 用于塔里木地壳构造成像的重力场谱矩方法研究. 地球物理学报, 60(8): 3140-3150.

于常青, 赵殿栋, 杨文采, 2012. 塔里木盆地结晶基底的反射地震调查. 地球物理学报, 55(9): 2925-2938.

于世昌, 王波, 王庆志, 等, 1999. 张北 6.2 级地震前的电磁前兆信号的特征. 东北地震研究, 15(4): 33-36.

余钦范, 楼海, 1994. 水平梯度法提取重磁源边界位置. 物探化探计算技术, 16(4): 363-367.

张凤旭, 孟令顺, 张凤琴, 等, 2006. 重力位谱分析及重力异常导数换算新方法: 余弦变换. 地球物理学报, 49(1): 244-248.

张凤旭, 张凤琴, 孟令顺, 等, 2007a. 基于离散余弦变换的磁位谱分析及磁异常导数计算方法. 地球物理学报, 50(1): 297-304.

张凤旭, 张凤琴, 刘财, 等, 2007b. 断裂构造精细解释技术: 三方向小子域滤波. 地球物理学报, 50(5): 1543-1550.

张恒磊, 张云翠, 宋双, 等, 2008. 基于 Curvelet 域的叠前地震资料去噪方法. 石油地球物理勘探, 43(5): 508-513.

张恒磊, 刘天佑, 2010a. Curvelet变换及其在地震波场分离中的应用. 煤田地质与勘探, 38(1): 76-80.

张恒磊, 刘天佑, 张云翠, 2010b. 基于高阶相关的 Curvelet 域和空间域的倾角扫描噪声压制方法. 石油地球物理勘探, 45(2): 208-214.

张建国, 焦立果, 刘晓灿, 等, 2013. 汶川 M_S8.0 级地震前后 ULF 电磁辐射频谱特征研究. 地球物理学报, 56(4): 1253-1261.

张贤达, 1995. 现代信号处理. 北京: 清华大学出版社.

张贤达, 1996. 时间序列分析: 高阶统计量方法. 北京: 清华大学出版社.

张学阳, 2012. 改进的数据驱动时频分析方法及其应用. 长沙: 国防科技大学.

ALEKANDROV M S, BAKLENOVA Z M, GLADSHTEIN N D, et al., 1972. VLF variations of the Earth's electromagnetic field. Moscow: Nauka.

ANSARI A H, ALAMDAR K, 2009. Reduction to the pole of magnetic anomalies using analytic signal. World Applied Sciences Journal, 7(4): 405-409.

ARIVAZHAGAN S, GANESAN L, KUMAR T G S, 2006. Texture classification using ridgelet transform. Pattern Recognition Letters, 27(16): 1875-1883.

BARNETT C T, 1976. Theoretical modeling of the magnetic and gravitational fields of an arbitrarily shaped three-dimensional body. Geophysics, 41(6): 1353-1364.

BARTELT H, LOHMANN A M, WIRNITZER B, 1984. Phase and amplitude recovery from bispectra. Applied Optics, 23(18): 3121-3129.

BASHKUEV YU B, KHAPTANOV, 1989. Earth's electromagnetic field in Transbaikalia. Moscow: Nauka.

BECK A, TEBOULLE M, 2009. A fast iterative shrinkage-thresholding algorithm for linear inverse problems. SIAM Journal on Imaging Sciences, 2(1): 183-202.

BEIKI M, CLARK D A, AUSTIN J R, et al., 2012. Estimating source location using normalized magnetic source strength calculated from magnetic gradient tensor data. Geophysics, 77(6): J23-J37.

BHATTACHARYYA B K, 1965. Two-dimensional harmonic analysis as a tool for magnetic interpretation. Geophysics, 30(5): 829-857.

BORYSSENKO A, POLISHCHUK V I, 1999. Earth near-surface passive probing by natural pulsed electromagnetic field. Proceeding of the Computational Electromagnetics and Its Applications (IEEE Cat. No.99EX374): 529-532.

BOSCHETTI F, 2005. Improved edge detection and noise removal in gravity maps via the use of gravity gradients. Journal of Applied Geophysics, 57(3): 213-225.

BRILLINGER D R, 1965. An Introduction to Polyspectra//GUTTORP P, BRILLINGER D. The annals of mathematical stats. New York: Springer.

BRILLINGER D R, 1977. The identification of a particular nonlinear time series system. Biometrika, 64(3): 509-515.

CAI J F, CANDES E J, SHEN Z, 2010. A singular value thresholding algorithm for matrix completion. SIAM Journal on Optimization, 20(4): 1956-1982.

CANDÈS E J, DONOHO D L, 2005. Continuous curvelet transform: II. Discretization and frames. Applied and Computational Harmonic Analysis, 19(2): 198-222.

COOPER G R J, COWAN D R, 2008. Edge enhancement of potential-field data using normalized statistics.

Geophysics, 73(3): H1-H4.

CORDELL L, 1979. Gravimetric expression of graben faulting in Santa Fe Country and the Espanola Basin, New Mexico//RAYMOND V W, WOODWARD L A, JAMES H L. New Mexico Geological Society, Guidebook, 30th Field Conference: 59-64.

CORDELL L, GRAUCH V J S, 1985. Mapping basement magnetization zones from aeromagnetic data in the San Juan Basin, New Mexico//HINZE W J. The utility of regional gravity and magnetic anomaly maps. Houston: Society of Exploration Geophysicists: 181-197.

FAZEL M, 2001. Matrix rank minimization with applications. Palo Alto: Stanford University.

FEDI M, FLORIO G, 2001. Detection of potential field source boundaries by enhanced horizontal derivative method. Geophysical Prospecting, 49(1): 40-58.

FLANDRIN P, RILLING G, GONCALVES P, 2004. Empirical mode decomposition as a filter bank. IEEE Signal Processing Letters, 11(2): 112-114.

GOKHBERG M, KOLOSNITSYN N, LAPSHIN V, 2009. Electrokinetic effect in the near-surface layers of the Earth. Izvestiya-Physics of the Solid Earth, 45: 633-639.

GRAUCH V J S, CORDELL L, 1987. Limitations of determining density or magnetic boundaries from the horizontal gradient of gravity or pseudo gravity data. Geophysics, 52(1): 118-124.

HINTON G E, SALAKHUTDINOV R R, 2006. Reducing the dimensionality of data with neural networks. Science, 313(5786): 504-507.

HOOD P, MCCLURE D J, 1965. Gradient measurements in ground magnetic prospecting. Geophysics, 30(3): 403-410.

HOU T Y, SHI Z Q, 2012. Data-driven time-frequency analysis. Applied and Computational Harmonic Analysis, 35(2): 284-308.

HOU T Y, SHI Z Q, TAVALLALI P, 2013. Convergence of a data-driven time-frequency analysis method. Applied and Computational Harmonic Analysis, 37(2): 235-270.

HSU S K, SIBUET J C, SHYU C T, 1996. High-resolution detection of geologic boundaries from potential-field anomalies: An enhanced analytic signal technique. Geophysics, 61(2): 373-386.

HU Y, ZHANG D, YE J, et al., 2013. Fast and accurate matrix completion via truncated nuclear norm regularization. IEEE Transactions on Pattern Analysis and Machine Intelligence, 35(9): 2117-2130.

HUANG N E, SHEN Z, LONG S R, et al., 1998. The empirical mode decomposition method and the Hilbert spectrum for non-stationary time series analysis. Proceedings of The Royal Society of London. Series A, 454: 903-995.

IOFFE S, SZEGEDY C, 2015. Batch normalization: Accelerating deep network training by reducing internal covariate shift. International Conference on Machine Learning, 37: 448-456.

KINGMA D P, BA J, 2015. Adam: A method for stochastic optimization. Proceedings of 3rd International Conference on Learning Representations. arXiv:1412.6980.

KRIZHEVSKY A, SUTSKEVER I, HINTON G E, 2012. ImageNet classification with deep convolutional neural networks. Advances in neural information processing systems, Communications of the ACM, 60(6): 84-90.

LEE M, MORRIS B, UGALDE H, 2010. Effect of signal amplitude on magnetic depth estimations. The

Leading Edge, 29(6): 672-677.

LI H, YANG W, YONG X, 2018. Deep learning for ground-roll noise attenuation. SEG Technical Program Expanded Abstracts: 1981-1985.

LI S L, LI Y G, 2014. Inversion of magnetic anomaly on rugged observation surface in the presence of strong remanent magnetization. Geophysics, 79(2): J11-J19.

LI W C, ZHAO Y, 2015. An imaging perspective of low-rank seismic data interpolation and denoising. SEG Technical Program Expanded Abstracts: 4106-4110.

LI Y Y, YANG Y S, LIU T Y, 2010. Derivative-based techniques for geological contact mapping from gravity data. Journal of Earth Science, 21(3): 358-364.

LII K S, ROSENBLATT M, 1982. Deconvolution and estimation of transfer function phase and coefficients for non Gaussian linear processes. Annals of Statistics, 10(4): 1195-1208.

LIU D, WANG W, CHEN W, et al., 2018. Seismic data denoising by deep-residual networks. SEG Technical Program Expanded Abstracts: 4593-4597.

LIU J, MUSIALSKI P, WONKA P, et al., 2013. Tensor completion for estimating missing values in visual data. IEEE Transactions on Pattern Analysis and Machine Intelligence, 35(1): 208-220.

LIU Y, FOMEL S, 2013. Seismic data analysis using local time-frequency decomposition. Geophysical Prospecting, 61(3): 516-525.

MALYSHKOV Y P, MALYSHKOV S Y, 2002. Crustal diurnal rhythms and their part in earthquake preparation. Proceedings of First International Seminar, 9-15 September, Krasnoyarsk, SibGAU: 326-323.

MALYSHKOV Y P, MALYSHKOV S Y, 2009. Periodicity of geophysical fields and seismicity and their possible link with the Earth's core motion. Russian Geology and Geophysics, 50(2):115-130.

MARSON I, KLINGELE E E, 1993. Advantages of using the vertical gradient of gravity for 3-D interpretation. Geophysics, 58(11): 1588-1595.

MATSUOKA T, ULRYCH T J, 1984. Phase estimation using the bispectrum. Proceedings of the IEEE, 72(10): 1403-1411.

MCCULLOCH W S, PITTS W, 1990. A logical calculus of the ideas immanent in nervous activity. Bulletin of Mathematical Biology, 52(1-2): 99-115.

MILLER H G, SINGH V, 1994. Potential filed tilt-a new concept for location of potential field sources. Journal of Applied Geophysics, 32(2-3): 213-217.

NABIGHIAN M N, 1972. The analytic signal of two-dimensional magnetic bodies with polygonal cross-section, its properties and use for automated anomaly interpretation. Geophysics, 37(3): 507-517.

NABIGHIAN M N, 1984. Toward a three-dimensional automatic interpretation of potential field data via generalized Hilbert transforms: Fundamental relations. Geophysics, 49(6): 780-786.

OLIVEIRA D A B, FERREIRA R S, SILVA R, et al., 2018. Interpolating seismic data with conditional generative adversarial networks. IEEE Geoscience and Remote Sensing Letters, 15(12): 1952-1956.

PHILLIPS J D, HANSEN R O, BLAKELY R J, 2007. The use of curvature in potential-field interpretation. Exploration Geophysics, 38(2): 111-119.

PILKINGTON M, 2007. Locating geologic contacts with magnitude transforms of magnetic data. Journal of Applied Geophysics, 63(2): 80-89.

PILKINGTON M, BEIKI M, 2013. Mitigating remanent magnetization effects in magnetic data using the normalized source strength. Geophysics, 78(3): J25-J32.

PORTNIAGUINE O, ZHDANOV M S, 2002. 3-D magnetic inversion with data compression and image focusing. Geophysics, 67(5): 1532-1541.

REMIZOV L T, 1985. Natural radio wave noise. Moscow: Nauka.

REN H X, CHEN X F, HUANG Q H, 2012. Numerical simulation of coseismic electromagnetic fields associated with seismic waves due to finite faulting in porous media. Geophysical Journal International, 188(3): 925-944.

RONNEBERGER O, FISCHER P, BROX T, 2015. U-Net: Convolutional networks for biomedical image segmentation//NAVAB N, HORNEGGER J, WELLS W. Medical image computing and computer- Assisted intervention-MICCAI 2015. Cham: Springer.

ROSENBLATT F, 1958. The perceptron: A probabilistic model for information storage and organization in the brain. Psychological Review, 65(6): 386-408.

ROSENBLATT M, NESS J, 1965. Estimation of the bispectrum. The Annals of Mathematical Statistics, 36(4):1120-1136.

RUMELHART D E, HINTON G, WILLIAMS R J, 1986. Learning representations by back-propagating errors. Nature(323): 533-536.

SAAD O M, CHEN Y K, 2020. Deep denoising autoencoder for seismic random noise attenuation. Geophysics, 85(4): V367-V376.

SACCHI M D, OROPEZA V E, 2011. Simultaneous seismic data denoising and reconstruction via multichannel singular spectrum analysis. Geophysics, 76(3): V25-V32.

SANTOS D F, SILVA J B C, BARBOSA V C F, et al., 2012. Deep-pass: An aeromagnetic data filter to enhance deep features in marginal basins. Geophysics, 77(3): J15-J22.

SUNDARAMOORTHY G, RAGHUVEER M R, DIANAT S A,1990. Bispectral reconstruction of signals in noise: Amplitude reconstruction issues. IEEE Transactions on Signal Processing, 38(7): 1297-1306.

SURKOV V V, MOLCHANOV O A, HAYAKAWA M, 2003. Pre-earthquake ULF electromagnetic perturbations as a result of inductive seismomagnetic phenomena during microfracturing. Journal of Atmospheric and Solar-Terrestrial Physics, 65: 31-46.

THOMPSON D T, 1982. EULDPH: A new technique for making computer-assisted depth estimates from magnetic data. Geophysics, 47(1): 31-37.

THURSTON J B, SMITH R S, GUILLON J, 2002. A multimodel method for depth estimation from magnetic data. Geophysics, 67(2): 555-561.

TOH K C, YUN S, 2010. An accelerated proximal gradient algorithm for nuclear norm regularized least squares problems. Pacific Journal of Optimization, 6(3): 615-640.

VERDUZCO B, FAIRHEAD J D, GREEN C M, et al., 2004. New insights to magnetic derivatives for structural mapping. The Leading Edge, 23(2): 116-119.

WANG B, ZHANG N, LU W, et al., 2019. Deep-learning-based seismic data interpolation: A preliminary result. Geophysics, 84(1): V11-V20.

WANG Y, WANG B, TU N, et al., 2020. Seismic trace interpolation for irregularly spatial sampled data using convolutional autoencoder. Geophysics, 85(2): V119-V130.

WEN Z, YIN W, ZHANG Y, 2012. Solving a low-rank factorization model for matrix completion by a nonlinear successive over-relaxation algorithm. Mathematical Programming Computation, 4: 333-361.

WIJNS C, PEREZ C, KOWALCZYK P, 2005. Theta map: Edge detection in magnetic data. Geophysics, 70(4): 39-43.

WU Z H, HUANG N E, 2009. Ensemble empirical mode decomposition: A noise-assisted data analysis method. Advances in Adaptive Data Analysis, 1(1): 1-41.

WU Z H, HUANG N, WALLACE J M, et al., 2011. On the time-varying trend in global-mean surface temperature. Climate Dynamics, 37(3-4): 759-773.

XU Y Y, HAO R R, YIN W V T, et al., 2017. Parallel matrix factorization for low-rank tensor completion. Inverse Problem and Imaging, 9(2): 601-624.

YANG Y, MA J W, OSHER S, 2013. Seismic data reconstruction via matrix completion. Inverse Problems and Imaging, 7(4): 1379-1392.

YU S W, MA J W, WANG W L, 2019. Deep learning for denoising. Geophysics, 84(6): V333-V350.

YUAN Y J, SI X, ZHENG Y, 2020. Ground roll attenuation with conditional generative adversarial networks. Geophysics, 87(4): WA255-WA267.

ZHANG H L, MARANGONI Y R, HU X Y, et al., 2014a. NTRTP: A new reduced to the pole method at low latitudes via a nonlinear thresholding. Journal of Applied Geophysics, 111: 220-227.

ZHANG K, ZUO W M, CHEN Y J, et al., 2017. Beyond a gaussian denoiser: Residual learning of deep CNN for image denoising. IEEE Transactions on Image Processing, 26(7): 3142-3155.

ZHANG J, SANDERSON A C, 2009. JADE: Adaptive differential evolution with optional external archive. IEEE Transactions on Evolutionary Computation, 13: 945-958.

ZHANG Y S, LIN H B, LI Y, 2018. Noise attenuation for seismic image using a deep-residual learning. SEG Technical Program Expanded Abstracts: 2176-2180.

ZHAO Y X, LI Y, DONG X T, et al., 2018. Low-frequency noise suppression method based on improved DnCNN in desert seismic data. IEEE Geoscience and Remote Sensing Letters, 16(5): 811-815.